U0145105

# 藥事照護
# 一點通

## 你在居家照護的好幫手

五南圖書出版公司 印行

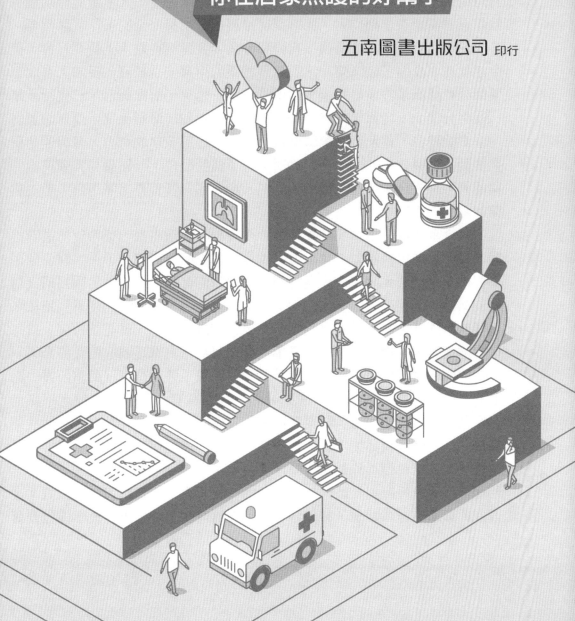

# 推薦序一

　　臺灣人口已提前進入負成長，甚至在2025年將邁向超高齡社會，老人又因伴隨許多慢性病，常需要服用多種藥品，用藥是為了治療病人，但有時用太多藥品可能造成藥品交互作用，甚至未注意病人本身肝腎功能導致劑量過高而產生副作用，此時藥師維護病人用藥安全的工作更顯重要。

　　民國七十幾年，臺灣還沒有醫藥分業，金舜剛從臺南上臺北打拚，第二年就在北投開了社區藥局，不只替民眾的用藥安全把關，更加入臺北市藥師公會認識了許多思想進步的藥界前輩，也更了解歐美日早已盛行多年「醫藥分業」。金舜年輕時充滿理想與熱血，和前輩聯手寫下厚厚請願書向立法院建言，甚至帶著藥師們走上街頭。經過多年的努力，臺灣開始研究推動「醫藥分業」。如今的診所，有了藥師職位；社區藥局與醫院裡的藥師們，也能合法依處方為病人調劑。金舜和眾多藥界前輩用驚人毅力為藥師寫下全新歷史。

　　如今金舜身為中華民國藥師公會全國聯合會理事長，更希望能進階推動「醫藥分業單軌制」，讓處方的選擇權真正回歸到病人手上。醫生開了處方後，交給病人，讓病人自行選擇可信賴的社區藥局調劑。因為病人信任的藥師，已經很熟悉病人的病史和用藥，能考慮最安全的劑量與用法，這樣的藥師又可稱為「家庭藥師」。金舜的最終理想，就是讓每個人或每個家庭都有一位家庭藥師，不只單單調劑藥品，更像是關心健康的家人。

　　欣聞臺北醫學大學藥學系陳世銘教授團隊，共同撰寫《藥事照護一點通》這本書，內容闡述了家庭藥師的角色與職責，與金舜的理念不謀而合。其中不只找了藥師，甚至有醫師、護理師、營養師和諮商心理師共同編著，內容除了藥品使用方法和注意事項外，還包括營養評估，漢方與精油療法，甚至有輔具評估與申請注意事項，實為一本面面俱到的工具書。相信可以帶給醫院與社區內執業的藥師，更全方位的建議與參考依據。金舜在此誠摯的推薦給您，希望各位藥師在擁有了這本好書之後，能提升藥

師全面化的藥事照護專業，並帶給病人更多的幫助，共同守護民眾的用藥安全。

中華民國總統府國策顧問
中華民國藥師公會全國聯合會理事長

# 推薦序二

　　自民國97年開始加入臺北市藥師公會擔任幹部以來，即參與藥事照護計畫的執行，因臺北市政府衛生局爲造福市民用藥安全，與臺北市藥師公會合作藥事照護計畫，建立優質藥事照護模式，解決臺北市民用藥問題，更在103年規劃轉型調整爲家庭藥師計畫，並於105年開始執行迄今已執行6年，造福廣大市民。

　　參與照護計畫其間，感受民眾對於藥事照護的需求，因此在104年進入臺北醫學大學藥學系藥學研究所臨床藥學組社區藥局在職專班就讀，期望能增進對臨床藥事照護了解的深度及廣度，以嘉惠社會大眾，當時指導教授即爲陳世銘老師，世銘老師心心念念一直想爲社區藥局出一本工具書，由於我在101～103年間，擔任臺北市藥師公會業務常務理事一職，參與藥事照護轉型家庭藥師計畫所有事宜，因此老師一直希望可以藉由臺北市藥師公會的家庭藥師計畫爲起始點來編纂工具書，然而個人能力不足，因此推薦振興醫院連嘉豪藥師進研究所來協助老師處理家庭藥師計畫與書籍相關事宜（連藥師爲臺北市藥師公會第二任家庭藥師計畫主持人）。

　　感謝臺北醫學大學藥學系陳世銘教授團隊，共同撰寫《藥事照護一點通》這本書，內容不僅闡述了家庭藥師的角色與職責，甚至加入醫師、護理師，營養師和諮商心理師的領域，內容除了藥師專屬的藥事照護及衛教外，還包括營養評估，漢方與精油療法，甚至未來長期照護領域中的輔具評估與申請注意事項，實爲一本面面俱到的工具書。相信可以帶給執業藥師更全方位的建議與參考依據。在此誠摯的推薦給您，希望各位藥師在閱讀過這本書之後，能在藥師專業的藥事照護之外，也能了解不同醫事人員對於疾病的照護模式，未來能夠跟不同的醫事人員一起以病人爲中心來共同照護民眾身體健康。

臺北市藥師公會第20屆理事長

# 推薦序三

　　臺灣已在2018年正式進入高齡化社會，更將在2025年進入65歲以上人口占20%以上的「超高齡社會」。經濟，醫療，人力，各項壓力挑戰迫在眉睫，卻又悄無聲息，各方面的因應準備刻不容緩。

　　此外，隨著醫療進步、壽命延長，由高齡者照顧超高齡者，將是未來的常態。對病人與家屬而言，餘命延長的同時，若不能保有基本的生活品質，實與折磨無異。對藥師而言，高齡者的用藥問題將是重中之重：肝腎功能，多重用藥，健康食品，交互作用等問題將更多更複雜。

　　從事藥學教育數十年，從基礎實驗到醫療院所的急重難罕，社區居家的近距離服務也不能偏廢，如今兩鬢花白了，更深覺高齡照護的重要，我們還需要更多家庭藥師的投入。然而，不是所有人都有照護久病長輩的經驗，走進病家服務並非易事，如何讓藥師們更順利地進入這個領域，是一個重要課題。

　　認識陳老師二十年了，持續為臨床藥學奉獻心力的我們都有同樣感觸。如今，陳老師更將心念化為行動，集結藥師彙編這本入門工具書，內容從基本藥事照護向外延伸，涵蓋了輔具、漢方、芳香療法等面向；還邀集了醫療、護理、營養、心理等領域專家共同分享照護專業；更引入日本的居家照護經驗，相信能讓藥師更快更好地融入照護團隊，提供更全面的藥事照護。

　　不在這個領域的藥師也適合翻翻這本書，它將帶各位快速理解長照病人的需求。長照服務仍需要更多人的關注與支持。

許 光陽

臺北醫學大學名譽教授
日本國立九州大學藥學博士

# 推薦序四

　　欣聞陳世銘教授及產官學熱心人士共同成立「社團法人台灣家庭藥師學會」，並出版《藥事照護一點通》，深深地感受到陳世銘教授的用心良苦，擴大了藥師服務的廣度與深度，也為臺灣民眾的健康福祉提供了更完善的保障。

　　誠懇又負責的陳世銘教授在臨床藥學界的貢獻有目共睹，將近二十年站在臨床藥學服務的第一線，親自指導了一批又一批的藥界新鮮人，讓許多的年輕藥師能夠在醫院藥局及社區藥局提供專業又親切的服務。歷經了日本留學的人文思維訓練，再加上臨床藥學、漢方藥物治療學、腎臟藥理學的專業學術背景，陳世銘老師創立的「社團法人台灣家庭藥師學會」瞄準了臺灣藥學訓練的空白，讓藥師不僅能夠深入社區建立在地化的服務環節，還能夠以貼近人心的方式成為民眾及病患生活的一分子。在臺灣人口快速老化、家庭組成越來越精簡的背景下，創立「社團法人台灣家庭藥師學會」及出版《藥事照護一點通》，可作為藥師學習深入的支持及參考，提升藥師服務的內涵，讓民眾的藥事服務品質更能提升。

　　「相逢自是有緣」！在每個人都很忙，看病用藥越來越複雜的二十一世紀來說，「家庭藥師」讓藥師與社區成員建立了親密的醫藥訊息溝通連結，居民更安心，藥師也更能夠投入專業服務。陳世銘教授及「社團法人台灣家庭藥師學會」，必定會讓藥師及民眾的關係，成為正向循環的親密連結。

鄭慧文

臺北醫學大學教授
美國加州大學UCSF舊金山分校藥學博士

# 前言

　　隨著臺灣將於2025年進入超高齡社會，居家照護成為家庭的棘手問題，本書規劃的內容是由本人親身經歷照顧父母之經驗，以藥師為主角介紹「藥事照護相關業務」，並廣邀各方面的專家共同編輯完成，期待能夠提供需要幫助的家庭及專業人員。

　　內容涵蓋一般藥事照護的知識，在執行藥事照護面臨的問題時，提供解決問題的方法。第一章至第三章主要介紹臺灣目前家庭藥師以及長期照護相關制度。第四章「身體評估」中，將介紹藥師執行藥事照護時，如何針對個案的情形進行身體評估，包含個案外觀變化（臉部、膚色、眼神及指甲）、生命徵象（脈搏、血壓、體溫、血氧飽和度、呼吸及意識）及常見檢驗數值等。第五章「居家訪視評估」將由個案的日常生活，切入其飲食、睡眠、排泄、運動及認知功能相關的主題，進而解決個案藥物引起相關問題。第六章「常見疾病和治療」中，將收錄常見疾病，包含糖尿病、慢性阻塞性肺病（COPD）、失智症、骨質疏鬆症、造口、壓瘡、癌症疼痛等，介紹各種疾病、症狀、相關檢查、藥物與非藥物治療及用藥注意事項等。又針對各種疾病歸納出「藥師訪視時應注意的要點」及「跨領域專業應如何共同照護個案」，提供個案、藥事照護藥師及其他專業照護團隊實務上的建議，落實全面性照護病人。第七章「營養評估」將分別介紹營養不良的定義、診斷與分級、營養評估、介入及監測，另外，深入探討「慢性阻塞性肺病（COPD）」、「吞嚥功能障礙」及「壓瘡」等病人之營養介入。在第八章「輔助與替代療法：漢方與芳香精油」主要闡述自然療法在居家照護的應用，探討高血壓、下肢水腫、糖尿病、疼痛、上呼吸道感染、消化道疾病、老年人的精神疾病、皮膚照護與環境、癌症等疾病或症狀之漢方與芳香精油療法。第九章「輔具需求與評估及現行輔具補助申請」介紹輔具使用方法，例如輪椅、輪椅座墊及居家用照護床，以及申請輔具的資格、評估量表與現行的規範。第十章「壓力管理」中，將闡述病人和照顧者的壓力以及其壓力的來源，進而深入討論如何舒緩壓力的反應。藉由上述十個章節，希望減少讀者摸索的時間，立即成為一位藥事照

護的專家。

　　本書的完成與出版，除了感謝臺北市藥師公會及各方人士的協助，更要感謝在天上的父母，以身體病痛成全本書，造福更多家庭。願此功德迴向祢們合十。

陳世銘

社團法人台灣家庭藥師學會理事長
臺北市藥師公會諮詢顧問
臺北醫學大學教授

# 目錄

# 第一章　家庭藥師簡介與居家藥事照護流程

連嘉豪

## 一、前言

　　在時代的變遷中，藥學的專業責任，有了不同的風貌。過去，藥師的職責是「讓社會有藥用」，工作的重點在藥品的調製、製造、管理、販售及調劑等。而現在，藥師除了承擔藥品的調劑與管理等工作，「讓民眾會用藥」，更是需要藥師提供的專業服務，工作的重點在於提供更多的藥事照護。

　　臺灣自民國96年3月21日新修正的藥師法中，亦新增藥師職責：「藥事照護相關業務」，開啟了藥師直接照顧民眾藥物治療的專業功能。

---

**小知識：藥事照護**

定義：

　　藥師直接照顧民眾藥物治療的專業行為。藥師負責進行病情與用藥評估、擬定與執行照顧計畫、做療效追蹤，以確保民眾藥物治療都符合適應症、有效、安全及配合度高，進而提升其生活品質。這是一個持續的全人用藥照顧行為，不是依據處方箋的調劑行為。

理念：

　　滿足民眾的藥物治療需求。民眾期望他／她的所有藥物治療都符合適應症、療效好、安全、且服藥方便。服務的哲學理念是：負責任地提供一種以民眾為中心的全人照顧，對民眾的所有疾病／不適，以及全部用藥，來確保用藥都是針對病人的疾病需要，都能有效達到疾病控制目標，都沒副作用，且病人都正確用藥。藥師的專業服務是在病人的生活能力間，與所有用藥間，尋找出有哪些藥物治療問題存在，提出解決辦法，並與醫療人員或民眾

溝通來解決問題，進而提升用藥療效並增加安全性。

圖一　Pharmacists' Patient Care Process

Joint Commission of Pharmacy Practitioners May 29, 2014

翻譯者：譚延輝博士

# 二、家庭藥師簡介

## (一) 何謂家庭藥師？

　　是一種以民眾用藥安全為導向，服務家庭為理念的藥事照護模式。

　　藥師提供以五全（全人、全家、全團隊、全程、全社區）、整合性、無縫式、跨域合作、健康識能、共融決策，給社區民眾與長期照護機構之高價值藥事照護。

　　了解民眾之病史與現況、就醫情形、用藥情形，對民眾進行衛教，建立民眾正確安全的用藥觀念及教導民眾如何正確的使用藥物，亦改善民眾用藥觀念與行為，減輕因多重用藥或重複用藥所造成的健保資源浪費，以方便性、可近性、可親性，把關社區居民全家人的健康問題。

# (二)執行藥事照護方式可分為三種

## 1.社區式照護「用藥整合服務」（Medication Integration Service）

　　為了讓醫療人員保護民眾的用藥安全，健保署於民國102年建立了「健保醫療資訊雲端查詢系統」，期望各醫療院所的醫事人員可以查看民眾最近3個月的醫師處方用藥資訊，減少重複用藥的機會而節省醫療資源的浪費。

　　藥師公會全聯會為配合健保署之政策，要求藥師們於接受民眾處方箋時，可用電腦連上「健保醫療資訊雲端查詢系統」，查閱民眾最近3個月用藥情形，確保沒有重複用藥、交互作用、用法或用量不適宜的問題，以保障民眾的用藥都合理且安全。

　　民眾持處方箋至藥局領藥，藥師在調劑前或後，可經由病人或其法定代理人同意，進入健保醫療資訊雲端查詢系統（簡稱雲端系統），查詢病人最近3個月的處方用藥，執行「用藥整合服務」，為民眾的用藥安全把關，並展現藥師的專業功能。查詢過程中，除了系統中的藥歷頁籤以外，也參考其他如：過敏、中藥、檢驗檢查結果等頁籤資料，依藥師的專業判斷，可檢視多位醫師所開立處方藥品的適當性及安全性，找出重複用藥、交互作用、治療禁忌、用法或用量不適宜等疑似藥物治療問題。若發現問題，藥師應書寫「藥師對醫師用藥建議單」（Dear Doctor Letter）與醫師溝通來解決問題。因為病人在場，藥師也可執行「用藥配合度諮詢服務」（Medication Adherence Counseling Service），找出病人的用藥認知或行為錯誤等問題，教育病人正確行為以提升用藥配合度。

　　用藥整合服務計畫案可參見「全民健康保險提升用藥品質之藥事照護計畫」（請掃QR Code下載檔案）。

## 2.機構式照護

　　長期照護住宿型機構，基於機構照顧之規模及成本考量，常無法自設

藥局及聘請專任藥師，因此可與社區藥局、醫療院所藥劑部門等簽訂合約，提供藥物使用管理與藥事照護。其目標是讓正確的藥物，在正確的時間，以正確的劑量與途徑，投給正確的住民服用，並得到良好的藥物治療效果。由於藥師不常駐於機構中，所有給藥行爲應由護理人員爲之。合約之藥局藥師有責任確保護理人員調配藥品及給藥行爲之正確性，並與負責醫師探討住民藥物治療之適當性與安全性。每位住民的藥物使用必須至少每三個月執行一次，做藥物治療評估（Drug Regimen Review, DRR）。通常長期照護住宿型機構內住民的用藥，都是由藥局調劑處方箋後，帶回長照機構，由護理人員管理並準備與發送藥品給住民使用。一般長照機構內很少聘用專任藥師，而是用合作方式，請藥師到長照機構內提供專業服務。

### 3. 居家式照護

　　藥師經由轉介後，到民眾家中拜訪或和醫療團隊一起到民眾家中拜訪。執行「用藥整合服務」、「用藥配合度諮詢服務」、「藥物治療評估」，了解民眾之病史與現況、就醫情形、用藥情形，對民眾進行衛教，建立民眾正確安全的用藥觀念及教導民眾如何正確的使用藥物，亦改善民眾用藥觀念與行爲，減輕因多重用藥或重複用藥所造成的健保資源浪費。

## (三) 執行藥事照護的三項規範

1. 流程與照護標準（如表一）
2. 專業行爲準則（如表二）
3. 執行藥事照護之行爲規範（如表三）

表一　藥師執行藥事照護之流程與照護標準

| 流程 | 標準 |
|---|---|
| I. 評估 | 1. 藥師蒐集民眾基本資訊與所有疾病，和所有正在服用藥物的相關資訊，作爲判斷藥物治療適當性之依據。<br>2. 藥師判斷民眾藥物治療是否已滿足民眾之需求，即：民眾所使用藥品都符合適應症、獲得最大程度療效、儘可能最安全、且民眾能夠且願意配合指示服用藥物。<br>3. 確認出民眾哪些疾病照顧需要藥師介入，有哪些藥物治療問題存在。 |

| 流程 | 標準 |
|---|---|
| II.擬定與執行<br>照顧計畫 | 4. 對民眾的各個疾病制訂個別的治療目標，何時需監測何種項目。<br>5. 建立一個照顧計畫，包括解決藥物治療問題的建議，如何達到疾病治療目標及預防藥物治療可能遇到的問題。依計畫與醫療人員或民眾溝通。<br>6. 建立一個追蹤時程表。 |
| III.追蹤評值 | 7. 依追蹤時程表再去訪視民眾，評值民眾的病情進展是否達到治療目標、建議醫師或民眾改變之行為是否已改變，是否仍有用藥安全或用藥配合度的問題，以及是否有新的藥物治療問題發生。 |

表二　藥師執行藥事照護之專業行為準則

| 分類 | 標準 |
|---|---|
| 照顧品質 | 藥師應依專業執業標準以及其他法規標準，來評估自己的執業行為。 |
| 道德倫理 | 藥師考量病人利益所做的決定及行為，應以道德倫理標準來判定。 |
| 同僚關係 | 藥師應協助其他藥師、同事、學生或其他專業人員的發展。 |
| 多人合作 | 藥師照顧民眾時，應與民眾、家屬／看護及其他醫療人員共同合作。 |
| 繼續教育 | 藥師需要不斷學習新的藥理學、藥物治療學和藥事照護學的知識。 |
| 參與研究 | 藥師應在執業中經常運用各類研究的結果，在需要時也參與研究計畫。 |
| 資源分配 | 藥師考量療效、安全性及成本等因素，來計畫和執行病人照顧。 |

表三　執行藥事照護之行為規範

| 不可為（Don't do） | 應為（Should do） |
|---|---|
| 1. 不可傷害醫師與個案之間的互信關係。<br>2. 不得有推銷行為。<br>3. 不可批評其他醫療專業人員。<br>4. 藥師於照護期間不得有虛浮申報服務之情事，不得由非具資格人員代為服務，且不得有服務態度不佳、額外收費等事項。 | 1. 尊重醫師及其他醫療專業人員的專業能力與照護價值。<br>2. 嚴守個案資料保密與隱私。<br>3. 應以關懷、愛護與熱心的態度來照護民眾用藥，建立尊重與互信情誼。<br>4. 確定個案對藥物治療的需求，關心／害怕與顧慮的地方。多傾聽個案描述並使用他能懂得的字彙與語言。<br>5. 需要時，陪同個案與醫師直接溝通藥物治療問題的解決方法。<br>6. 應持續提升專業判斷知識，能夠為所照護的個案提供出不同於其他醫療專業人員所提供的專業照護，並為自己所提供的照護負責。 |

# 三、居家藥事照護流程

## (一)居家藥事照護藥師需取得的資格（詳見第三章）

依不同計畫案所需資格亦有不同，建議欲從事居家藥事照護的藥師，先取得以下資格

1. 至少完成長照LEVEL1、LEVEL2訓練課程。LEVEL3訓練課程亦需儘早完成。
2. 完成長照LEVEL2訓練課程後，並取得居家藥事照護資格證書。

## (二)居家藥事照護個案來源

目前以政府委託藥師公會全聯會或委託地方公會辦理的計畫案為主。
計畫案的名稱：（舉例）

1. 全民健康保險高診次者藥事照護計畫
2. 台北市政府衛生局家庭藥師計畫
3. 衛福部食藥署108年用藥整合服務推動與展望計畫
4. 全民健康保險居家醫療照護整合計畫
5. 符合長照2.0專業服務需求的個案

## (三)藥師執行「藥事居家照護」之標準作業流程（如圖二）

（以全民健康保險高診次者藥事照護計畫為例）

### 1.蒐集個案資料

**(1)基本資料**

家庭與生活背景、過去病史、目前疾病控制情形、抽菸喝酒、預防注射、身體系統的回顧等。

**(2)目前用藥資料**

請個案拿出現在的所有用藥，並請他說明正在使用哪些藥；哪些藥未使用；每天何時吃何藥，包含：處方藥、非處方藥、中藥及保健食品。這些資料皆需在「訪視紀錄表_藥歷檔紀錄表」（如附件1）內。

**(3)生化檢驗值**

可先詢問個案有無記錄血壓值或其他在家可測量的檢驗值等資料，可

供藥師參考並記錄於「訪視紀錄表_監測指標數值」（如附件1）

　　若沒有生化檢驗值，可請個案看病時，由醫師抽血作檢查，可將檢驗報告影印一份帶回家，下次給藥師看。

　　若無影印資料時，也可以用健保醫療資訊雲端查詢系統協助。

　　關於生化檢驗值的參考範圍詳見第四章。

## 2. 評估（Assessment）

　　總結個案醫療問題清單（主要醫療問題、次要醫療問題）。了解個案用藥需求，確認哪些疾病／醫療問題沒控制好，有哪些藥物治療問題存在，需要介入解決。

## 3. 擬定照護計畫（Care Plan）

　　需確立疾病控制／治療目標，預防新問題發生。藥師所發現到的每一個醫療問題，包含下列資料：

(1) 醫療問題控制情形；

(2) 目前用藥；

(3) 治療目標；

(4) 需監測之療效指標；

(5) 所發現到的藥物治療問題（可能是個案用藥方式所導致、醫師處方或是藥物作用所導致）；

(6) 對個案的教育內容：如何改善個案健康識能與用藥習慣，並執行教育；

(7) 對醫師處方之建議：應擬出問題原因、確定與哪位醫師溝通、然後規劃如何改善用藥，以解決問題（可用藥物相關問題分類V9.1來做紀錄）。

## 4. 執行照護計畫（Implementation）

## 5. 追蹤及評值照護結果（Follow-up）

(1) 記錄醫師／個案改變結果；

(2) 評值實際療效進展狀態；

(3) 評估有無新問題。

## 6.擬定下次照顧計畫

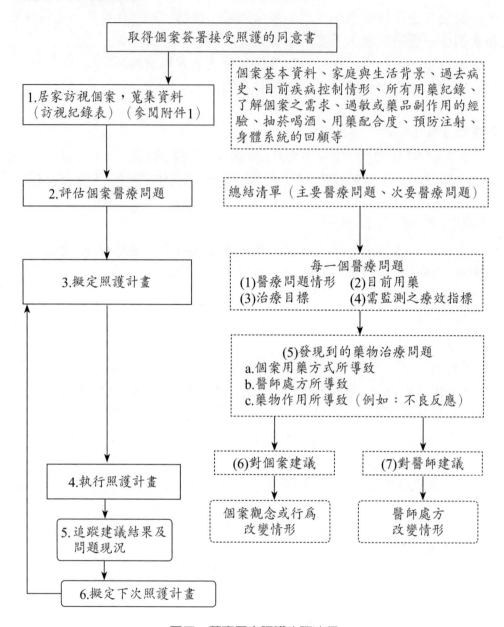

圖二　藥事居家照護步驟流程

## (四) 藥師從事居家藥事照護訪視前後需注意事項（詳如附件2_藥事居家照護訪視準備事項檢核表）

### 1.居家訪視前

(1) 注意事項：

　i. 請結伴前往。

　ii. 注意藥師專業形象，依約準時前往。

(2) 準備事項：

　i. 向執業登記所在處所之衛生主管機關申請報備支援，並取得核准。

　ii. 帶好需要的訪視紀錄表格、「藥師居家照護」宣傳單張、教育教材、七日藥盒、主辦單位所發證件。

　iii.對個案的疾病、用藥最好能先有初步了解。

　iv. 彙整個案所有用藥資訊，並準備用藥指導單張或自我照護教材等。

### 2.居家訪視時

(1) 注意事項：

　i. 藥師應運用一切誠意，建立個案與藥師之間互信基礎。

　ii. 注意在與個案溝通時，不得傷害醫師與個案之間的互信關係。請參考表三的「執行藥事照護之行為規範」。

　iii.結束面訪前，要記得約定下一次訪視之日期與時間，並同時說明下一次預訂照護之內容。

　iv. 必要時陪同個案就醫，並與醫師討論用藥相關問題。

　v. 如需照相，請先徵求個案同意。

　vi. 每次訪視後都應有個案簽名，藥師回去後應書寫訪視報告書，準備做服務費用之申報。

(2) 準備事項：（詳如附件2_藥事居家照護訪視準備事項檢核表）

　i. 攜帶訪視證及名片等相關證明文件，讓個案確認您的身分。

　ii. 攜帶「居家照護單」張等宣導相關資料，讓個案了解何謂「藥事居家照護」。

　iii.建議準備七日藥盒，必要時協助個案整理用藥。

　iv. 攜帶居家照護訪視紀錄表（如附件1）。

v. 建議使用居家照護訪視紀錄表內之「全身系統評估表格」讓民眾說明有哪些症狀或不舒服，然後藥師登錄在訪視紀錄表內。同時可以觀察個案的飲食、睡眠、排泄、運動與認知功能相關的情況（詳見第四章、第五章）。

### 3. 居家訪視後

(1) 注意事項：

i. 藥師每次家訪後，應參考訪視紀錄表來書寫訪視報告書，準備做服務費用之申報。

ii. 藥師需將訪視紀錄表上的資訊登錄到電腦系統，並上傳至藥師公會全聯會設置的電腦化藥事居家照護管理系統中。

## (五) 藥事居家照護時藥師可能遇上之職業傷害及自我保護措施（請參考附件3）

藥事居家照護時，會遇上什麼樣的職業傷害？

1. 交通事故
2. 動物傷人
3. 傳染病感染
4. 其他可能的傷害
5. 與人相關之傷害
6. 非職業相關災害

---

**小知識**

藥師從事居家藥事照護訪視前應先報備支援。而送藥到宅之業務屬調劑業務範圍，請勿踰越執業登記處所之行政區域範疇。（詳見附件四）

---

**重點**

藥師執行全民健康保險居家醫療照護整合計畫與訪視長照2.0專業服務需求的個案時，會與多個專業的人員同時合作。詳細的合作模式與分工請見第三章。

# 參考資料

1. 藥事照護執行規範（Standards of Practice for Pharmaceutical Care），行政院衛生福利部食品藥物管理署，中華民國藥師公會全國聯合會2.0版本，2013/09/24

2. 107年全民健康保險高診次者藥事照護計畫

3. 藥師執行「用藥整合服務」之標準作業流程，衛生福利部食品藥物管理署，中華民國藥師公會全國聯合會，108年3月6日修正版

4. 長期照護住宿型機構藥事服務之標準作業流程，衛生福利部食品藥物管理署，中華民國藥師公會全國聯合會，108年3月6日修正版

5. 臺北市政府衛生局「108年度家庭藥師計畫」執行說明

6. 臺北市政府衛生局「106年度家庭藥師計畫」結案報告

7. 全民健康保險居家醫療照護整合計畫108年5月30日健保醫字第1080033402號公告修訂

8. 臺灣長期照護領域藥事照護藥師之遴選機制2014/07/25

9. 藥師執行藥事居家照護之標準作業流程，衛生福利部食品藥物管理署，中華民國藥師公會全國聯合會2.0版本2018/02/01

10. Pharmacists' Patient Care Process, Joint Commission of Pharmacy Practitioners, May 29, 2014

11. 藥物相關問題分類V9.1，歐洲藥事照護聯盟協會；中文版翻譯人員：王慧瑜，黃金舜，葉明功

附件1

## 藥事居家照護_訪視紀錄表

107/01/31 表

<table>
<tr><td rowspan="6">個案連絡方式</td><td>姓名：</td><td colspan="2">暱稱：</td><td>社區藥局名稱：</td></tr>
<tr><td colspan="3">住址：</td><td>照護藥師：</td></tr>
<tr><td>電話(h)：</td><td>(w)：</td><td>手機：</td><td>連絡電話：</td></tr>
<tr><td>職業：</td><td colspan="2">身分證字號：</td><td>訪問地點：</td></tr>
<tr><td colspan="3">e-mail:</td><td>訪問日期：</td></tr>
</table>

<table>
<tr><td rowspan="6">個案統計資料</td><td>年齡：　　　　歲</td><td>出生日期：　　年　　月　　日</td><td colspan="2">性別:男/女</td></tr>
<tr><td>體重：　　　公斤</td><td>身高：　　　　公分</td><td>BMI：</td><td>kg/m²</td></tr>
<tr><td colspan="4">飲食:□純吃素 □葷素不拘 □特殊飲食, 如：</td></tr>
<tr><td colspan="4">同住的家人/家庭狀況/主要照護者/連絡方式：</td></tr>
<tr><td colspan="2">溝通語言:□國語 □台語 □客家,其他：</td><td colspan="2">教育程度:□國小 □國中 □高中 □大學</td></tr>
</table>

<table>
<tr><td rowspan="20">影響用藥議題</td><td rowspan="2">自我服藥生理功能</td><td>□可自行服藥<br>□經他人協助服藥<br>□無法吞服整顆藥粒(□1.磨粉 □2.管灌)</td></tr>
<tr><td>須使用哪些給藥/監測器具 □吸入器 □針筒 □血糖機 □血壓計 □其他<br>使用器具困難度？ □有困難 □沒問題</td></tr>
<tr><td>協助服藥者</td><td>□家人(稱謂：　　　　) □看護 □其他<br>是否每次服藥時間都可協助病人： □是 □否 □部分時候可以,說明：＿＿＿＿</td></tr>
<tr><td>生理因素</td><td>□重聽/聽障 □說話障礙 □視力不足/視障 □上肢無力/障礙<br>□記憶力退化 □認知障礙 □憂鬱<br>□肝功能不足 □腎功能不足 □其他：＿＿＿＿＿</td></tr>
<tr><td>心理及行為因素</td><td>□多處就醫 □1.長期疾病無法緩解<br>　　　　　　□2.不同疾病分別不同醫師看診領藥<br>□害怕(或曾發生)副作用<br>□缺乏病識感/自覺病況好轉<br>□自我照顧及用藥知識不足<br>□其他：＿＿＿＿＿＿</td></tr>
<tr><td>藥品因素</td><td>□品項過多<br>□用藥時間/方法(regimen)複雜<br>□給藥或監測器具操作困難<br>□(潛在)ADR/ADE □(潛在)療效不佳</td></tr>
<tr><td colspan="2">藥物過敏(藥物,發生的時間,出現的反應—皮疹,休克,氣喘,噁心,貧血等)</td></tr>
<tr><td colspan="2">過去曾發生的藥物不良反應</td></tr>
</table>

| | 項目/使用史 | 追蹤紀錄 | 項目/使用史 | 追蹤紀錄 |
|---|---|---|---|---|
| 社交藥物使用 | 菸草製品<br>□ 每天 0-1 包<br>□ 每天大於 1 包<br>□ 曾有吸菸史<br>□ 企圖戒菸<br>□無使用菸草製品 | 日期：<br><br>日期：<br><br>日期： | 酒精<br>□ 每週小於兩次<br>□ 每週 2-6 次<br>□ 每週大於 6 次<br>□ 曾有喝酒史<br>□ 有酒精依賴史<br>□ 無使用酒精 | 日期：<br><br>日期：<br><br>日期： |
| | 茶/咖啡<br>□ 每天小於 2 杯<br>□ 每天 2-6 杯<br>□ 每天大於 6 杯<br>□ 有咖啡因依賴史<br>□無使用咖啡因 | 日期：<br><br>日期：<br><br>日期： | 其他娛樂性用藥 | 日期：<br><br>日期：<br><br>日期： |

| | 過去病史 | | 目前醫療奘況 |
|---|---|---|---|
| | 過去病史 | 過去的藥物治療 | 目前是否仍有此疾病 |
| 病史與醫療問題現況 | 1.□中風 | | □否 □是 |
| | 2.□高血壓 | | □否 □是 |
| | 3.□心臟病 | | □否 □是 |
| | 4.□糖尿病 | | □否 □是 |
| | 5.□高血脂 | | □否 □是 |
| | 6.□慢性阻塞性肺病疾病、氣喘 | | □否 □是 |
| | 7.□其他呼吸系統疾病(肺炎) | | □否 □是 |
| | 8.□消化系統(肝、膽、腸、胃) | | □否 □是 |
| | 9.□泌尿道疾病(攝護腺肥大、失禁、泌尿道感染) | | □否 □是 |
| | 10.□腎臟疾病 | | □否 □是 |
| | 11.□骨骼系統(關節炎、骨折、骨質疏鬆、痛風) | | □否 □是 |
| | 12.□血液疾病(貧血、血小板減少、白血球減少) | | □否 □是 |
| | 13.□傳染性疾病（肺結核、愛滋病、梅毒、B型肝炎） | | □否 □是 |
| | 14.□免疫疾病 | | □否 □是 |
| | 15.□巴金森氏症 | | □否 □是 |
| | 16.□失智症 | | □否 □是 |
| | 17.□癲癇 | | □否 □是 |
| | 18.□脊髓損傷 | | □否 □是 |
| | 19.□腦性麻痺 | | □否 □是 |
| | 20.□失眠 | | □否 □是 |
| | 21.□精神科疾病(焦慮、精神分裂、憂鬱、躁鬱) | | □否 □是 |
| | 22.□癌症 | | □否 □是 |
| | 23.□其他： | | □否 □是 |
| | | | 新增疾病 |

# 藥歷檔記錄表

## 醫師處方藥品

醫師開立每日用藥品項數：

醫師開立每日用藥總次數：口服　、其他

| 醫療院所/科別/醫師 | 適應症 | 商品名 含量/劑型 | 學名 | 劑量/用法/起迄日期 | 實際用法 | 沒有規律使用原因 |
|---|---|---|---|---|---|---|
| | | | | | | |
| | | | | | | |
| | | | | | | |
| | | | | | | |

附註：先列慢性病用藥，再列短期使用之藥物

## 非醫師處方的藥品或保健食品

每日使用品項載：

每日使用總次數：口服　、其他

| 使用動機 | 想改善的醫療問題 | 商品名 含量/劑型 | 劑量/用法 | 藥師發現的問題 |
|---|---|---|---|---|
| | | | | |
| | | | | |

## 監測指標數值

| 項目 | 正常參考值* | / | / | / | / | / | / | / | / |
|---|---|---|---|---|---|---|---|---|---|
| BT (℃) | 36- 37 | | | | | | | | |
| BP (mmHg) | 110-140/60-90 | | | | | | | | |
| Heart rate (beats/min) | 60-100 | | | | | | | | |
| Glucose AC (mg/dL) | 70-105 | | | | | | | | |
| HbA1c (%) | 4.6-6.2 | | | | | | | | |
| BUN (mg/dL) | 7-20 | | | | | | | | |
| SCr (mg/dL) | M:0.64-1.27<br>F:0.44-1.03 | | | | | | | | |
| Albumin (g/dL) | 3.0-5.0 | | | | | | | | |
| AST (u/L) | 0-37 | | | | | | | | |
| ALT (u/L) | 0-40 | | | | | | | | |
| Uric Acid (mg/dL) | 2.7-8.3 | | | | | | | | |
| Cholesterol (mg/dL) | <200 | | | | | | | | |
| LDL (mg/dL) | <130 | | | | | | | | |
| HDL (mg/dL) | >40 | | | | | | | | |
| TG (mg/dL) | 30-150 | | | | | | | | |
| Sodium (mEq/L) | 134-148 | | | | | | | | |
| Potasium (mEq/L) | 3.6-5.0 | | | | | | | | |
| Calcium (mEq/L) | 7.9-9.9 | | | | | | | | |
| Phosphate (mEq/L) | 2.5-4.5 | | | | | | | | |
| Digoxin (ng/mL) | 0.8-2.0 | | | | | | | | |
| Cabamazepam (ug/mL) | 8-12 | | | | | | | | |
| Phenytoin (ug/mL) | 10-20 | | | | | | | | |
| Valproic acid (ug/mL) | 50-100 | | | | | | | | |
| Theophylline (ug/mL) | 8-20 | | | | | | | | |
| Lithium (mEq/L) | 0.6-1.2 | | | | | | | | |
| | | | | | | | | | |
| | | | | | | | | | |
| | | | | | | | | | |
| | | | | | | | | | |

＊正常參考值：應依疾病治療準則建議為主，老年人應有個別化考量，需注意不同檢驗單位提供數值可能有差異。

1. 藥師須先想清楚這次測量病人的用藥配合度，是針對病人的**所有藥品**或**某一疾病治療的幾個藥品**或**某一個藥品**在做測量。

2. 這是在測量病人在最近**兩週內**，有沒有下列**用藥行為**的問題存在。請依據病人回答做紀錄(打勾)。

2017/12/13

### 台灣版　用藥配合度測量表

這測量表是想瞭解您最近吃的所有藥品在最近兩週內，您有沒有下列用藥行為的問題存在。

| 在最近二周內您多常... | 從不/很少 | 偶爾會 | 經常會 |
|---|---|---|---|
| | 2 | 1 | 0 |
| 1.因為用藥時間太複雜或種類多而忘記服藥？ | ☐ | ☐ | ☐ |
| 2.因為吃藥覺得更不舒服，而調整服藥劑量或停止吃藥？ | ☐ | ☐ | ☐ |
| 3.因為覺得症狀都控制很好，而停止吃藥？ | ☐ | ☐ | ☐ |
| 4.忘記吃某餐該吃的藥品？ | ☐ | ☐ | ☐ |
| 5.因為出外旅遊或上班，而忘記帶藥出去？ | ☐ | ☐ | ☐ |
| 6.覺得按時服藥是很麻煩的事，而停止吃藥？ | ☐ | ☐ | ☐ |
| 總　分 | | | |

總分 0~6 <u>低</u>服藥配合度，　7~11＝<u>中等</u>服藥配合度，12＝<u>高</u>服藥配合度

## 全身系統回顧

| | | 編號 | 症狀 | | 編號 | 症狀 |
|---|---|---|---|---|---|---|
| 全身系統評估 | 一般系統 | 1 | 口乾 | 生殖系統 | 42 | 經痛/月經異常/不正常出血 |
| | | 2 | 體重最近改變很大 | | 43 | 不正常分泌增加/陰道搔癢 |
| | | 3 | 身體到處疼痛 | | 44 | 性功能障礙 |
| | | 4 | 頭痛 | | 45 | 性慾減低 |
| | | 5 | 頭暈/昏眩 | | 46 | 腰背痛 |
| | | 6 | 入睡困難/睡不飽 | 腎臟/泌尿 | 47 | 夜間頻尿 |
| | | 7 | 口臭 | | 48 | 排尿困難 |
| | | 8 | 臉色蒼白 | | 49 | 排尿泡沫多 |
| | | 9 | 感覺發燒 | | 50 | 血尿 |
| | | 10 | 水腫 | | 51 | 尿失禁 |
| | | 11 | 嗜睡 | 造血系統 | 52 | 皮膚碰撞容易瘀青 |
| | | 12 | 過敏症狀 | | 53 | 出血不易止血 |
| | | 13 | 虛弱無力 | | 54 | 牙齦時常出血 |
| | | 14 | 抽筋 | 骨骼肌/關節 | 55 | 關節腫脹/變形 |
| | | 15 | 脫水 | | 56 | 關節炎/疼痛(骨/類風濕性) |
| | 眼耳鼻喉 | 16 | 視力改變 | | 57 | 肌肉疼痛/無力 |
| | | 17 | 聽力有問題 | | 58 | 肌腱炎 |
| | | 18 | 經常性耳鳴 | | 59 | 腳/腿一觸就痛或有潰瘍 |
| | | 19 | 流鼻血 | 神經/精神方面 | 60 | 末梢感覺異常,如麻木/針刺感 |
| | | 20 | 鼻塞/流鼻水/打噴嚏 | | 61 | 手部顫抖 |
| | | 21 | 吞嚥困難 | | 62 | 走路平衡感喪失/易跌倒 |
| | | 22 | 眼睛脹痛 | | 63 | 沮喪/憂鬱 |
| | | 23 | 眼睛充血 | | 64 | 有自殺想法 |
| | | 24 | 喉嚨痛 | | 65 | 緊張/焦慮/神經質 |
| | 心血管 | 25 | 常感胸悶及胸口疼痛 | | 66 | 注意力無法集中 |
| | | 26 | 突發性非貧血性暈眩 | | 67 | 易激怒/情緒不穩定 |
| | | 27 | 心跳過快、心慌慌的 | | 68 | 情感冷漠、動作異常 |
| | | 28 | 末梢冰冷、泛白 | | 69 | 幻覺 |
| | | 29 | 肢體出現麻木無力感 | | 70 | 胡言亂語 |
| | | 30 | 從坐突然站起來會頭暈 | | 71 | 抽慉 |
| | 呼吸道 | 31 | 喘鳴聲/胸緊悶 | | 72 | 躁動不安、精神變差 |
| | | 32 | 呼吸窘迫/呼吸急促 | | 73 | 失憶/記憶力減退 |
| | | 33 | 痰多/咳嗽 | | | |
| | | 34 | 咳血 | 皮膚 | 74 | 乾燥脫屑 |
| | 胃腸道 | 35 | 食慾改變/味覺改變 | | 75 | 搔癢 |
| | | 36 | 胃脹/胃痛/消化不良 | | 76 | 水泡/發疹 |
| | | 37 | 腹痛/絞痛 | | 77 | 傷口 |
| | | 38 | 噁心/嘔吐 | | 78 | 發炎/紅腫感染:部位 |
| | | 39 | 下痢/腹瀉 | 內分泌系統 | 79 | 乳房腫塊 |
| | | 40 | 黑糞便,排便帶血 | | 80 | 脖子腫大 |
| | | 41 | 便秘/排便習慣異常 | | 81 | 更年期症候/潮紅 |
| | | | | 肝臟 | 82 | 肝指數持續增高 |
| | | | | | 83 | 黃膽 |
| | | | | | 84 | 常感覺疲倦/不想動 |

發現到的問題是否與藥物副作用有關?

藥事人員有無發現未治療的醫療問題?若有,請在底下分點描述:　　　日期:

### 各醫療問題/疾病之評值與追蹤表

| 醫療/疾病問題 | 評值日期：　月　日 | 評值日期：　月　日 | 評值日期：　月　日 |
|---|---|---|---|
| | 目前療效代碼：_____<br>描述： | 目前療效代碼：_____<br>描述： | 目前療效代碼：_____<br>描述： |
| | 目前療效代碼：_____<br>描述： | 目前療效代碼：_____<br>描述： | 目前療效代碼：_____<br>描述： |
| | 目前療效代碼：_____<br>描述： | 目前療效代碼：_____<br>描述： | 目前療效代碼：_____<br>描述： |
| | 目前療效代碼：_____<br>描述： | 目前療效代碼：_____<br>描述： | 目前療效代碼：_____<br>描述： |
| | 目前療效代碼：_____<br>描述： | 目前療效代碼：_____<br>描述： | 目前療效代碼：_____<br>描述： |

## 發現問題一覽表：(照顧計畫擬定)

| 項　目 | / | / | / | / | / | / | / | / |
|---|---|---|---|---|---|---|---|---|
| 是否須打疫苗而未打？ | □否<br>□是 | □否<br>□是 | □否<br>□是 | □否<br>□是 | □否<br>□是 | □否<br>□是 | □否<br>□是 | □否<br>□是 |
| 是否喜歡聽電台廣播買藥？ | □否<br>□是 | □否<br>□是 | □否<br>□是 | □否<br>□是 | □否<br>□是 | □否<br>□是 | □否<br>□是 | □否<br>□是 |
| 使用藥品是否有過期？ | □否<br>□是 | □否<br>□是 | □否<br>□是 | □否<br>□是 | □否<br>□是 | □否<br>□是 | □否<br>□是 | □否<br>□是 |
| 是否有藥品儲存問題？ | □否<br>□是 | □否<br>□是 | □否<br>□是 | □否<br>□是 | □否<br>□是 | □否<br>□是 | □否<br>□是 | □否<br>□是 |
| 是否需要使用藥康包或藥盒？ | □否<br>□是 | □否<br>□是 | □否<br>□是 | □否<br>□是 | □否<br>□是 | □否<br>□是 | □否<br>□是 | □否<br>□是 |
| 是否有用藥配合度問題？ | □否<br>□是 | □否<br>□是 | □否<br>□是 | □否<br>□是 | □否<br>□是 | □否<br>□是 | □否<br>□是 | □否<br>□是 |
| 是否有另類醫療而造成的問題？ | □否<br>□是 | □否<br>□是 | □否<br>□是 | □否<br>□是 | □否<br>□是 | □否<br>□是 | □否<br>□是 | □否<br>□是 |
| 是否有多位醫師開處方而造成的問題？ | □否<br>□是 | □否<br>□是 | □否<br>□是 | □否<br>□是 | □否<br>□是 | □否<br>□是 | □否<br>□是 | □否<br>□是 |
| 是否需要提供用藥分裝服務？<br>(個案有多科醫師開處方、用藥複雜或配合度有疑義等情形) | □否<br>□是 | □否<br>□是 | □否<br>□是 | □否<br>□是 | □否<br>□是 | □否<br>□是 | □否<br>□是 | □否<br>□是 |
| 其他問題:___ | | | | | | | | |

執行照護計畫與追蹤結果（藥師照顧時發現的疑似藥物治療問題與改善建議）

（一）個案用藥行為

| 藥師發現的問題 | 藥師對個案的建議 | 追蹤問題改善結果 |
|---|---|---|
| 日期　　　　編碼 | 日期　　　　編碼 | 日期　　　　編碼 |
| 日期　　　　編碼 | 日期　　　　編碼 | 日期　　　　編碼 |
| 日期　　　　編碼 | 日期　　　　編碼 | 日期　　　　編碼 |

（二）醫師處方用藥

| 藥師發現的問題 | 藥師對醫師的建議 | 追蹤問題改善結果 |
|---|---|---|
| 日期　　　　編碼 | 日期　　　　編碼 | 日期　　　　編碼 |
| 日期　　　　編碼 | 日期　　　　編碼 | 日期　　　　編碼 |
| 日期　　　　編碼 | 日期　　　　編碼 | 日期　　　　編碼 |

PCNE-DRP 分類系統 V9.1

基本分類包括

[問題]的分類有 3 個主要面向[原因]的分類有 9 個主要面向

[計劃介入]的分類有 5 個主要面向[介入的接受程度]有三個主要面向

[DRP 狀態]有四個主要面向

### 基本分類（**Basic classification**）

| | 編碼 V9.1 | 主要面向 |
|---|---|---|
| 問題（包括潛在的） | P1 | 治療效果<br>已存在的（或潛在的）藥物治療效果（或無效）問題 |
| | P2 | 治療安全性<br>病人遭受，或可能遭受，來自藥物的不良事件 |
| | P3 | 其他 |
| 原因（包括潛在問題的可能原因） | C1 | 藥物選擇<br>藥物相關問題的原因可能與藥物選擇有關 |
| | C2 | 藥物劑型<br>藥物相關問題的原因與藥物劑型有關 |
| | C3 | 劑量選擇<br>藥物相關問題的原因可能與劑量方案選擇有關 |
| | C4 | 治療療程<br>藥物相關問題的原因與治療療程有關 |
| | C5 | 調劑<br>藥物相關問題的原因可能與醫囑和調劑過程有關 |
| | C6 | 藥物使用過程<br>藥物相關問題的原因是與病人從醫療專業人員或從照護者取得藥品的流程有關，儘管（在藥物標籤上）已經有適當的說明 |
| | C7 | 病人相關<br>藥物相關問題的原因可能與病人和他的行為有關（故意的或無意的） |
| | C8 | 病人轉診相關<br>藥物相關問題產生的原因可能與病人在初級、二級和三級醫療機構的轉換或是同一醫療機構內的轉換相關。 |
| | C9 | 其他 |
| 計畫介入 | I0 | 未介入 |
| | I1 | 醫師層面 |
| | I2 | 病人層面 |
| | I3 | 藥物層面 |
| | I4 | 其他 |
| 介入方案的接受 | A1 | 介入被接受 |
| | A2 | 介入未被接受 |
| | A3 | 其他 |
| DRP 狀態 | O0 | 問題狀態不明 |
| | O1 | 問題已被解決 |
| | O2 | 問題已部分解決 |
| | O3 | 問題沒有解決 |

PCNE-DRP 分類系統 V9.1

問題類別（**Problems**）

| 主要面向 | 編碼 V9.1 | 問題 |
|---|---|---|
| 1. 治療效果 已存在的（或潛在的）藥物治療效果（或無效）問題 | P1.1 | 藥物治療無效 |
| | P1.2 | 治療效果不佳 |
| | P1.3 | 有未治療的症狀或適應症 |
| 2. 治療安全性 病人遭受或可能遭受的藥物不良事件 註：如果沒有具體的原因，可以跳過[原因]類別分類 | P2.1 | （可能）發生藥物不良事件 |
| 3. 其它 | P3.1 | 不必要的藥物治療 |
| | P3.2 | 不確定的問題或抱怨，需要進一步說明(請僅當無法明確分類時使用) |

| | | |
|---|---|---|
| ☐ | 潛在的問題 | |
| ☐ | 明顯的問題 | |

PCNE-DRP 分類系統 V9.1

原因類別（包括潛在問題的可能原因）（**Causes**）

註：一個問題可以有多個原因

| | 主要面向 | 編碼 V9.1 | 原因 |
|---|---|---|---|
| 處方與藥品選擇 | **1. 藥物選擇**（潛在）藥物相關問題的原因與藥物選擇（由病人或醫療專業人員）有關 | C1.1 | 不適當用藥（依據指南或處方集判斷） |
| | | C1.2 | 無藥品適應症 |
| | | C1.3 | 不適當的藥品併用（或藥品與中草藥；或藥品與膳食補充劑） |
| | | C1.4 | 不適當的重複使用治療組合或有活性成分的藥物 |
| | | C1.5 | 儘管存在適應症，未給予藥物治療或沒有給與完整的藥物治療 |
| | | C1.6 | 同一適應症使用太多種不同的藥物/活性成分 |
| | **2. 藥物劑型** DRP 的原因與藥物劑型有關 | C2.1 | 藥物劑型/配方不適宜（對該病人而言） |
| | **3. 劑量選擇** DRP 的原因與劑量或服用量的選擇有關 | C3.1 | 藥物劑量過低 |
| | | C3.2 | 單一活性成分的藥物劑量過高 |
| | | C3.3 | 給藥頻次不足 |
| | | C3.4 | 給藥頻次過多 |
| | | C3.5 | 用藥時間的指示錯誤，不清晰或遺漏 |
| | **4. 治療療程** DRP 的原因與治療療程有關 | C4.1 | 療程過短 |
| | | C4.2 | 療程過長 |
| 調配 | **5. 調劑** 藥物相關問題的原因可能與醫囑和調配過程有關 | C5.1 | 處方藥物無法獲得 |
| | | C5.2 | 未提供必要的資訊，或提供錯誤資訊 |
| | | C5.3 | 建議了錯誤的藥物、規格或劑量（成藥 OTC） |
| | | C5.4 | 調劑了錯誤的藥物或規格 |
| 使用 | **6. 藥物使用過程** DRP 的原因是與病人從醫療專業人員或從其他照護者取得藥品的流程有關，儘管已經有適當的說明（在藥物標籤/表單上） | C6.1 | 醫療專業人員之給藥時間或給藥間隔不適當 |
| | | C6.2 | 醫療專業人員給與藥物劑量不足 |
| | | C6.3 | 醫療專業人員給予藥物過量 |
| | | C6.4 | 醫療專業人員未給與藥物 |
| | | C6.5 | 醫療專業人員給與了錯誤的藥物 |
| | | C6.6 | 醫療專業人員給藥途徑錯誤 |

PCNE-DRP 分類系統 V9.1

| | | | |
|---|---|---|---|
| 使用 | 7. 病人相關 DRP 的原因可能與病人和他的行為有關（故意的或無意的） | C7.1 | 病人故意使用/服用少於醫囑的藥物，或出於任何原因完全不服用藥 |
| | | C7.2 | 病人服用了超出處方劑量的藥物 |
| | | C7.3 | 病人濫用藥物（沒有制約的過度使用） |
| | | C7.4 | 病人決定服用不必要的藥物 |
| | | C7.5 | 病人服用有藥物交互作用的食物 |
| | | C7.6 | 病人儲存藥物不適當 |
| | | C7.7 | 病人服藥時間或服藥間隔不適當 |
| | | C7.8 | 病人無意間以錯誤的方式服用/使用藥物 |
| | | C7.9 | 病人因生理因素無法依指示使用藥物/劑 |
| | | C7.10 | 病人無法正確理解服藥說明 |
| | 8. 病人轉診相關 DRP 產的原因可能與病人在初級、二級和三級醫療機構的轉診或是同一醫療機構內的轉換相關。 | C8.1 | 藥物重整問題 |
| | 9.其他 | C9.1 | 沒有進行或沒有適當的療效監測（如 TDM） |
| | | C9.2 | 其他原因；詳細說明 |
| | | C9.3 | 沒有明顯的問題 |

PCNE-DRP 分類系統 V9.1
計畫介入方案類別（**Planned Interventions**）
註：一個問題可能導致多個介入方案

| 主要面向 | 編碼 V9.0 | 介入 |
|---|---|---|
| 未介入 | I0.1 | 未介入 |
| 1.醫師層面 | I1.1 | 僅知會醫師 |
|  | I1.2 | 醫師要求資訊提供 |
|  | I1.3 | 提供介入方案給醫師 |
|  | I1.4 | 與醫師討論介入計劃 |
| 2.病人層面 | I2.1 | 病人（藥物）諮詢 |
|  | I2.2 | （僅）提供書面資料 |
|  | I2.3 | 將病人轉介給處方醫師 |
|  | I2.4 | 口述給家庭成員/照顧者 |
| 3.藥物層面 | I3.1 | 藥物調整為…… |
|  | I3.2 | 劑量調整為…… |
|  | I3.3 | 劑型調整為…… |
|  | I3.4 | 使用方法調整為…… |
|  | I3.5 | 停用藥物 |
|  | I3.6 | 啟用新藥物 |
| 4.其他介入或行為 | I4.1 | 其他介入（詳細說明） |
|  | I4.2 | 副作用通報給相關部門 |

PCNE-DRP 分類系統 V9.1
介入方案的接受類別（**Acceptance**）
註：一個介入方案對應一個接受狀態

| 主要面向 | 編碼 V9.0 | |
|---|---|---|
| 1. 介入方案被接受 （醫師或病人） | A1.1 | 接受介入方案並完全執行 |
| | A1.2 | 接受介入方案，部分執行 |
| | A1.3 | 接受介入方案，但並未執行 |
| | A1.4 | 接受介入方案，但不清楚是否執行 |
| 2. 介入方案未被接受 （醫師或病人） | A2.1 | 未接受介入方案：不可行 |
| | A2.2 | 未接受介入方案：不贊同 |
| | A2.3 | 未接受介入方案：其它原因（詳細說明） |
| | A2.4 | 未接受介入方案：不清楚原因 |
| 3. 其他 （介入方案沒有接受與否的訊息） | A3.1 | 提出介入方案，但不清楚是否被接受 |
| | A3.2 | 未提出介入方案 |

## DRP 狀態類別

註：這部分反映了介入措施的結果。一個問題（或合併介入措施）只能產生一個解決問題的狀態

| 主要面向 | 編碼 V9.0 | 計劃介入後的結果 |
|---|---|---|
| 0. 不詳 | O0.1 | 問題狀態不明 |
| 1. 解決 | O1.1 | 問題已全部解決 |
| 2.部分解決 | O2.1 | 問題已部分解決 |
| 3.沒有解決 | O3.1 | 問題沒有解決，病人不合作 |
| | O3.2 | 問題沒有解決，醫師不合作 |
| | O3.3 | 問題沒有解決，介入無效 |
| | O3.4 | 不需要或不可能解決問題 |

**目前疾病治療控制情形（目前療效代碼）**

| 代碼 | 目前病況 | 描　述 |
|---|---|---|
| 7 | 完全治癒 | 病人所期望的治療目標已完全達成，且不再需要藥物治療。 |
| 6 | 治療已達目標，且病情穩定 | 病人所期望的治療目標已完全達成，且病情穩定，起伏不明顯，但仍需藥物治療，以維持穩定的病情。 |
| 5 | 最近治療曾多次達目標，且病情穩定 | 病人曾多次達到所期望的治療目標，病情雖穩定，起伏不明顯，但仍在「達標」與「未達標」之間來回擺盪。此時，須強化藥物治療的品質，以期穩定達標。 |
| 4 | 治療偶爾達標，但病情不穩定 | 病人僅偶爾達到所期望的治療目標，且病情不穩定，偶有不適症狀。須強化疾病的控制，以穩定病情。 |
| 3 | 治療未達標，但病情穩定 | 病人未曾達到所期望的治療目標，且療效指標一直穩定過高，有不適症狀。此時，應再強化藥物治療的品質，以期穩定達到治療目標。 |
| 2 | 治療未達標，且病情不穩定 | 病人不但未曾達到所期望的治療目標，病情還很不穩定，常有不適症狀，起伏明顯。此時應積極強化藥物治療與疾病控制的品質，使病況朝正面發展。 |
| 1 | 病情糟糕，且有併發症狀 | 病人不但未曾達到所期望的治療目標，病情還很不穩定，起伏明顯，常有不適症狀，甚至出現疾病衍生的併發症，需其他醫療處置，以控制衍生出的併發症狀。 |

※前述疾病治療控制情形代碼示意圖

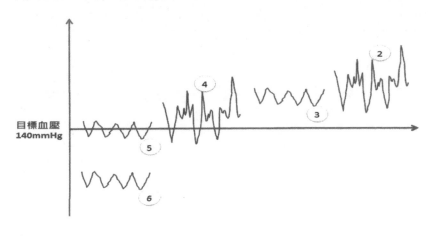

附件 2

# 藥事居家照護訪視準備事項 檢核表

102.06.27 制定
105.07.27 修訂 1 版

依據民國 102 年 6 月 27 日藥師公會全國聯合會「102 年度建立高用藥危險族群藥事照護模式與服務主題－建立全國藥事照護模式」102 年第 3 次月會會議通過。105 年藥師公會全國聯合會「105 年度精進藥事照護模式研究與服務主題－建立完善藥事照護模式」105 年 7 月 27 日第 4 次專家委員會議修訂。

## 藥事居家照護 居家訪視前藥師準備事項_檢核表

檢查工作 已完成 欄位之填寫方式：
已完成事項，請勾選"是"；未完成工作保留空白；不須執行工作請勾選"NA"。

| 項目 | | 準備事項 | 已完成 是 | 已完成 NA | 備註 |
|---|---|---|---|---|---|
| 約定個案 | | 時間： | | | |
| | | 地點： | | | |
| 報備外出 | | 向當地衛生主管機關報備外出執業 | | | 需事先報准 |
| 約好同伴 | | 村、鄰、里長、藥局負責人、同期學習藥師、想學習之藥師/學生 | | | 事先向個案說明有哪些同行訪視者 |
| 瞭解個案 | | 檢視及了解健保署提供之個案近 2 個月門診的主/次診斷及所使用藥品資料 | | | 如：藥師前次訪視之記錄或計畫相關單位所提供資料。 |
| 準備要攜帶的物品 | 文件 | 關懷函或轉介單 | | | |
| | | 識別證或執業執照等識別證件 | | | 如：計畫主辦單位發給的 |
| | | 「藥師居家照護」宣傳單張 | | | |
| | | 訪視未遇聯繫單 | | | |
| | | 訪視個案同意書 | | | |
| | | 訪視紀錄表 | | | |
| | | 紀錄總整理表 | | | 首次、持續、結案 |
| | | 用藥資料 | | | 如：雲端藥歷、處方箋、健保局所提供之資料 |
| | | 用藥指導單張 | | | |
| | | 教育教材 | | | 如：氣喘教育三腳架 |
| | 硬體工具 | 七日藥盒 | | | |
| | | 相機 | | | 一定需要先經過個案的同意，才能對她/他拍照。 |
| | | 筆電 | | | 安裝有照護系統程式的筆電 |
| | | 讀卡機 | | | |
| | | 血壓機、或需要的檢驗器材 | | | |

## 藥事居家照護 居家訪視當日之工作事項_檢核表

檢查工作做到欄位之填寫方式：
做到事項請勾選"是"；沒做到事項請勾選"否"；不須執行工作請勾
選"NA"。

| 時間 | 工作事項 | 做到 | | | 備註 |
|---|---|---|---|---|---|
| | | 是 | 否 | N A | |
| 抵達個案家前 | 攜帶訪視所需要物品，並穿著整齊服裝 | | | | |
| | 與約定一起訪視的同伴先見面 | | | | |
| | 準時抵達與個案約定的地點 | | | | |
| 抵達個案家門口 | 按門鈴，向個案及其家人關懷問好。 | | | | |
| | 出示相關證明文件，以確認您的身分 | | | | 如：名片、計畫單位所製作發給之識別證或關懷函 |
| | 請問個案，是否之前幾周已有藥師前來訪視 | | | | |
| 進門訪視，執行照護中 | 請個案出示健保卡，以確認他的身分。 | | | | 視計畫需求進行過卡。若有過卡則應解釋刷卡意義（沒增加次數） |
| | 運用「藥師居家照護」宣傳單張的內容 | | | | 首次訪視使用 |
| | 請個案在藥師輔導之同意書上簽字 | | | | 首次訪視時 |
| | 運用「訪視紀錄表」紀錄個案的各種資訊 | | | | 包括個案的疾病療效控制情形及正在吃的處方藥、非處方藥、中草藥、保健食品及藥品不良反應等資訊 |
| | 整理個案正在規律服用的藥品整理到七日藥盒 | | | | 視需要 |
| | 針對個案之用藥確認出藥物治療問題→確定出要向個案教育的內容→進行教育→追蹤個案行為改變情形。 | | | | 1.運用 AABBCC 碼做紀錄。 |
| | 針對醫師所開處方藥確認出藥物治療問題→若有藥物治療問題，則向醫師提出建議該如何調整用藥→追蹤醫師開處方內容的改變情形。 | | | | 2.不得有促銷行為 |
| | 經個案同意並簽字協助處理不用或該廢棄的藥品，或教育個案自行廢棄後丟入垃圾桶 | | | | |
| 臨走前 | 確認個案在該次的訪視紀錄總整理表簽名 | | | | 每次訪視離開前都應確認 |
| | 測量個案健康品質(quality of life) | | | | 依計畫需要在規定之訪視次數時測量 |

# 藥事居家照護 回藥局後工作事項_檢查表

檢查工作 已完成 欄位之填寫方式:已完成事項,請勾選"是";未完成工作保留空白;不須執行工作請勾選"NA"。

| 項目 | 工作 | 已完成 是 | NA | 備註 |
|------|------|------|------|------|
| 申報服務費用 | 依費用給付辦法提供相關資料 | | | 如:健保署計畫須上傳個案 IC 卡資料。 |
| 提供訪視紀錄 | 依計畫規定將服務資料(如:無法收案對象之無法收案原因;收案對象之 ID、訪視日期及訪視紀錄)輸入網路化藥事居家照護管理系統 | | | |
| 案例教材 | 針對有教學意義個案製做案例教材,以便口頭案例報告或用來教育指導後進 | | | ppt 檔 |
| | 以特殊案例書寫文章,投稿 | | | |
| | 運用「藥師持續居家照護成果表」書寫有理想成績的個案資料,呈現出藥師介入之紀錄,並反映個案疾病的改善情形。 | | | 使用全聯會製作之表格。 |
| | 書寫研究性文章,投稿國內外藥學相關雜誌、專刊、大會、壁報或口頭參與大會 | | | |

## 藥事居家照護時藥師可能遇上之職業傷害及自我保護措施

藥事照護發展中心
中華民國藥師公會全國聯合會

前言：藥師進行居家訪視，以自身安全為首要，於抵達個案住所，應先觀察
環境，以防若有危及生命之事發生，得以預先安排之路線逃生。本文
彙整相關可能發生災害之自我保措施，提供藥師參考。

| 藥事居家照護時會遇上什麼樣的職業傷害？ | | | 應該有那些自我保護措施 |
|---|---|---|---|
| 交通事故 | | | ◆騎機車要戴好安全帽 |
| | | | ◆安裝行車紀錄器 |
| | | | ◆提早出門，不要趕時間，小心駕駛 |
| | | | ◆夜間視線不好，盡量在落日前結束訪視工作 |
| | | | ◆投保人/車意外險 |
| 動物傷人 | 狗 | 個案家的狗 | ◆進個案家門時先問清楚，若有飼養寵物，請主人先看顧好狗 |
| | | | ◆有狗鍊綁起來的狗，注意狗鍊的長短，可請飼主先拉緊狗鍊，在您離開狗鍊可及的區域時，再放開狗鍊 |
| | | | ◆拜訪家中有狗之個案，在屋主的帶領下，才進個案家 |
| | | | ◆若狗先跑出來則以靜制動，等待主人出現 |
| | | | ◆對有家狗不友善者，之後跟個案約在公共場所進行照護 |
| | | 路邊的狗 | ◆下車進入接近個案中前，多注意環境周邊野狗問題 |
| | | | ◆與伴同行，並備根長棍子或長把雨傘或電擊棒，被狗吠時不用怕，勇往直前 |
| | 蛇 | 路程中 | ◆前往訪視居住在林間之個案，應著長袖衣物，帶一隻長把手的雨傘，經過草叢時可先打草驚蛇 |
| | | | ◆若遇有蛇行，鎮定勿慌張，靜待其通行而過 |
| | 共通辦法 | | ◆投保意外險 |
| | | | ◆施打狂犬疫苗 |
| 傳染 | 肺結核、疥瘡、流感、愛滋病、A、B | | ◆訪視時戴口罩、手套及穿長袖 |
| | | | ◆避免碰觸個案身體 |

| 病感染 | 肝炎、手癬 | | ◆攜帶消毒用品，如：乾洗手，離開個案家後儘速消毒 |
| | | | ◆回家先洗澡 |
| | | | ◆自帶環保杯及飲用水，不要食用個案所提供之食物 |
| | 足癬 | | ◆自帶室內拖鞋(建議紙拖鞋)，個案家若需脫鞋時可使用 |
| | 共通辦法 | | ◆藉由計畫單位所提供之個案資料，瞭解個案病史 |
| | | | ◆在未完全瞭解個案病史前宜採適當防護措施 |
| | | | ◆訪視前先參閱對方用藥資料，以推測個案所罹患之疾病 |

| 其他可能傷害 | 肩膀拉傷 | 致病原因 | 背包照護資料太重 |
| | | 保護措施 | ◆盡可能以車載物 |
| | | | ◆使用具拉桿之行李袋 |
| | 眼睛退化 | 致病原因 | 電腦輸入訪視資料 |
| | | 保護措施 | ◆避免長時間連續使用電腦 |
| | 手腕受傷 | 致病原因 | 電腦輸入訪視資料 |
| | | 保護措施 | ◆建議全聯會設計手寫方式登打訪視資料 |
| | 脊椎或手部疼痛 | 致病原因 | 騎車太久 |
| | | 保護措施 | ◆前往偏遠地區，以開車前往為宜 |
| | | | ◆避免騎太久，中間多休息 |
| | 中暑/曬傷 | 致病原因 | 天氣太熱 |
| | | 保護措施 | ◆做好擦防曬或穿遮陽衣物等防曬措施；多補充水份；多休息 |
| | 泌尿道感染 | 致病原因 | 連續訪視多位個案，期間不敢在個案家上廁所 |
| | | 保護措施 | ◆在市區可使用公共廁所，前往郊區前先找加油站上廁所 |
| 遭受人身攻擊或言語 | 個案或其家人情緒激動、口出狂語；或有攻擊傾向，如：持鐮刀恐嚇藥師；或以肢體推擠藥師。 | | ◆訪視前先電話聯絡，確認到訪時間在場的家屬人數，有其個案的其他家人在家時才進行訪視 |
| | | | ◆訪視前留下訪視對象之住址、電話給藥局其他人員並約定安全回報時間 |
| | | | ◆安排同伴一起訪視，避免單獨一人前往 |
| | | | ◆觀察個案家之逃生路線，若有情勢不對之情形就趕緊撤退 |
| | | | ◆平心說明來意，留下藥事照護資料及連絡電話，請個案了解可主動來電後再訪 |

| | | |
|---|---|---|
| 辱罵 | | ◆進入室內選擇離門邊近一點的位置，與個案保持適當距離，以能方便安全急速離開為要 |
| | | ◆盡量委婉詢問說明事由，不刺激個案情緒 |
| | | ◆與個案對談中不與之爭辯，避免加入個人情感，微笑應面個案的批評，輕聲說話不帶主觀字眼 |
| | | ◆多聆聽對方說話，適度安撫個案情緒 |
| 性騷擾 | 如：個案在言語上吃藥師豆腐；藉機毛手毛腳(如：藥師為個案量血壓時)；獨居男個案常衣裳不整只穿內褲。 | ◆安排同伴陪同,避免與個案單獨相處(尤其是女藥師照護獨居男性個案) |
| | | ◆對於言語性騷擾假裝聽不懂,不慌張地離開 |
| | | ◆自購防身器材 |
| | | ◆警覺有問題，即刻找藉口或理由離開，勿久留 |
| | | ◆自備飲水及食物，並藉由適當理由(如：特殊易過敏體質，只能吃自備食物)，堅決婉拒對方的飲料或食物招待 |
| | | ◆加強自己的心理建設及對情況的判斷能力，下次帶伙伴同行或不要再去了 |
| 誤入危險地區 | 對個案住所區域的環境不熟悉，誤入危險區域(例如水溝) | ◆最好有2人同行，車上配備GPS導航，並攜帶智慧型手機以利進行map等查詢作業 |
| | | ◆前往陌生地區，放慢行車或走路速度 |
| | 個案住家地點偏遠或太過偏僻 | ◆山區幾乎沒有公共照明設施，若無法預估時程，則攜帶手電筒，以防需要晚間作業 |
| | | ◆前往訪視發現個案居住於偏僻或灰暗的小巷內，若當時天色已暗，則另行擇日白天再訪 |
| 可能被告 | 被誤為詐騙集團 | ◆向個案及其家屬說清楚來意及為何要刷卡 |
| | | ◆攜帶身分證及計畫相關證明(如訪視證、關懷函)，若個案報警，當警察來時，藥師才能證明身份 |
| | 為個案整理藥物後發生缺藥，個案認為藥師弄丟的 | ◆整理藥物後與個案或其家屬當面點清所處理之藥物 |
| | 為個案將藥品整理到藥盒內，卻發生藥盒不密封導致藥品　潮濕不能服用 | ◆使用藥盒分裝前，先確認藥盒的品質狀況，若藥盒已不適合使用，可改用夾鏈袋分包，並跟個案講清楚分包後的藥品易潮解，不能過久保存 |
| | 訪談中個案起身拿東西，發生跌倒受傷 | ◆訪視時最好有個案家屬在場 |

| | | | |
|---|---|---|---|
| 其他：非職災 | | 個案在茶室上班，要求藥師點檯捧場。 | ◆拒絕個案 |
| | | 遇上特殊家庭環境個案，例如：聚賭場所。 | ◆發現個案住家不適合進行訪視，先告知個案或其家人訪視的目的，檢視個案所有用藥後儘速離開，並儘可能與個案約下次到公共場所進行訪視 |
| | 過卡問題 | 攜帶讀卡機到戶外過卡，但讀卡機很脆弱一振動就壞掉 | ◆做好防震措施 |
| | | | ◆若真發生讀卡機故障情形，以異常過卡處理費用申報 |
| | | 電腦及讀卡機都耗電，電池只能維持約5小時 | ◆攜帶電源線，可借用個案家的插座充電 |
| | | | ◆攜帶備用電池 |

附件4

檔　號：<br>
保存年限：

## 衛生福利部　函

機關地址：11558台北市南港區忠孝東路六段488號<br>
傳　　真：(02)85907088<br>
聯絡人及電話：洪國豐(02)85907391<br>
電子郵件信箱：mdhgf@mohw.gov.tw

受文者：如正、副本行文單位

發文日期：中華民國107年5月24日
發文字號：衛部醫字第1071663333號
速別：普通件
密等及解密條件或保密期限：
附件：

主旨：貴局對於本部106年11月30日「研商藥局執行藥事服務、支援
　　　報備及其執業相關事宜」會議紀錄所提疑義一案，復如說明段
　　　，請查照。

說明：

　一、復貴局106年6月27日北市衛食藥字第10643676700號及106年12
　　　月19日北市衛食藥字第10651410500號函。

　二、按「藥品優良調劑作業準則」第3條規定：「本準則所稱調
　　　劑，係指藥事人員自受理處方箋至病患取得藥品間，所為之處
　　　方確認、處方登錄、用藥適當性評估、藥品調配或調製、再次
　　　核對、確認取藥者交付藥品、用藥指導等相關之行為。」

　三、調劑是一連續(串)之行為，依旨揭會議決議，「確認取藥者交
　　　付藥品作業，不限於藥事作業處所，惟如送藥到宅，則僅限於
　　　藥事人員執業登記機構之同一直轄市、縣(市)行政區域。」，
　　　係為衡平地方政府管轄權、轄區內藥事服務管理及關懷弱勢或
　　　偏僻地區之族群，爰藥事人員執業登記處所(藥局或醫療機構)
　　　之調劑服務延伸至執業登記所在之行政區域內之病人家(送藥
　　　到宅交付藥品)，可不認定為「於執業登記處所外執行業
　　　務」。另跨行政區域送藥到宅，非屬藥師法第11條第1項所定
　　　得報准支援之情形，不得為之。

# 第二章　我國長期照顧計畫與社區整體照顧服務體系

洪秀麗

　　根據Kane & Kane（1987, 1988）的定義：長期照顧（Long-Term Care, LTC）指個人由於殘疾失能或慢性疾病，而限制本身工作與自理的能力，長期接受任何的個人照顧和協助。我國國民的平均壽命隨著進步的衛生條件與醫療技術而提高，在老年人口迅速成長之下，大幅攀升的慢性病盛行率與失能人口數，使得長期照顧（以下簡稱長照）的需求也急速上升。

　　近年來，臺灣已達聯合國世界衛生組織（WHO）所定義之高齡化社會，在長照需求遽增之下，政府推出政策支援，由〈長期照顧十年計畫1.0〉（民國96～105年）改革至現今的2.0版本（民國106～115年），目的在提升或維持失能者之生活能力與品質，協助其心理與社會功能，並供應預防保健、減緩失能與恢復功能之幫助。此外，為了減輕家庭照顧者日益沉重的照顧負荷，提供喘息服務以減低照顧壓力。

## 一、社區整體照顧服務體系

　　所謂的「社區整體照顧服務體系」是為了提升年長者、失能者與照顧者之生活品質，建立以社區為基礎之照顧型社區，發展因地制宜之多元化且連續性的整合式照顧服務系統，就近提供長照服務以實現在地老化。社區整體照護服務系統與政府之長期照顧管理中心及各地醫療院所可提供：居住、長照、醫療、預防、生活支援。

---

**小知識1**

依據《長期照顧服務法》用詞之定義：

| 長期照顧<br>（以下稱長照） | 指身心失能持續已達或預期達六個月以上者，依其個人或其照顧者之需要，所提供之生活支持、協助、社會參與、照顧及相關之醫護服務。 |
|---|---|
| 身心失能者<br>（以下稱失能者） | 指身體或心智功能部分或全部喪失，致其日常生活需他人協助者。 |

**小知識2**

　　《長照保險法》在104年6月由行政院會通過草案，並送交立法院審議。主要內容為針對保險人、保險對象、保險財務、保險給付及支付、保險服務機構、安全準備與基金運用與相關資料及文件之蒐集、查閱等基本事項，進行界定與規範。

# (一)長照服務對象

| 40歲以下 | 45歲 | 50歲 | 55歲 | 60歲 | 65歲以上 |
|---|---|---|---|---|---|
| | | | | | 1.失能老人 |
| | | | | 失能原住民 | 2.僅IADLs失能之獨居老人 |
| | | | 失智症者 | | 3.僅IADLs失能之衰弱老人 |
| 失能身心障礙者 | | | | | |

　　長照服務對象的資格如上圖所示，欲申請長照服務者必須先經過「長照需要評估」，所使用的工具爲「照顧管理評估量表」，其指標稱爲「長照需要等級」（縮寫爲CMS），也就是一般所謂的失能等級，共分爲1～8級。其他輔助的評估工具還有用來評估失智程度的「臨床失智評分量表」（the Clinical Dementia Rating Scale, CDR），衰弱評估則採用SOF（the Study of Osteoporotic Fractures）Frailty Index（Ensrud et al., 2008; Kiely et al., 2009）。評估說明請參見第三章之「長照服務與長照專業服務」。

# (二)社區整體照顧系統中的四個概念

　　藥師擁有豐富的「醫療」合作經驗，但是若能理解社區整體照顧服務體系中的四個概念，對於將來的跨專業職業合作能有所助益。

居住

長照

社區整合

照顧管理專員

## 1.居住

　　社區整體照顧服務體系的理念是以使用者爲中心，依長照需求者的「居住」作爲基礎，讓他們即使在失能、失智的狀態下，也能夠繼續安

心生活在自己習慣的地區，即爲在地老化。但是，年長者與失能者的「居住」具有多種樣式，不僅僅限於他們的住家而已。由於「居住」的種類繁多，居住的條件與服務內容各有差異，見下表敘述。

| 類型 | 簡述 | 服務對象 | 說明 |
|---|---|---|---|
| 長照機構 | 公立、私立之老人福利機構 | 長期照護型：<br>罹患長期慢性病，且需要醫護服務之老人。 | 1. 有配置護理人員、社會工作人員（小型養護型與小型安養機構則視業務設置專任或特約）、照顧服務員。<br>2. 養護型機構收容需鼻胃管、導尿管護理服務需求之老人者，應報主管機關許可；其人數不得逾原許可設立規模二分之一。 |
| | | 養護型：<br>1. 生活自理能力缺損，需他人照顧之老人。<br>2. 需鼻胃管、導尿管護理服務需求之老人為照顧對象。 | |
| | | 失智照顧型：<br>以神經科、精神科等專科醫師診斷為失智症中度以上、具行動能力，且需受照顧之老人。 | |
| 安養機構 | | 日常生活能自理之老人，且具以下狀態：<br>1. 需他人照顧。<br>2. 無扶養義務親屬。<br>3. 扶養義務親屬無扶養能。 | |
| 其他老人福利機構 | | 提供老人其他福利服務如下：<br>1. 安置服務。<br>2. 康樂、文藝、技藝、進修與聯誼活動服務。<br>3 臨時照顧服務、志願服務、短期保護。 | 1. 辦理居家式或社區式服務方案者，其人力之配置應依相關規定辦理。<br>2. 民國96年2月1日以前者，無配置護理人員。至少應置下列人員其中一人：<br>(1) 主任。<br>(2) 社會工作人員。<br>(3) 行政人員或服務人員。 |
| 護理之家 | 護理機構 | 1. 慢性病等需要長期護理的患者。<br>2. 出院後需要護理的患者。 | 1. 有配置護理人員。<br>2. 分類有：<br>(1) 一般護理之家。<br>(2) 精神護理之家。 |

| 類型 | 簡述 | 服務對象 | 說明 |
|---|---|---|---|
| 榮民之家 | 國軍退除役官兵輔導委員會（退輔會） | 1. 榮民：滿61歲以上。<br>2. 榮眷：配偶（50歲以上）或榮民之父母。<br>3. 現役官兵因作戰殘疾或除役發給就養給付者。<br>4. 一般民眾：65歲以上。 | 1. 有配置護理人員。<br>2. 分類有：<br>　(1) 安養。<br>　(2) 養護。<br>　(3) 失智。 |

## 2. 長照

為了與跨專業職業合作，有必要了解長照服務分類類型和種類。

### (1)關於長照服務類型與給付及支付

　　i. 居家式服務、社區式服務、機構式服務

　　根據《長期照顧服務法》，長照機構依其服務內容，分類為五項如下，依其提供方式，區分如下：

| 提供方式 | 簡述 | 項目 |
|---|---|---|
| 居家式 | 到宅提供服務 | 1. 身體照顧服務。<br>2. 日常生活照顧服務。<br>3. 家事服務。<br>4. 餐飲及營養服務。<br>5. 輔具服務。<br>6. 必要之住家設施調整改善服務。<br>7. 心理支持服務。<br>8. 緊急救援服務。<br>9. 醫事照護服務。<br>10. 預防引發其他失能或加重失能之服務。<br>11. 其他由中央主管機關認定到宅提供與長照有關之服務。 |

| 提供方式 | 簡述 | 項目 |
|---|---|---|
| 社區式 | 於社區設置一定場所及設施，提供日間照顧、家庭托顧、臨時住宿、團體家屋、小規模多機能及其他整合性等服務（詳見〔資料1〕）。 | 1. 身體照顧服務。<br>2. 日常生活照顧服務。<br>3. 臨時住宿服務（*註1）。<br>4. 餐飲及營養服務。<br>5. 輔具服務。<br>6. 心理支持服務。<br>7. 醫事照護服務。<br>8. 交通接送服務。<br>9. 社會參與服務。<br>10. 預防引發其他失能或加重失能之服務。<br>11. 其他由中央主管機關認定，以社區為導向所提供與長照有關之服務。 |
| 機構住宿式 | 以受照顧者入住之方式，提供全時照顧或夜間住宿（*註2）等之服務。 | 1. 身體照顧服務。<br>2. 日常生活照顧服務。<br>3. 餐飲及營養服務。<br>4. 住宿服務。<br>5. 醫事照護服務。<br>6. 輔具服務。<br>7. 心理支持服務。<br>8. 緊急送醫服務。<br>9. 家屬教育服務。<br>10. 社會參與服務。<br>11. 預防引發其他失能或加重失能之服務。<br>12. 其他由中央主管機關認定，以入住方式所提供與長照有關之服務。 |
| 家庭照顧者支持服務 | 為家庭照顧者所提供之定點、到宅等支持服務。 | 1. 有關資訊之提供及轉介。<br>2. 長照知識、技能訓練。<br>3. 喘息服務。<br>4. 情緒支持及團體服務之轉介。<br>5. 其他有助於提升家庭照顧者能力及其生活品質之服務。 |

| 提供方式 | 簡述 | 項目 |
|---|---|---|
| 其他服務方式 | 經中央主管機關公告之 | |

*註1：臨時住宿服務：提供長照服務對象機構住宿式以外之住宿服務。
*註2：夜間住宿服務：提供長照服務對象於夜間住宿之服務。

ii. 長照給付及支付
a. 長照給付及支付架構

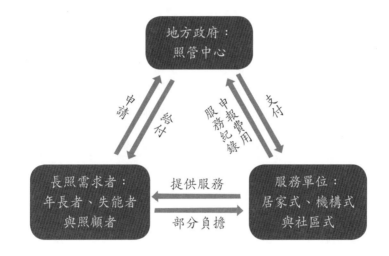

小知識

　　「長照服務發展基金」為中央主管機關於民國106年6月所設置，目的為促進長照相關資源之發展、提升服務品質與效率、充實與均衡服務及人力資源。目前基金之來源如下：

　　1. 政府預算。

　　2. 遺產稅、菸稅。

　　3. 菸品健康福利捐。

　　4. 捐贈收入。

　　5. 基金孳息收入。

　　6. 其他收入。

（資料來源：衛福部長期照顧司）

b. 長照給付及支付基準

長照服務給付的原則是以提供服務（實物給付）為主，給付現金為輔，且請領資格必須達到CMS第2級以上。根據長照需要等級及家庭經濟狀況之不同，可獲得不同的補助額度，倘若超過補助額度之費用與未載明於照顧組合表中之服務花費，則需要完全自費。此外，長照給付基準不適用於長照住宿式機構之服務使用者。

長照需要等級、長照服務給付額度及部分負擔比率：

| 長照需要等級 | | 2 | 3 | 4 | 5 | 6 | 7 | 8 | 部分負擔比率（%） | | |
|---|---|---|---|---|---|---|---|---|---|---|---|
| | | | | | | | | | 一般 | 中低 | 低 |
| 照顧及專業服務（月） | | 10,020 | 15,460 | 18,580 | 24,100 | 28,070 | 32,090 | 36,180 | 16 | 5 | 0 |
| 交通接送（月） | 第一類 | | | 1,680 | | | | | 30 | 10 | 0 |
| | 第二類 | | | 1,840 | | | | | 27 | 9 | 0 |
| | 第三類 | | | 2,000 | | | | | 25 | 8 | 0 |
| | 第四類 | | | 2,400 | | | | | 21 | 7 | 0 |
| 輔具服務及居家無障礙環境改善服務（3年） | | 40,000 | | | | | | | 30 | 10 | 0 |
| 喘息服務（1年） | | 32,340 | | | | 48,510 | | | 16 | 5 | 0 |

依照〈長期照顧（照顧服務、專業服務、交通接送服務、輔具服務及居家無障礙環境改善服務）給付及支付基準〉之規定，長照服務給付額度分為兩類：長照需要者的「個人額度」及家庭照顧者的「喘息服務額度」，而「個人額度」的部分可再細分為三項，各類各項之額度彼此間不互相流用，詳見下列表格：

| 個人額度 | 照顧服務（包含居家、日間照顧、家庭托顧）及專業服務。 | 1. 以月為單位，以每月1日起至月底計之，未滿1個月則按比率計算。 |
| | 交通接送服務（CMS第4級以上）。 | 2. 當月的給付額度倘有剩餘，可保留至下一次核定日前使用。<br>3. 不得保留併入複評後之給付額度。 |
| | 輔具服務及居家無障礙環境改善服務。 | 有效期限為3年。 |
| 喘息服務額度 | 1. 有效期限為1年。<br>2. 接受機構收容安置者不予給付。 | |

可獲得長照給付的照顧項目如下表，詳細內容說明可查看「照顧組合表」（線上資料：衛福部首頁／長照2.0／長照給付及支付基準及相關制度／1.長期照顧（照顧服務、專業服務、交通接送服務、輔具服務及居家無障礙環境改善服務）給付及支付基準：https://1966.gov.tw/LTC/cp-4212-44992-201.html）。

| 項　目 | | 細目及給（支）付（元） | | | |
|---|---|---|---|---|---|
| 照顧管理及政策鼓勵服務（不扣給付額度） | | 照顧計畫擬定與服務連結 | 1,700 | 開立醫師意見書 | 760 |
| | | 照顧管理 | 400 | 家庭照顧功能微弱之服務加計 | 385 |
| | | 照顧服務員配合專業服務 | 600 | 晚間服務 | 770 |
| | | 於臨終日提供服務加計 | 1,200 | 例假日服務 | 1,000 |
| | | 照顧困難之服務加計 | 200 | 夜間緊急服務 | 50 |
| | | 身體照顧困難加計 | 200 | 照顧服務員進階訓練 | 1,500 |
| 照顧服務 | 居家 | 基本身體清潔 | 260 | 家務協助 | 195 |
| | | 基本日常照顧 | 195 | 代購或代領或代送服務 | 130 |
| | | 測量生命徵象 | 35 | 人工氣道管內（非氣管內管）分泌物抽吸 | 75 |
| | | 協助餵食或灌食 | 130 | | |
| | | 餐食照顧 | 310 | 口腔內（懸壅垂之前）分泌物抽吸 | 65 |
| | | 協助沐浴及洗頭 | 325 | | |
| | | 足部照護 | 500 | 尿管及鼻胃管之清潔與固定 | 50 |

| | | | | | |
|---|---|---|---|---|---|
| 照顧服務 | | 到宅沐浴車服務——第1型 | 2,200 | 血糖機驗血糖 | 50 |
| | | 第2型 | 2,500 | 甘油球通便 | 50 |
| | | 翻身拍背 | 155 | 依指示置入藥盒 | 50 |
| | | 肢體關節活動 | 195 | 安全看視 | 200 |
| | | 協助上（下）樓梯 | 130 | 陪伴服務 | 175 |
| | | 陪同外出 | 195 | 巡視服務 | 130 |
| | | 陪同就醫 | 685 | 協助洗頭 | 200 |
| | | | | 協助排泄 | 220 |
| | 日間 | 日間照顧（全日、半日）——第1~7型 全日：675~1,285；半日：340~645 | | | |
| | 家庭托顧 | 家庭托顧（全日、半日）——第1~7型 全日：625~1,040；半日：315~520 | | | |
| | 其他 | 社區式協助沐浴 | | | 200 |
| | | 社區式晚餐 | | | 150 |
| | | 社區式服務交通接送 | | | 100 |
| 專業服務 | | IADLs復能、ADLs復能照護 | | | 4,500 |
| | | 「個別化服務計畫（ISP）」擬定與執行 | | | 6,000 |
| | | 營養照護 | | | 4,000 |
| | | 進食與吞嚥照護 | | | 9,000 |
| | | 困擾行為照護 | | | 4,500 |
| | | 臥床或長期活動受限照護 | | | 9,000 |
| | | 居家環境安全或無障礙空間規劃指導 | | | 2,000 |
| | | 居家護理指導與諮詢 | | | 6,000 |
| 接送服務 | | 限定使用於照顧計畫中之就醫或復健：依各縣市政府核定價格 | | | |
| 輔具服務及居家無障礙環境改善服務 | | 參見第九章。 | | | |
| 喘息服務 | | 日間照顧中心喘息服務——全日、半日 | | | 1,250、625 |
| | | 機構住宿式喘息服務 | | | 2,310 |
| | | 小規模多機能服務——夜間喘息 | | | 2,000 |
| | | 巷弄長照站臨托——全日、半日 | | | 170 |
| | | 居家喘息服務 | | | 770 |

　　若依其他法令規定得申請相同性質之服務補助者，僅得擇一爲之。聘請外籍家庭看護工或領有政府提供的特別照顧津貼者，僅給付「照顧及專業服務額度」之30%，並限用於專業服務照顧組合及到宅沐浴車服務。長照2.0開放雇用外籍看護的家庭申請喘息服務，在以需求者爲中心的理念下逐步修正，從109年12月1日起，〈擴大外籍看護工家庭使用喘息服務計畫〉，爲減輕家庭照顧者照顧負荷並保障被照顧者之照顧品質，聘僱外籍家庭看護工之家庭，其被照顧者經縣市長期照顧管理中心評估爲長照需要等級2至8級者，如其所聘外看因故無法協助照顧，得申請喘息服務。不受30天空窗期限制。

　　服務提供之費用支付依〈長期照顧（照顧服務、專業服務、交通接送服務、輔具服務及居家無障礙環境改善服務）給付及支付基準〉之規定辦理。當需要者停止或終止長照服務時，其已使用之照顧組合未完成之款項，得按使用比率1次性申請支付。居住於原住民族地區及離島的長照需要者之額度及部分負擔金額，以照顧組合表之「給（支）付價格（元）」欄位之金額計算，但長照機構或服務提供者則依表格之「原民區或離島支付價格（元）」申請費用（有關原民區及離島範圍，可參閱〔資料2〕）。

　　失能者大多有交通協助之需求，由於各個縣市行政區幅員大小、都市化程度及社會資源分布大相徑庭，爲提供給長照需求者合理的效能接送服務，依據縣市面積大小分爲三級，再將偏遠縣市、離島鄉及原鄉歸類爲第四級之偏遠地區，分級補助，而CMS在第4～8級者即可申請（交通接送服務給付分類表可參見〔資料2〕）。

　　相較於照顧組合表中之「社區式服務交通接送」，則屬於個人額度下之服務，內容包括：

➢接（或送）長照需要者居家至社區式服務類長照機構（日間照顧中心、托顧家庭、巷弄長照站、文化健康站、失智社區服務據點、輔具中心）。

➢本組合以長照需要者住家與社區式服務類長照機構之距離10公里內者，適用本組合，超過10公里所需費用由長照需要者自行負擔。

➢以1趟爲給（支）付單位。

➢聘僱外籍家庭看護工之家庭，可使用本項服務，不受限用於「專業服務照顧組合」之限制，惟其給付額度仍僅給付失能者「照顧及專業服務額

度」之30%。

　　交通接送服務限定使用於照顧計畫中之就醫或復健，其提供形式或交通工具依各縣市政府規定辦理。服務提供者提供服務之支付單價應先經各縣市政府核定後，始得提供服務。

　　c. 住宿式服務機構使用者補助方案

　　過去的長照十年計畫主要提供重度失能的弱勢老人補助，未來的目標爲提高低收入戶、中低收入戶之中度及重度失能老人機構安置費。並逐步採階梯式擴大提供非低收入戶、中低收入戶的相對經濟弱勢重度失能（失智）老人機構安置費補助。機構使用者之補助目前根據109年度之〈住宿式服務機構使用者補助方案〉，其資格應同時符合下表三項內容：

〔資格審查〕

| 條件 | 說明 |
|---|---|
| 1. 入住機構類型 | (1) 一般護理之家<br>(2) 精神護理之家<br>(3) 老人福利機構（除安養床外）<br>(4) 身心障礙機構<br>(5) 國軍退除役官兵輔導委員會所屬榮譽國民之家（自費失能養護床、自費失智養護床）<br>(6) 兒童及少年安置及教養機構（依兒童及少年福利與權益保障法委託安置且領有身心障礙手冊／證明者）<br>(7) 依長服法提供住宿式服務之長期照顧服務機構。 |
| 2. 入住天數 | 109年1月1日起至109年12月31日實際入住機構天數累計達90天以上。<br>(1) 以下不得列計入住天數之條件：<br>　a.保留床位期間。<br>　b.機構喘息服務（領有長期照顧給付及支付補助）期間。<br>(2) 天數以算入不算出爲計算。 |
| 3. 使用機構者之納稅狀況 | 使用機構者之同一申報戶107年度綜合所得稅申報資料爲以下皆符合者：<br>(1) 累進稅率未達20%者。<br>(2) 股利及盈餘合計金額併入綜合所得總額合併計稅者。<br>(3) 未課徵基本稅額者。 |

| 條件 | 說明 | |
|---|---|---|
| | 稅率級距（%） | 補助金額（元） |
| | 12 | 4.56萬 |
| | 5 | 5.4萬 |
| | 0或無申報資料 | 6萬 |

於申請日前已離開機構返家或已歿者，因已有入住機構事實，亦可提出申請。

以下條件不予補助：

➤ 依身心障礙者日間照顧及住宿式照顧費用補助辦法第2條規定領取補助者。

➤ 領有中低收入失能老人機構公費安置費補助者。

➤ 領有身心障礙手冊／證明之兒童及少年，經主管機關依兒童及少年福利與權益保障法安置於兒童及少年福利機構，且家長未付費者。

➤ 輔導會所屬榮民之家之安養床、失能養護床公費及失智養護床公費使用者。

➤ 輔導會所屬醫療機構附設護理之家收住之公務預算補助住民。

(2)關於職業類型

　　由於長照服務涵蓋的範圍相當廣泛，如能了解涉及長期服務的各式各樣專業領域與人力，則有助於跨專業職業類型的合作。將長照服務人力簡單分類，如下：

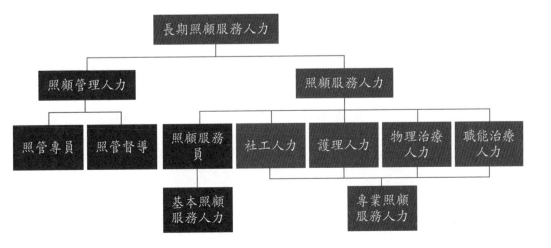

i. 照顧管理人員：照顧管理專員、照顧管理督導員

替民眾連結長照服務與替政府政策把關之照顧管理人員，負責評估照顧需求者的長照等級、擬定照顧計畫，以及給付的核定（詳細參見「(4)照顧管理專員vs.個案管理師」）。

ii. 護理人員：護理師、居家護理個案管理師

護理人員除了在醫療院所，還廣泛地駐點在機構式與社區式服務機構中，能知悉長照對象目前所患疾病狀況、醫療狀況和藥物使用狀況，並協助家屬與其他醫事人員之連結。

iii. 社工人員：社會工作師、社會工作人員（參照〔資料3〕）

---

**小知識**

　　「社會工作人員」依《老人福利服務專業人員資格及訓練辦法》第4條規定，應具下列資格之一：

1. 領有社會工作師證照。
2. 高等考試或相當高等考試之特種考試以上社會行政職系考試及格。
3. 普通考試或相當普通考試之特種考試社會行政職系考試及格，並領有照顧服務員訓練結業證明書。
4. 具專門職業及技術人員高等考試社會工作師考試應考資格。所定，本條文自96年8月7日即施行迄今未曾修正，為求法規之一致性，爰做此規定。

---

iv. 復健人員：物理治療師、職能治療師、語言治療師（參照〔資料3〕）

v. 其他醫事相關人員：醫師（含中醫師）、牙醫師、藥師、臨床心理師、諮商心理師、呼吸治療師、營養師。

vi. 長照服務人員：照顧服務員（參照〔資料3〕）、教保員、生活服務員或家庭托顧服務員、居家服務督導員

長照服務人員是長照服務中的第一線基本照顧服務人力，為受過專業訓練的長期照顧專家，可以在機構裡或是到被照顧者家中直接對長照對象或家庭照顧者提供服務。

---

**小知識**

　　照顧服務員的工作與照顧對象的日常生活有關，並掌握其家庭情況，辦理事項如：「陪同就醫」、「代購或代領或代送藥品」、「協助用藥」之類的服務。在某些情況下還提供「協助執行輔助性醫療」，諸如甘油球通便、依照藥袋指示置入藥盒、攜帶式血糖機驗血糖之類的情況。藥師可與之溝通聯繫，以了解施行作業的實際情況。

---

　　vii. 輔具評估人員（參照〔資料3〕）。

**(3)長期照顧管理中心vs.社區整合照顧服務中心（A級）**

　　中央政府於全國22縣市成立長期照顧管理中心（簡稱照管中心或長照中心）及其分站，受理長照諮詢與申請、需求評估、協助家屬擬定照顧計畫與轉介以及個案管理等業務，以專業的照顧管理機制提供長期照護需求者整體性、多元化之長照服務。

　　長照計畫自發展以來，依需求者與其照顧者為基準，持續檢討修正以保持計畫之靈活度。憑藉著96至105年的長照計畫1.0之發展經驗與成效，再加以檢討改革後，在新的2.0計畫中，地方政府擴大與民間服務單位結合，創新試辦「社區整體照顧服務體系」，致力發展因地制宜的在地社區長照資源，便利民眾能就近取得服務。依照服務體系之規模大小，可分類為A、B、C三個級別，並以A級單位輔導、整合銜接B、C級之資源，能有效連結照顧服務網，以提供更適切的照顧服務。

　　社區整體照顧服務體系（ABC）運作模式簡易圖示：

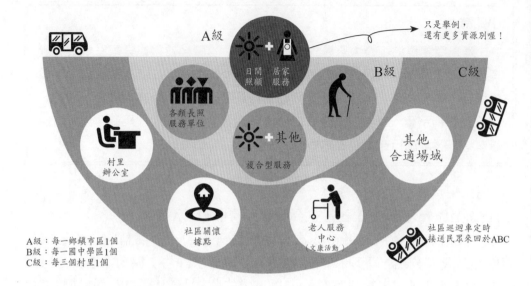

A級：每一鄉鎮市區1個
B級：每一國中學區1個
C級：每三個村里1個

並由A級提供B級、C級督導與技術支援。

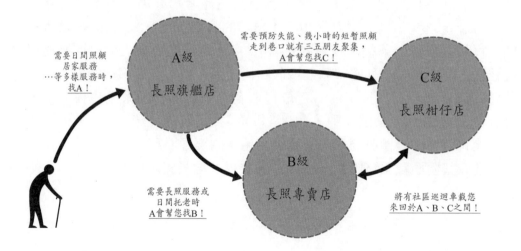

| 類型 | A級單位 | B級單位 | C級單位 |
|---|---|---|---|
| 名稱 | 社區整合型服務中心 | 複合型日間服務中心 | 巷弄長照站 |
| 申請資格 | 經直轄市、縣（市）政府合法立案，並具辦理長照服務經驗之組織或機構。<br>1. 公立機關（構）。<br>2. 以公益為目的設立之財團法人、社團法人、社會福利團體。<br>3. 區域醫院、地區醫院（新增） | 依法經直轄市、縣（市）政府特約、許可、委託或補助辦理長照服務之單位。<br>1. 以公益為目的設立之財團法人、社團法人、社會福利團體。<br>2. 老人福利機構（含小型機構）、身心障礙福利機構。<br>3. 醫事機構。<br>4. 社會工作師事務所。 | 1. 以公益為目的設立之財團法人、社團法人、社會福利團體。<br>2. 立案之社會團體（含社區發展協會）。<br>3. 其他團體如社區宗教組織、農漁會、文史團體等非營利組織。<br>4. 村（里）辦公處。<br>5. 醫事機構。<br>6. 老人福利機構（不含小型機構）。<br>7. 長照服務機構。<br>8. 107年以前辦理巷弄長照站之單位。 |
| 申請要件 | 1. 辦理日照中心及居家服務，並擴充辦理1項長照服務。<br>2. 由醫院辦理者，須辦理日照中心及居家式服務（居家服務、居家護理、居家復健），並擴充辦理1項長照服務。若無提供居家服務者，需結合區域內有辦理居家服務單位之B級單位。 | 現行長照服務，另擴充辦理1項長照服務。 | 有意願投入社區照顧服務之單位。 |

| 類型 | A級單位 | B級單位 | C級單位 |
|---|---|---|---|
| 功能 | 1. 依該區域長期照顧管理中心研擬之照顧計畫進行協調連結照顧服務資源。<br>2. 提升區域服務能量，開創當地需要，但尚未發展的各項長期照顧服務項目。<br>3. 資訊提供與宣導。 | 1. 提升社區服務量能。<br>2. 增加民眾獲得多元服務。 | 1. 提供具近便性的照顧服務及喘息服務。<br>2. 向前延伸強化社區初級預防功能。 |
| 服務內容 | 1. 擬定照顧服務計畫及連結或提供長照服務。（*註）落實個案管理之重要角色。<br>2. 輔導、整合銜接B、C級之資源。<br>3. 提供活動空間。<br>4. 建立輸送體系：社區巡迴車。 | 1. 專責提供長照服務。<br>2. 扶植C級單位發揮照顧功能，提供督導、支持與專業技術支持。<br>3. 提供活動空間。<br>4. BC模式提供社區巡迴車。 | 1. 提供每周至少5天，每天6小時服務。<br>2. 提供社會參與、健康促進、共餐服務、預防及延緩失能服務。具有量能之單位可再增加提供喘息服務（臨時托顧）。 |
| 設置目標 | 每鄉鎮市區至少設置一處。 | 每國中學區設置一處。 | 每三個村里設置一處。 |

*註：依「長期照顧（照顧服務、專業服務、交通接送服務、輔具服務及居家無障礙）給付及支付基準」，提供組合編號AA01「照顧計畫擬定與服務連結」、AA02「照顧管理」。

　　透過A級單位的建立，能快速連結區域服務資源，縮短需求者等待服務的時間。期許在社區整體照顧服務體系的模式中，能建立分工合作的機制，發展專業人員定點服務的模式，使照管中心能夠專司管理，提升管理效率，而提供服務之單位則能更有效地發揮照顧服務功能，且根據需求者與當地之特性，開發更適宜的服務項目。

簡易流程圖示如下：

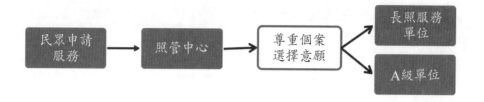

| 名稱 | 長期照顧管理中心 | 社區整合照顧服務中心 |
|---|---|---|
| 簡稱 | 照管中心（或長照中心） | A級單位 |
| 設置單位 | 地方政府 | 1. 民間服務、福利機構<br>2. 公立機關（構） |
| 執行工作 | 1. 長照服務申請的窗口。<br>2. 負責評估與照顧計畫的擬定，整合長期照顧資源，連結服務。半年後進行複評。<br>3. 個案管理、服務諮詢、服務轉介及核定給付。<br>4. 對照管專員及照顧服務品質監督考核。<br>5. 連結出院準備，向後落實個案服務品質管控。 | 1. 連結B、C級單位。<br>2. 擬定照顧服務計畫及連結或提供長照服務，並將照顧計畫送照管中心備查。<br>3. 發揮個案管理實質功能，定期追蹤個案。<br>4. 接受長照需要者與其家屬有關長照服務諮詢、服務轉介、申訴處理。 |

## (4)照顧管理專員 vs. 個案管理員

照顧管理專員（簡稱照管專員或照專）任職於為地方政府所設立之照管單位中，負責受理長照服務申請及辦理長期照顧計畫之主要管理職務。長照需求者在獲得所有的照顧服務之前，都必須先經過照管專員的訪視評估。

但照專除了接受長照申請，還要親臨訪視做個案評估，隨後依個案需求擬定照顧計畫。一位照專的照顧量約為150～200名，每5～7位照專設督導員一名，工作負荷量相當大，業務繁重，而且分次不同的評估，不僅擾民，更無法有效率連結服務，即時提供照顧服務。在計畫2.0中，A級單位的個案管理員（簡稱個管員）不僅可以分擔照專部分工作量，再加上個管人員多元的專業背景，可以是師級以上之醫事人員，亦可是照顧服務員，能夠有效率地替長照需求者連結在地最適切、最貼近的服務網絡。

| 職稱 | 照顧管理專員 | 個案管理員 |
|---|---|---|
| 簡稱 | 照管專員或照專 | 個管員 |
| 工作地點 | 照管中心 | A級單位 |
| 角色 | 在長照計畫中，替民眾的需求發聲，為政府的服務把關的樞紐人物。 | 依區域特性負責整合，連結長照服務網絡，並開發當地尚未發展的各項長照服務項目。 |
| 業務內容 | 受理長照服務申請、資格審查、訪視評估、及進行失能等級評估及額度判定，擬定並審查照顧服務計畫。半年後進行複評。 | 擔任擬定照顧服務計畫、服務連結與追蹤及調整照顧計畫。 |
| 資格 | 1. 長期照護相關大學畢業生，包括：社工師、護理師、職能治療師、物理治療師、醫師、營養師、藥師等，且具二年以上相關照護工作經驗。<br>2. 公共衛生碩士畢業，且具二年以上相關照顧工作經驗。<br>3. 專科畢業具上述師級專業證照，且具三年以上相關照護工作經驗。<br>4. 符合應考社工師資格，且具二年以上相關照顧工作經驗。<br>5. 教育部公告老人照顧相關科系碩士畢業，且具二年以上相關照顧工作經驗。<br>6. 教育部公告老人照顧相關科系大學畢業，且具四年以上相關照顧工作經驗。<br>7. 教育部公告老人照顧相關科系專科畢業，且具五年以上相關照顧工作經驗。 | 1. 具一年以上長期照顧服務（以下簡稱長照服務）相關工作經驗者：(1)師級以上醫事人員、社會工作師。(2)碩士以上學校老人照顧及公共衛生相關科、系、所畢業。<br>2. 具二年以上長期照顧服務（以下簡稱長照服務）相關工作經驗者：(1)專科以上學校醫事人員相關科、系、所畢業或公共衛生、醫務管理、社會工作、老人照顧或長期照顧相關科、系、所、學位學程、科畢業。(2)具社會工作師應考資格。<br>3. 具三年以上相關長照服務工作經驗：(1)領有照顧服務員技術士證。(2)高中（職）護理或老人照顧相關科系畢業者。(3)領有專門職業證書，包括護士、藥劑生、職能治療生、物理治療生等。<br>4. 於本部社區整體照顧服務體系計畫行政作業須知修正公告前已任職於各直轄市、縣（市）政府補助、委 |

| 職稱 | 照顧管理專員 | 個案管理員 |
|------|-------------|-----------|
| | | 託或特約之社區整合型服務中心，且完成社區整合型服務中心個案管理人員認證之個案管理人員。 |
| 培訓考試 | LEVEL Ⅰ：照專核心訓練（40小時），照專實作訓練（40小時）。<br>LEVEL Ⅱ：個案討論、年度專題及新興議題（24小時）。<br>LEVEL Ⅲ：整合課程（24小時）。 | LEVEL Ⅰ：長照培訓共同課程（18小時）。<br>LEVEL Ⅱ：基礎訓練課程（7小時）+案例實做（3名個案實例操作，6小時），筆試及口試。<br>LEVEL Ⅲ：個案管理進階訓練（30小時）。 |

**小知識**

照顧管理督導員協助審核各照顧計畫及核定項目之適切性，並督導照管專員工作內容、流程、維護照管人員服務品質（督導、管考、檢核），及行政庶務性工作。

資格：

1. 擔任照顧管理專員工作滿二年以上者。
2. 長期照護相關大學畢業生，包括：社工師、護理師、職能治療師、物理治療師、醫師、營養師、藥師等，且具四年以上相關照護工作之經驗，或前述人員相關專業研究所畢業滿二年以上者。
3. 公共衛生碩士畢業，且具四年以上相關照顧工作經驗。
4. 專科畢業具師級專業證照，且具五年以上相關照護工作經驗。

• 照顧管理專員之職責和流程

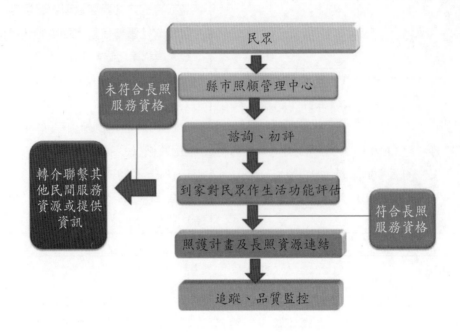

〔資料1〕

| 提供方式 | 簡述 | 服務人數 | 特色 |
|---|---|---|---|
| 日間照顧 | 提供長照服務對象於日間（*註）往返社區式長照機構，接受身體與日常生活照顧及其他多元服務。 | 1. 單元照顧模式。<br>2. 每一單元以十至十五人為原則。<br>3. 每日同一服務時間，至多服務六十人。 | 每三十人之使用區域應有固定隔間及獨立空間。 |
| 家庭托顧 | 提供長照服務對象於往返家庭托顧服務人員住所，接受身體及日常生活照顧服務。 | 每一家庭托顧服務人員之長照服務使用者，含其失能家屬總計不得超過四人。 | 1. 每日服務以十小時為原則，至多十二小時。<br>2. <u>無配置社工人員、護理人員</u>。 |
| 團體家屋 | 於社區中，提供具行動力之**失智症者**家庭化及個別化之服務。 | 應採用單元照顧模式，每一單元不得超過九人，至多設置二個單元。 | |

| 提供方式 | 簡述 | 服務人數 | 特色 |
|---|---|---|---|
| 小規模多機能 | 配合長照服務對象之需求，提供日間照顧、臨時住宿，或到宅提供身體與日常生活照顧、家事服務及其他多元之服務。 | 1. 服務固定對象為原則，至多服務八十人。<br>2. 應採單元照顧模式，每日同一服務時間，至多提供六十人日間照顧服務。<br>3. 單元照顧模式係指每一單元以十至十五人為原則。 | 1. 每三十人之使用區域應有固定隔間及獨立空間，每空間臨時住宿至多服務五人。<br>2. 每人每月臨時住宿不得超過十五日。 |

*註：日間係指每日上午八時至下午八時止；夜間係指每日下午八時至翌日上午八時。

〔資料2〕

### 原民區及離島範圍

| 縣別 | 鄉鎮（55個原住民族地區） | 數量 |
|---|---|---|
| 新北市 | 烏來區 | 1 |
| 桃園市 | 復興區 | 1 |
| 新竹縣 | 五峰鄉、尖石鄉、關西鎮 | 3 |
| 苗栗市 | 泰安鄉、南庄鄉、獅潭鄉 | 3 |
| 臺中市 | 和平區 | 1 |
| 南投縣 | 仁愛鄉、信義鄉、魚池鄉 | 3 |
| 嘉義縣 | 阿里山鄉 | 1 |
| 高雄市 | 那瑪夏區、桃源區、茂林區 | 3 |
| 屏東縣 | 三地門鄉、霧台鄉、瑪家鄉、泰武鄉、來義鄉、春日鄉、獅子鄉、牡丹鄉、滿州鄉 | 9 |
| 宜蘭縣 | 大同鄉、南澳鄉 | 2 |
| 花蓮鄉 | 秀林鄉、萬榮鄉、卓溪鄉、花蓮市、吉安鄉、新城鄉、壽豐鄉、鳳林鎮、光復鄉、豐濱鄉、瑞穗鄉、玉里鎮、富里鄉 | 13 |
| 臺東縣 | 海端鄉、延平鄉、金峰鄉、達仁鄉、蘭嶼鄉、臺東市、卑南鄉、大武鄉、太麻里鄉、東河鄉、鹿野鄉、池上鄉、成功鎮、關山鎮、長濱鄉 | 15 |

| 縣別 | （18個離島） | 數量 |
|---|---|---|
| 屏東縣 | 琉球鄉 | 1 |
| 臺東縣 | 綠島鄉 | 1 |
| 澎湖縣 | 馬公市、湖西鄉、白沙鄉、西嶼鄉、望安鄉、七美鄉 | 6 |
| 金門縣 | 金城鎮、金寧鄉、金沙鎮、烈嶼鄉、金湖鎮、烏坵鄉 | 6 |
| 連江縣 | 南竿鄉、北竿鄉、莒光鄉、東引鄉 | 4 |

## 交通接送服務給付分類表

| 分級原則 | 級別 | 轄區面積 | 縣市（鄉鎮市區） |
|---|---|---|---|
| 縣市輻員 | 第一類 | 未達500平方公里 | 嘉義市、新竹市、基隆市、臺北市 |
| | 第二類 | 500平方公里以上，未達2,500平方公里 | 彰化縣、桃園市、雲林縣、新竹縣、苗栗縣、嘉義縣、新北市、宜蘭縣、臺南市、臺中市 |
| | 第三類 | 2,500平方公里以上 | 屏東縣、高雄市、南投縣 |
| 偏遠地區 | 第四類 | 偏遠縣市 | 臺東縣、花蓮縣、澎湖縣、金門縣、連江縣 |
| | | 偏遠鄉鎮市區（計43個） | 新北市烏來區、石碇區、坪林區、平溪區、雙溪區、桃園市復興區、臺南市楠西區、南化區、左鎮區、龍崎區、新竹縣五峰鄉、尖石鄉、關西鄉、苗栗縣泰安鄉、南庄鄉、獅潭鄉、臺中市和平區、南投縣仁愛鄉、信義鄉、魚池鄉、中寮鄉、國姓鄉、嘉義縣阿里山鄉、番路鄉、大埔鄉、高雄市那瑪夏區、桃源區、茂林區、田寮區、六龜區、甲仙區、屏東縣三地門鄉、霧臺鄉、瑪家鄉、泰武鄉、來義鄉、春日鄉、獅子鄉、牡丹鄉、滿州鄉、琉球鄉、宜蘭縣大同鄉、南澳鄉 |

備註：偏遠地區係參照衛生福利部護理及健康照護司界定山地原住民鄉、平地原住民鄉、離島鄉及偏遠地區之標準辦理。

〔資料3〕

## 資格說明

- 物理治療師（國家資格）

　　也稱爲PT（Physical Therapist）。爲了恢復和保持基本的肢體障礙者運動能力（坐著、站著、走路等），並防止因受傷或疾病等造成肢體障礙者之疾病惡化、減輕疼痛、恢復最大功能，藉由運動療法和物理療法（例如：熱和電等物理方式）以恢復獨立的日常生活爲目標來幫助人們。這是復健醫學的專業職業。關於治療和支持的內容，物理治療師將從醫學和社會角度，針對個別目標對象，全面評估其身體能力和生活環境等，並針對每個目標制定適當的計畫。

- 職能治療師（國家資格）

　　也稱爲OT（Occupational Therapist）。透過日常活動（如沐浴和飲食、手工藝品、園藝和休閒活動）進行身心康復。與物理治療師不同，職能治療師側重於改善生活技能，提高個案執行日常任務的能力，還針對患有精神疾病（例如抑鬱症和攝食障礙）的患者進行治療。

- 語言治療師（國家資格）

　　也稱爲ST（Speech-Language-Hearing Therapist）。語言治療師是爲語言溝通方面有困難的人提供專業服務的能力，並幫助他們建立自己生活方式。另外，還對於攝食、吞嚥的問題提供應對。

- 社會工作師（國家資格）

　　爲使用專業的社會工作知識和技能，且通過國家考試的社會工作人員之名稱。協助因身體或精神殘疾而難以進行日常生活的人們，根據其身心狀況連結社會政策與福利，並促進、發展與恢復其社會功能，以及向其照料者或從事相關工作者提供諮詢。

- 照顧服務員

　　目前優先培訓具有從事長照工作意願者，且將新移民納入對象，鼓勵

失業勞工從事長照服務工作，大專院校也有設置老人服務或長照相關科系，以培養長照人才。為吸引年輕新血加入與人員留任，衛福部已擬提高服務薪資，並增加照顧服務員職涯發展與多元發展管道。

　　由於在長照場域之工作者需要具備靈活應對的能力，因此欲成為照顧服務員，必須參加培訓課程，其內容含：核心課程（51小時）、回覆示教（1小時）、臨床實習（31小時）。完成課程後，必須再接受勞動部舉辦之「年度全國技術士技能檢定」或是勞動部發展署「技術士／技能檢定即測即評測試」服務網，通過學科與術科考試取得證照。

- 輔具評估人員

　　輔具評估人員應領有輔具評估人員訓練結業證明書，並具下列各類輔具評估人員資格之一：

➤ 甲類輔具評估人員：領有物理治療師或職能治療師考試及格證書。
➤ 乙類輔具評估人員：領有語言治療師考試及格證書。
➤ 丙類輔具評估人員：領有聽力師考試及格證書。
➤ 丁類輔具評估人員：大專校院醫學、護理、復健諮商、物理治療、職能治療、特殊教育、聽語、醫工、輔助科技相關系、所、學位學程畢業，並從事輔助科技相關服務滿二年。

# 參考資料

1. 衛福部長照專區https://1966.gov.tw/LTC/mp-201.html
2. 長期照顧服務法（108.06.19）
3. 長期照顧服務法施行細則（106.06.02）
4. 老人福利機構設立標準（101.12.03）
5. 護理機構分類設置標準（102.08.09）
6. 長期照顧服務機構設立標準
7. 長期照顧十年計畫2.0（核定本）（105.12）
8. 衛福部長照2.0懶人包
9. 長照專業服務手冊（107年11月6日衛部顧字第1071962102號公告修正）

10. 長期照顧（照顧服務、專業服務、交通接送服務、輔具服務及居家無障礙環境改善服務）給付及支付基準（109.12.10）

11. 109年度「住宿式服務機構使用者補助方案」

12. 勞動部發展署即測即評服務網https://etest.wdasec.gov.tw/eTest/Forms/

13. 身心障礙者服務人員資格訓練及管理辦法

14. ABC 106年度社區整體照顧服務體系行政說明（掛網版）0809修

15. 衛生福利部社區整體照顧服務體系計畫行政須知

16. 新北市政府社區整合型服務中心（A）個案管理人員培訓計畫

17. 108年社區整合型服務中心（A）個管人員進階課程訓練

18. 薬剤師のためのうぐに始められる！在宅訪問ガイドブック株式会社望星薬局在宅業務支援課

# 第三章　藥師在長照中的定位與跨專業職業合作

洪秀麗

## 一、藥師在長照中參與的四個位置

 長照管理系統

 長照服務與長照專業服務

 出院準備服務

 參與專案計畫

## (一)進入長照管理系統

　　長照服務的內容廣泛，專業且多元，欲從事長照服務事業的醫事人員，除了必須日益精進自身專業能力外，也必須進階強化跨專業及整合的能力。藥師要如何進入長照服務系統呢？衛福部已提供醫事人員具有一致性、連續性及完整性的「長期照顧醫事人員暨照顧管理人員專業課程」，分成三階段培訓，可以說是踏進長照服務領域的入門，完成訓練課程者，即可為長照需求者提供照顧服務。其課程簡述如下：

| 課程分級 | 時數<br>（小時） | 課程主題 | 訓練時間 |
|---|---|---|---|
| Level 1<br>共同課程 | 18 | 1. 長期照護導論<br>2. 長期照顧資源介紹與應用<br>3. 長期照顧政策與法規<br>4. 跨專業角色概念 | 到職或到任半年內 |
| Level 2<br>專業課程 | 32<br>（醫師16） | 1. 長照需求者之評估<br>2. 長照服務之介入與處理<br>3. 照護品質之監測與管理<br>4. 感染控制<br>5. 個案研討<br>6. 年度專題及新興議題<br>7. 其他 | 到職2年內 |
| Level 3<br>整合性課程 | 24 | 1. 其他專業課程（選修）<br>2. 整合式課程<br>3. 生死學與臨終關懷 | 配合在職教育於到職6年內完成 |

1. Level 1 共同課程：使欲從事長照服務之人員能具備長照的基本知識與能力，課程的設計以基礎、廣泛之長照理念為主。目前Level 1 共同課程已經架設於網路平台上，可以方便欲從事長照服務之人員線上學習。學習後再通過線上測驗後，就可以申請取得長照學習證明。（長期照顧人員數位學習平台：https://ltc-learning.org/mooc/index.php）

2. Level 2 專業課程：因應各種職業不同的專業需求，且考量不同的服務場域，發展個別領域之長照課程，強調專業照護能力，根據各個專業領域，分別訂立訓練課程的內容及時數。

3. Level 3 整合性課程：在重視團隊工作及增進服務品質的目標下，如何與其他專業人員的合作和建立良好的溝通極為重要，課程設計以強化跨專業及整合能力為主。

4. 長照人員繼續教育規劃，6年內應接受：

   (1) 照顧類：120小時訓練。

   (2) 社工及醫事類：150小時，其中長照課程56小時。

5.長照人員非經登錄於長照機構，不得提供長照服務。

　　藥師除了經由上述課程認證可進入長照服務系統外，亦可參加照顧管理專員或個案管理員的培訓，完成後則可在長照服務系統中提供照顧管理服務（詳細請參見第二章「照顧管理專員vs.個案管理員」）。

## (二)長照服務與長照專業服務

　　根據《長照服務法》，民眾欲申請長照服務者，應由照管中心或直轄市、縣（市）主管機關評估，直轄市、縣（市）主管機關應依評估結果提供服務。另外，接受醫事照護之長照服務者，應經醫師出具意見書，並由照管中心或直轄市、縣（市）主管機關評估。（長照照顧管理流程參見〔資料1〕，申請書內容參見〔資料2〕）

### 1.申請

　　一般民眾申請長照服務的途徑有以下四種：

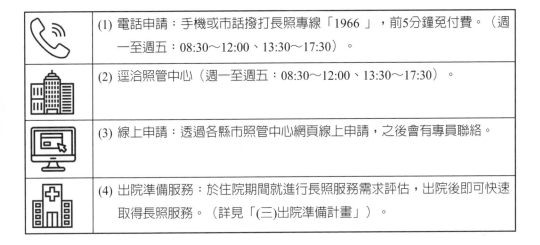

| | |
|---|---|
| 📞 | (1) 電話申請：手機或市話撥打長照專線「1966」，前5分鐘免付費。（週一至週五：08:30～12:00、13:30～17:30）。 |
| 🏢 | (2) 逕洽照管中心（週一至週五：08:30～12:00、13:30～17:30）。 |
| 🖥 | (3) 線上申請：透過各縣市照管中心網頁線上申請，之後會有專員聯絡。 |
| 🏥 | (4) 出院準備服務：於住院期間就進行長照服務需求評估，出院後即可快速取得長照服務。（詳見「(三)出院準備計畫」）。 |

　　亦可透過衛生所轉介或村里鄰長協助通報。

### 2.評估

#### (1)照顧管理評估量表

　評估單位：照管中心或地方主管機關

　　此量表的內容主要包含個案與主要照顧者兩大部分，透過六大範疇來

評估：

i. 個案功能評估：以最近一個月能力為主

> 日常活動功能量表（ADLs）：吃飯、洗澡、個人修飾、穿脫衣物、大便控制、小便控制、上廁所、移位、走路、上下樓梯、及目前行動能力。

> 工具性日常活動功能量表（IADLs）：使用電話、購物、備餐、處理家務、洗衣服、外出、服用藥物、財務處理的能力。

ii. 個案溝通能力

iii. 認知功能、情緒及行為

iv. 特殊複雜照護需要

v. 居家環境與家庭、社會支持

vi. 主要照顧者負荷

（詳細內容請查閱線上資源：首頁／長照2.0／照顧管理機制／照顧管理評估量表https://1966.gov.tw/LTC/cp-4015-42461-201.html）

### (2)臨床失智評分量表CDR

評估單位：神經科與精神科醫師

此項檢查（內容參見〔資料3〕）之目的在評估失智症患者的整體認知功能受損狀況與疾病的嚴重度。50歲以上失智症者，具身心障礙證明／手冊、診斷書、醫師意見書或CDR分數確診相關資料，即為長照2.0的服務對象，而經過評估符合失能等級為第2～8級者，則可獲得長照服務給付。倘若在評估後，CDR小於2之個案，則轉介給失智共照中心、社區照顧關懷據點或是巷弄長照站（C），會提供相關服務（包含預防及延緩失能照護服務）。

### (3)長者衰弱評估表SOF

評估單位：照管中心、衛生所、特約單位

SOF量表具有使用簡便之優點，在一般社區即可進行，且信效度不低於其他工具，可以反映出因衰弱而可能提高發生失能或其他不良健康結果等之風險。此部分已包括在照顧需求評估量表的「G.部分」之中，內容如下：

G4d. 衰弱評估（SOF）

　　G4d1. 您是否在未刻意減重的情況下，過去一年中體重減少了5%以上？

　　　　□1.是　　□2.否　　□3.其他：＿＿＿＿＿＿（請說明）

　　G4d2. 您是否可以在不用手支撐的狀況下，從椅子上站起來5次？（請個案實際
　　　　做）

　　　　□1.是　　□2.否　　□3.其他：＿＿＿＿＿＿（請說明）

　　G4d3. 在過去一週內，您是否經常（一個禮拜內有3天以上）有提不起勁來做事的
　　　　感覺？

　　　　□1.是　　□2.否　　□3.其他：＿＿＿＿＿＿（請說明）

　　根據長照十年計畫2.0，符合長照服務對象之衰弱老人條件應滿足以下三項：(1)無ADL失能，(2)但有IADL失能，(3)且經SOF評估三項指標中有一項以上者。而國健署在衛生所執行的老人健檢，針對65歲以上長者或55歲以上原住民，每年一次免費評估進行篩檢。評估的結果若任兩項以上結果為「是」即為衰弱，則轉介至照管中心做進一步的評估，以即時連結長照服務及延緩失能照護服務。

### 3. 根據問題清單擬定照顧計畫

　　照管專員在評估總結，會依照CMS等級與個案需求建立照顧問題清單（如下表），並依評估結果給予輔具與照顧建議等事項。

**照顧問題清單（34項）**

| 1 | 進食問題 | 10 | 使用電話問題 | 19 | 不動症候群風險 |
|---|---|---|---|---|---|
| 2 | 洗澡問題 | 11 | 購物或外出問題 | 20 | 皮膚照護問題 |
| 3 | 個人修飾問題 | 12 | 備餐問題 | 21 | 傷口問題 |
| 4 | 穿脫衣物問題 | 13 | 處理家務問題 | 22 | 水分及營養問題 |
| 5 | 大小便控制問題 | 14 | 用藥問題 | 23 | 吞嚥問題 |
| 6 | 上廁所問題 | 15 | 處理財務問題 | 24 | 管路照顧問題 |
| 7 | 移位問題 | 16 | 溝通問題 | 25 | 其他醫療照護問題 |
| 8 | 走路問題 | 17 | 短期記憶障礙 | 26 | 跌倒風險 |
| 9 | 上下樓梯問題 | 18 | 疼痛問題 | 27 | 安全疑慮 |

| 28 | 居住環境障礙 | 31 | 照顧負荷過重 | 33 | 感染問題 |
| 29 | 社會參與需協助 | 32 | 輔具使用問題 | 34 | 其他問題（*註） |
| 30 | 困擾行為 | | | | |

*註：第34項其他問題：

當個案有未列於前33項、或照專認為個案有，而未由系統自動帶出的照顧問題，可寫在其他問題，並請於計畫簡述中簡單說明原因，以利進行問題清單的增修調整。

專員在擬定照顧計畫後，會與長照需求者及家屬討論並安排各項服務。照顧計畫內容：

---

**PLAN-26** 是否使用長期照顧給付及支付基準之照顧組合服務：
　　☐1.否　　☐2.是，照顧組合編號：＿＿＿＿＿＿＿＿＿＿＿＿＿＿

**PLAN-12** 是否使用老人營養餐飲服務：☐1.否　　☐2.是

**PLAN-14** 是否使用機構服務：☐1.否　　☐2.是【續答 PLAN-14-1】

**PLAN-14-1** 除住宿機構服務外，仍無法滿足其需求：☐1.否　　☐2.是

**PLAN-14-2** 建議服務內容
　　☐1.長期照護型機構　☐2.養護型機構　☐3.失智照護型機構　☐3.護理之家
　　☐5.精神護理之家　　☐6.其他：＿＿＿＿

**PLAN-15** 是否使用失智共同照護中心：☐1.否　　☐2.是

**PLAN-16** 是否使用失智社區服務據點：☐1.否　　☐2.是

**PLAN-17** 是否使用原住民族地區社區整合型服務：☐1.否　　☐2.是

**PLAN-18** 是否使用小規模多機能服務(不含 GA06 小規模多機能服務-夜間喘息)：
　　☐1.否　　☐2.是

**PLAN-19** 是否使用家庭照顧者支持服務：☐1.否　　☐2.是

**PLAN-20** 是否使用巷弄長照站之服務：☐1.否　　☐2.是

**PLAN-21** 是否使用社區預防性照顧：☐1.否　　☐2.是

**PLAN-22** 是否使用預防或延緩失能（智）服務：☐1.否　　☐2.是

**PLAN-23** 是否使用銜接居家醫療：☐1.否　　☐2.是

**PLAN-23-1** 是否使用銜接急性後期整合照護計畫：☐1.否　　☐2.是

**PLAN-25** 轉介其他資源
　　☐1.無　　　☐2.關懷訪視　☐3.電話問安　☐4.諮詢服務　☐5.中低特照津貼
　　☐6.轉介精神科　☐7.口腔保健　☐8.其他：＿＿＿＿＿＿＿＿＿＿＿

## 4.長照專業服務

　　長照專業服務屬於照顧服務中C碼之項目，完成長期照顧服務人員訓練之藥師，可提供非健保給付之醫事照護服務。有關《長照專業服務手冊》內容簡述：

| 項目 | 執行人員資格 | 照護目標 | 給（支）付價格（元） | 原民區或離島支付價格（元） |
|---|---|---|---|---|
| IADLs/ADLs復能照護（居家、社區） | 醫師（含中醫師）、職能治療人員、物理治療人員、語言治療師、護理人員、心理師、藥師、呼吸治療師、營養師 | 提升個案自主生活能力，降低照顧者的心理壓力與身體負荷。針對個案期待IADLs／ADLs能力之1項（含）以上，達到復能或增加獨立活動能力。 | 居家：4,500<br>社區：4,050 | 居家：5,400<br>社區：4,860 |
|  |  |  | 3次訪視（含評估）為1給（支）付單位。 | |
| 「個別化服務計畫（ISP）」擬定與執（居家、社區） | 教保員、社會工作人員及醫師（含中醫師）、職能治療人員、物理治療人員、護理人員、語言治療師、聽力師、心理師 | 1. 依據個案個別需求及期待，訂出符合個案狀況與需求之支持服務，培養個案於社區中自立生活能力。<br>2. 連結服務資源，協助個案解決問題。<br>3. 改善個案某 域之技能，延緩個案退化。 | 居家：6,000<br>社區：5,400 | 居家：7,200<br>社區：6,480 |
|  |  |  | 4次措施（含評估）為1給（支）付單位。 | |
| 營養照護 | 醫師（含中醫師）、營養師、護理人員、藥師、語言治療師 | 個案依其活動狀況、疾病、體型、體重等，獲取應有之熱量及水分，達到個案營養照護目標。 | 4,000 | 4,800 |
|  |  |  | 4次措施（含評估）為1給（支）付單位。 | |
| 進食與吞嚥照護 | 醫師（含中醫師）、牙醫師、語言治療師、護理人員、職能治療人員、物理治療人員、營養師、藥師、呼吸治療師等醫事人員 | 1. 安全進食：初期雖嗆咳，但不致有嘔吐物；或6個月內無吸入性肺炎紀錄。<br>2. 獲得充分營養與水份。 | 9,000 | 10,800 |
|  |  |  | 6次措施（含評估）為1給（支）付單位。 | |

| 項目 | 執行人員資格 | 照護目標 | 給（支）付價格（元） | 原民區或離島支付價格（元） |
|---|---|---|---|---|
| 困擾行為照護 | 醫師（含中醫師）、護理人員、物理治療人員、職能治療人員、心理師、藥師、語言治療師、營養師等醫事人員及社會工作人員 | 1. 維護照顧者（或家屬）及個案的安全。<br>2. 維持或增進照顧者的生活品質。 | 4,500<br><br>3次措施（含評估）為1給（支）付單位。 | 5,400 |
| 臥床或長期活動受限照護 | 醫師（含中醫師）、護理人員、物理治療人員、職能治療人員、語言治療師、心理師、藥師、呼吸治療師、營養師 | 1. 安全照護<br>2. 維持功能性日常生活活動<br>3. 預防合併症發生 | 6,000<br><br>6次措施（含評估）為1給（支）付單位。 | 10,800 |
| 居家環境安全或無障礙空間規劃指導 | 條規定訓練，取得認證證明文件之醫師（含中醫師）、護理人員、物理治療人員、職能治療人員、呼吸治療師、聽力師、營養師等醫事人員、輔具評估人員 | 依個案照護需求，提供並教導個案及主要照顧者於家中維護安全之方式及注意事項。 | 2,000<br><br>2次措施（含評估）為1給（支）付單位。 | 2,400 |
| 居家護理指導與諮詢 | 護理人員 | 提升照顧者及個案自主照護能力。 | 6,000<br><br>3次措施（含評估）為1給（支）付單位。 | 7,200 |

（線上資源：首頁／長照2.0／長照給付及支付基準及相關制度／5.長照專業服務手冊 https://1966.gov.tw/LTC/cp-4216-44996-201.html）

　　自110年1月1日起，執行〈長期照顧給付及支付基準〉中專業服務項目：IADLs／ADLs復能照護（居家、社區）（編號CA01～04）、營養照護（編號CB01）、進食與吞嚥照護（編號CB02）、困擾行為照護（編號CB03）、臥床或長期活動受限照護（編號CB04）與居家護理指導與諮詢（編號CD02）之醫事人員，均需依規完成衛生福利部認可訓練始可

提供服務。依據衛生福利部109年〈長期照顧給付及支付基準專業服務人員訓練計畫〉規定，專業服務人員應於109年12月31日前，完成長期照顧專業人員數位學習平台之「復能實務專業服務基礎訓練」8小時線上課程（不含個案討論與分享）及完成8小時線上課程，使得參與地方政府自辦之實體個案研討4小時。

　　　長期照顧專業人員數位學習平台之「復能實務專業服務基礎訓練」8小時線上課程（需完成課程並通過評量測驗及格，始得列印完訓學習證明）平台網址：https://ltc-learning.org/mooc/，課程包含以下內容（不含個案討論與分享）：(1)「復能服務基本概念」；(2)「復能服務跨專業團隊角色功能與倫理議題一」； (3)「復能服務跨專業團隊角色功能與倫理議題二」；(4)「復能服務跨專業團隊角色功能與倫理議題三」；(5)「以個案爲中心之復能需求評估」；(6)「跨專業團隊整合與溝通」。

## 5.長照機構藥事服務

　　　長照機構由於規模與成本考量，很少聘用專任藥師在機構內服務，而是以合約方式，聘僱社區或醫院藥師到機構內提供專業的服務。藥師到機構內並不執行處方調劑服務，主要是提供藥物使用管理及藥事照護（服務流程見〔資料4〕），主要目標有四：

(1) 確認藥品調配、儲存及發送的正確性。

(2) 急救及管制藥品之管理。

(3) 提供住民、家屬及其他醫療專業人員藥物資訊、會診／品管服務及在職教育。

(4) 執行藥物治療評估，探討住民藥物治療的適當性及安全性，並發現、解決及預防藥物治療問題。

---

**小知識**

《藥師法施行細則》

　　藥師執行本法第十五條第一項第八款所定藥事照護相關業務，其職責如下：

一、為增進藥物療程之效益及生活品質，考量藥物使用情形及評估療效之藥事服務事項。

二、於醫療機構、護理機構、藥局或依老人福利法所定之老人福利機構，執行藥品安全監視、給藥流程評估、用藥諮詢及藥物治療流程評估等相關藥事服務事項。

在機構內的藥事服務之要求：

(1) 及時提供藥物

機構必須對其住民提供常規與緊急的藥物，正確接收、調配及發送給住民使用藥物。

(2) 全機構藥物使用安全管理之評估

至少每六個月定期評估，主要透過三大方面檢視：機構環境與設備、給藥作業流程及用藥管理（參見〔資料5〕）。針對安全管理事項提供建議（參見〔資料6〕），建立清楚的藥物使用紀錄系統，正確地記錄與保存，且帳目平衡。

(3) 對每位住民執行藥物治療評估

i. 時機

a. 前瞻性（立即性）：住民剛入住一週內（即初次入住評估），以及醫師開立新的藥物或變更藥物治療時。

b. 現行性：針對住民當前用藥進行評估（即追蹤評估），建議至少每三個月一次。

c. 回顧性：至少一年一次，分析此段期間所有的藥物治療問題。

ii. 執行評估的資料來源

a. 經由相關醫療人員：與之溝通或詢問，必須確認藥品是否正確地給予，包含藥品之儲存、標示及給藥紀錄單〔資料7〕。

b. 經由住民：觀察住民的外觀表現、生命徵象（詳見〈第四章〉），及日常生活活動狀況，如：飲食、睡眠、排泄等（詳見〈第五章〉）可透漏出當前住民的身體狀況，藉以追蹤評估是否與藥物有關。具表達能力之住民，可直接與之晤談；對於無法溝通者，也必須親自觀察住民。可自行用藥者，藥師應檢視其所剩下之藥物，以了解住民自行服用藥物之能力，作為藥物治療評估及用藥指導之依據。

c. 經由病歷：了解用藥史、病程進展紀錄、護理紀錄、飲食紀錄、檢驗值等獲得與住民使用藥物有關資料。包含非處方用藥、健康食品、維他命、中藥、其他民俗療法，或多醫院、多醫師的就診經驗，都需詳細詢問並記錄在相關表單中。

(4) 與醫師或其他相關醫療人員進行溝通討論

i. 以書面資料，與相關之醫療人員進行溝通討論，如藥物治療評估服

務紀錄表〔資料8〕或藥師與長期照護機構聯繫單〔資料9〕。亦可打電話或以其他方式。

ii. 定期舉行跨專業團隊之個案討論會，討論較難解決或改善情形不佳的案例，以尋求問題之解決。

---

**重點**

年長者用藥相關的風險因子：

1. 多重用藥，如超過5種藥物或超過3種心臟藥物。

2. 服用特定的高風險藥物，例如：抗凝血劑（anticoagulants）、抗憂鬱劑（antidepressants）、抗感染劑（antiinfectives）、抗精神病劑（antipsychotics）、抗癲癇劑（anticonvulsants）、類鴉片止痛劑（opioid analgesics）、鎮定安眠劑（sedative-hypnotics）、氯苯磺丙脲（chlorpropamide，爲磺醯脲素類抗血糖藥）與肌肉鬆弛劑（skeletal muscle relaxants）。

3. 與藥物有關的問題，例如：抗膽鹼劑（anticholinergics）、苯二氮平類安眠鎮定劑（benzodiazepines）、皮質類固醇（corticosteroids）與非類固醇類止痛劑（nonsteroidal anti-inflammatory drugs）。

4. 某些患者特徵，例如：多種共病、多重處方、年齡在85歲以上、失智、經常飲酒，並且腎臟功能下降。

5. 使用治療範圍較窄的藥物，例如：鋰鹽（lithium）、warfarin、毛地黃（digoxin）與抗癲癇劑（anticonvulsants）。

6. 有不良反應紀錄。

7. 前6個月內住院。

8. 體重指數（Body mass index, BMI）較低者，如女性$BMI < 19 \text{ kg/m}^2$；男性$BMI < 20 \text{ kg/m}^2$。

## (三)出院準備計畫

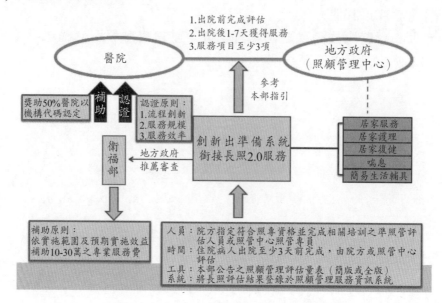

　　為了銜接出院準備，提供失能者連續性長照服務，衛福部獎助辦理〈出院準備銜接長照2.0計畫〉，縮短等待取得服務的時間，改善出院後的生活品質，降低不必要的急診狀況及入院（詳細作業流程參見〔資料10〕）。根據〈全民健康保險「出院準備及追蹤管理費」作業規範〉，收案對象資格如下：

1. 有後續照護需求（如居家醫療、復健、安寧療護、長期照顧資源等），需轉介者。
2. 出院時仍留存管路或造口，且居家照護能力不足者。
3. 獨居、臥床生活無法自理或缺乏支持性系統（住院中無人照顧、家屬照護能力不足、經濟問題）個案。
4. 有輔具需求者。
5. 偏癱、全癱或截肢個案。
6. 有壓瘡傷口（三級以上）。
7. 滯院或超長住院（住院天數≧21天）者。
8. 非計畫性14日內再住院之個案。
9. 其他各科認定之特殊個案。

　　經由照管中心連結醫院的出院準備小組，以專業的醫療團隊評估病人

身心狀況及經濟上的照護需求。如果病患有長照需求，經由院方或照管中心評估後，再根據病患及照顧者意願調查，出院則可接軌長照服務，使病人及其家屬及早獲得完整且持續的長照服務。出院準備服務小組設置必須符合下列條件：

1. 小組成員除醫師、主護護理師，應有跨不同專業領域組成（如營養、藥事、復健、心理、社工人員等）。
2. 綜合整理並提供後續醫療或社會資源相關訊息，整合院內專責部門聯繫方式，並與後續照護服務單位建立聯繫與合作關係。
3. 醫院應對相關職類人員進行出院照護計畫之教育訓練。

　　醫院端之聯繫角色為出院準備小組的個案管理師，而照管中心之聯繫角色為長照管理專員。個管師為個案擬定並執行出院準備計畫，其內容包含：

1. 跨領域溝通協調。
2. 護理、用藥、復健、衛教指導或家庭會議。
3. 資源整合及適當轉介後續資源。
4. 出院時提供諮詢專線，並辦理電訪追蹤。

## (四) 參與專案計畫

　　藥師欲參加醫療專案計畫提供藥事居家照護者，須經由下列四個培訓方法之一，其審查，通過者可視為通過中華民國藥師公會全聯會（簡稱全聯會）之遴選，可執行任何計畫之「藥師居家照護」相關業務。

1. 由全聯會或各縣市藥師公會依「藥事居家照護培訓課程」舉辦辦法，包括衛福部照護司規定之Level 2之專業課程。
   (1) 藥師需全程參與培訓課程以取得筆試資格。筆試合格標準：75分。
   (2) 筆試通過後得實習，實習機構為：醫院、護理之家、安養護中心或居家，於三個月內至少完成五個案例，應有至少一次的追蹤情形。
   (3) 經口頭報告通過給予證明。
2. 各藥學院系臨床藥學研究所或Pharm.D.班學生或已畢業者，曾接受過一學期藥事照護課程並有實習經驗，已通過國家考試取得藥師證書。可由個人向地方藥師公會或藥師公會全聯會提出申請，再經口頭報告通過給予證明。
3. 有擔任實習指導藥師或參加學術諮詢體系之藥師，經一年指導居家照護藥師發現與解決藥物治療問題，表現優異者，若有興趣投入參與居家照

護。請由地方公會推薦或個人向藥師公會全聯會提出申請，再經口頭報告通過給予證明。

4. 已有執行居家照護／機構式照護或醫院執行藥事照護一年以上（含）經驗之藥師，經主管人員書面推薦，需提供「照護藥師培訓課程」31小時上課學分證明，有照護經驗醫院藥師在核心23小時課程得以類似課程學分證明，經全聯會審核後抵免，但筆試及格才能獲得Level 2課程培訓及格之證書，再經口頭報告通過給予證明。

上述之口頭報告，應繳交五份個案照護報告，並輸入藥事照護系統及製作二份藥師持續居家照護成果表。並請各縣市藥師公會進行，通過者得由全聯會給予證明。

口頭案例報告評分標準如下表：

報告藥師：　　　　　　　　日期：

| 評 分 項 目 | 評分* | 建 議 |
|---|---|---|
| **評估病患的病情與藥物治療需求（Assessment）** | | |
| 1.能精簡描述病患的基本資料 | 5 4 3 2 1 | |
| 2.能精簡描述病患的家庭與生活背景 | 5 4 3 2 1 | |
| 3.能說明病患需要長期照護或高診次的主要原因 | 5 4 3 2 1 | |
| 4.能精簡描述過去病史、過敏記錄或藥物副作用記錄、抽菸喝酒、預防注射等 | 5 4 3 2 1 | |
| 5.能精簡描述目前疾病史（現在關心的疾病，可呈現出需要藥物治療的原因） | 5 4 3 2 1 | |
| 6.精簡描述全身系統的不適狀況、功能狀態及管路狀態 | 5 4 3 2 1 | |
| 7.能列出所有用藥記錄 | 5 4 3 2 1 | |
| 8.能評估病人服藥配合度及不能配合的原因 | 5 4 3 2 1 | |
| 9.能用生化檢驗值評估病人器官功能或疾病控制好壞 | 5 4 3 2 1 | |
| 10.能總結出病患的各種醫療問題清單（現在疾病須處理之優先順序） | 5 4 3 2 1 | |
| **照顧計畫（Care plan）** | | |
| 1.能分開各個疾病作照顧計畫，並摘要描述疾病目前之控制情形 | 5 4 3 2 1 | |
| 2.能確認出需要解決或預防的藥物治療問題 | 5 4 3 2 1 | |
| 3.對醫師的建議很適當 | 5 4 3 2 1 | |
| 4.能正確適當建立要監測之疾病治療目標、監測項目與頻率 | 5 4 3 2 1 | |
| 5.對病患的教育內容很適當 | 5 4 3 2 1 | |
| **追蹤評值（Follow-up evaluation）** | | |
| 1.追蹤個案的情形很適當 | 5 4 3 2 1 | |
| 2.能收集整理療效指標數值並做出正確判讀 | 5 4 3 2 1 | |
| 3.能評值病患的治療結果 | 5 4 3 2 1 | |
| 4.能評估病患服藥配合度並改變其用藥行為 | 5 4 3 2 1 | |
| 5.顯示出有能力照顧病患 | 5 4 3 2 1 | |

*評分：
5：完全做到，並能舉一反三，有獨創觀點及做法；4：完全做到，並能展現良好個案報告品質；3：可以達成個案報告基本要求；2：無法完成指定個案報告目標；1：無法完成指定報告目標，並對自己的工作狀態無自覺。

總分(上述得分請加總)：_____　　評分者簽章：_____

　　衛福部或是各地方政府陸續推出各種醫療服務及計畫，只要願意積極參與，就能開拓服務場域與展現專業能力，找到藥師在長期照顧中之角色定位。目前所執行的〈全民健康保險居家醫療照護整合計畫〉，自108年6月1日起至110年12月31日止，希望透過計畫能使因失能或疾病特性，導致不便外出就醫之病人易於獲得醫療照護，並提供整合性之全人照護，以改善片段式的醫療照護服務模式。鼓勵醫事服務機構能夠連結社區照護網絡，提供住院替代服務，降低住院日數或減少不必要之社會性住院。

---

**小知識**

所謂的「社會性住院」（social hospitalization）：

　　在Choices in Financing Health Care and Old Age Security（1997）文中指出：

　　「這些夠健康可以出院的患者的家庭成員經常不願意帶他們回家，因為缺乏家庭支持或是因為不容易取得適當的下游醫療保健設施和服務（如：家庭醫療或家庭幫助服務）。這樣的「社會性住院（social hospitalization）」實例，也會導因於較不良家庭關係或獨居。而有更多的老人來自小家庭和雙薪家庭，他們的家庭成員很可能因為工作而無法在家幫忙照顧他們。」

　　日本在1980年代也因為健康政策而出現健康狀況穩定，且不再需要醫療的年長者，卻占據醫院一半以上床位的「社會性住院」現象。在建立長照保險制度後，與健康照護保險制度分開，整合醫療與社會福利系統，試圖減少社會性住院。

---

　　在計畫之中，與藥師相關之內容簡要述如下：
1. 醫療服務提供者資格：由健保特約醫事服務機構組成整合性照護團隊（以下稱照護團隊），提供含括「居家醫療」、「重度居家醫療」及「安寧療護」三照護階段。
2. 訪視人員資格：以特約醫事服務機構之執業人員之醫師、牙醫師、中醫師、藥師。
3. 個案管理人員：負責協調、溝通及安排相關事宜，可由醫師、護理人員、呼吸治療人員或社會工作人員擔任。

4. 收案來源：
   (1) 住院病人：經主治醫師評估，由出院準備服務轉介至參與本計畫之特約醫事服務機構收案；接受轉介機構之醫師得配合出院準備服務，到院評估病人之居家醫療照護需求。
   (2) 非住院病人：
     i. 由參與本計畫之特約醫事服務機構直接評估收案。
     ii. 由病人或其家屬向參與本計畫之特約醫事服務機構提出申請，或由各長期照顧管理中心（及合約居家服務單位）、衛生局（所、室）、社會局（處）等轉介至參與本計畫之醫事服務機構評估收案。

5. 與藥師相關之事宜整理：
   (1) 藥師訪視提供居家藥事照護，經居家西醫主治醫師判斷其專業能力，無法處理之末期病患管制藥品使用諮詢、特殊劑型用藥指導（例如注射筆針劑型、吸入劑型等）。
   (2) 藥品處方調劑服務：病人所需藥品，得由處方之特約醫療院所提供調劑與送藥服務，或由家屬持健保卡及處方箋至特約藥局或原處方院所調劑領藥。病人獨居時，應提供適當之藥事服務。
   (3) 藥師、其他專業人員：每月訪視人次以45人次為限。
   (4) 藥事服務費、藥費、檢驗（查）費及針灸治療費等：依醫療服務支付標準及〈全民健康保險藥物給付項目及支付標準〉規定支付。
   (5) 居家藥事照護費所訂點數，含用藥評估、用藥分裝、餘藥檢核、藥事服務、電子資料處理及行政作業成本等。

| 照護階段 | 收案條件 | 給付項目 | 支付標準 |
|---|---|---|---|
| 居家醫療 | 限居住於住家（不含照護機構）<br>1. 失能：指巴氏量表（Barthel ADL Index）小於60分。<br>2. 因疾病特性致外出就醫不便：指所患疾病雖不影響運動功能，但外出 | 醫師訪視<br>牙醫師訪視<br>中醫師訪視<br>藥師 訪視 | 訪視費論次計酬<br>藥費、藥事服務費核實<br>檢驗（查）費核實<br>居家牙醫醫療服務包裹支付<br>針灸治療核實 |

| 照護階段 | 收案條件 | 給付項目 | 支付標準 |
|---|---|---|---|
| 居家醫療 | 就醫確有困難者，如重度以上失智症、遺傳性表皮分解性水皰症（泡泡龍）病人等。 | | |
| 重度居家醫療 | 1. 同居家醫療階段規定，另應符合「全民健康保險醫療服務給付項目及支付標準」（以下稱醫療服務支付標準）第五部第一章居家照護之收案條件。〔資料11〕<br>2. 使用呼吸器相關服務之病人，另應符合：「全民健康保險呼吸器依賴患者整合性照護前瞻性支付方式計畫」（以下稱呼吸器依賴患者照護計畫）居家照護階段之收案條件。〔資料11〕 | 醫師訪視<br>牙醫師訪視<br>中醫師訪視<br>護理人員訪視<br>呼吸治療人員訪視<br>藥師 訪視<br>其他專業人員訪視 | 訪視費論次計酬<br>藥費、藥事服務費核實<br>檢驗（查）費核實<br>呼吸器使用論日計酬<br>緩和醫療家庭諮詢費論次計酬<br>居家牙醫醫療服務包裹支付<br>針灸治療核實 |
| 安寧療護 | 同居家醫療階段規定。應符合醫療服務支付標準第五部第三章安寧居家療護之收案條件。〔資料11〕 | 醫師訪視<br>牙醫師訪視<br>中醫師訪視<br>護理人員訪視<br>呼吸治療人員訪視<br>藥師 訪視<br>其他專業人員訪視 | 訪視費論次計酬<br>藥費、藥事服務費核實<br>檢驗（查）費核實<br>呼吸器使用論日計酬<br>病患自控式止痛論次計酬<br>居家牙醫醫療服務包裹支付<br>針灸治療核實 |

## 二、跨專業職業的合作

　　長照服務並非單一專業職業可以完成的工作，知己知彼與良好的溝通，有助於工作的進行。

- 認識彼此的存在
- 認識彼此的功能和作用
- 思考彼此的優點
- 認識和思考彼此的前進方向
- 組織彼此期望的功能
- 知道如何相互聯繫

　　檢視是否以合作的名義存在單方面的「依賴」或「請求」，提供對方所需是建立信任的第一步，以下是「如何連接」的過程。另外，作為基本溝通原則，請使用其他職業容易理解的詞語，而不要只使用專業術語，並確認對方了解自己所表達的涵意。

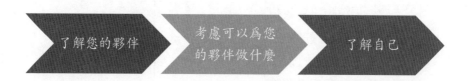

了解您的夥伴 　考慮可以為您的夥伴做什麼 　了解自己

### 1. 了解您的夥伴

　　了解患者的「社區」，也能發揮在藥師的日常工作中。無論您是屬於個人藥局還是連鎖藥局，首先，了解您的藥局所在的「社區」就是進入「社區整體照顧體系」的第一步。

　　認識您自己的夥伴，找出藥局所在區域的職業團體的類型（可在長照中心或分局詢問），參加研討會和會議，並建立明顯的關係。不僅是透過其他的專業職業，還可以從社區整合照顧服務中心獲取有關當地其他的長照服務單位訊息。

### 2. 考慮可以為您的夥伴做什麼

　　如果很難以個人藥局的角度考慮到能為夥伴做些什麼，則可在當地藥師或其他公會進行。首先，以身為一名藥師來建立明顯的關係，透過認識對方、了解對方，應該就能夠以不同的視野看見所面臨的課題和挑戰。讓

我們考量可以提供哪些幫助與合作，以及整合組織的功能。

## 3. 了解自己

　　如果能與跨專業職業和社區居民之間存在信任關係，即可取得機會來展現自己作為藥師的專業性，藉此獲得更多職業合作與諮詢。

---

**小知識**

藥師的可視化

　　藥師的工作不僅僅在於藥局內調劑與販售藥物，有關於社區整體照顧服務系統的其他關鍵字，如「健康促進」、「長照預防」、「居家藥師」等，都是藥師可以參與的主題，多多思考在團隊中能使藥師「可視化」的可能性。

---

〔資料1〕長照照顧管理流程

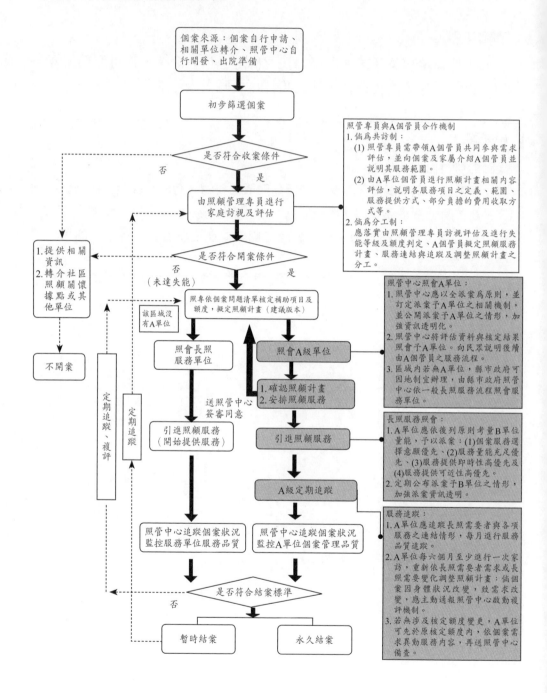

〔資料2〕申請書格式範例

# 新北市政府長期照顧服務申請書

申請日期：　　年　　月　　日

**申請人為：**□受委託人 □本人(需要服務者)

**一、受委託人基本資料(本人申請免填)**

茲因 □行動不便 □其他：＿＿＿＿＿＿＿，確實無法親自申請，特委託＿＿＿＿＿ 君
(身分證：＿＿＿＿＿＿＿)代為申請長期照顧服務。

1.與委託人之關係：＿＿＿＿＿＿＿　　2.主要聯絡電話：＿＿＿＿＿＿＿＿＿

**二、需要服務者基本資料**

1.姓　名：＿＿＿＿＿＿＿　2.出生日期：民國(1.前 2.國)＿＿年＿＿月＿＿日

3.國民身分證統一編號：＿＿＿＿＿＿＿＿

4.電　話：＿＿＿＿＿＿＿＿

5.居住地址：＿＿＿＿縣／市＿＿＿＿市／鄉／鎮／區＿＿＿＿村／里＿＿鄰
　　　　　　＿＿＿＿路／街＿＿＿段＿＿＿巷＿＿＿弄＿＿＿號＿＿＿樓

6.戶籍地址：□同上；＿＿＿＿縣／市＿＿＿市／鄉／鎮／區＿＿＿村／里＿＿鄰
　　　　　　＿＿＿＿路／街＿＿＿段＿＿＿巷＿＿＿弄＿＿＿號＿＿＿樓

7.目前是否聘請看護幫忙照顧：□(1)否 □(2)是 □(3)申請中─(□7a.本籍 □7b.外籍)

8.欲申請服務種類：(可複選)

　□(1)居家服務 □(2)日間照顧 □(3)居家喘息 □(4)機構喘息 □(5)居家護理 □(6)居家復健
　□(7)社區復健 □(8)居家營養 □(9)居家藥師 □(10)在宅醫護 □(11)交通接送
　□(12)緊急救援通報系統 □(13)中低收入老人特別照顧津貼 □(14)老人居家無障礙環境改善
　□(15)機構式服務-老人 □(16)社區安寧照護 □(17)其他：＿＿＿＿＿

**三、主要聯絡人資料**

1.姓　名：＿＿＿＿＿＿　　2.國民身分證統一編號：＿＿＿＿＿＿＿

3.電話：(H)＿＿＿＿＿＿　(O)＿＿＿＿＿＿　手機：＿＿＿＿＿＿＿

4.與需要服務者的關係或身分：＿＿＿＿＿

5.居住地址：□同上居住地址；□同上戶籍地址；＿＿＿＿縣／市＿＿＿市／鄉／鎮／區
　　　　　　＿＿＿村／里＿＿鄰＿＿＿路／街＿＿＿段＿＿＿巷＿＿＿弄＿＿＿號＿＿＿樓

**四、如何得知本服務**

□(1)里長宣導 □(2)親朋好友 □(3)公車車體廣告 □(4)電視 □(5)報紙 □(6)廣播 □(7)網路
□(8)宣導單張或宣導活動 □(9)手機簡訊 □(10)海報 □(11)捷運燈箱 □(12)計程車內廣告
□(13)LED 字幕機 □(14)重新申請 □(15)其他：＿＿＿＿＿

◎為增進家庭照顧者照顧技巧及健康促進知識，本中心將不定期辦理相關課程或活動，請問您是否
　願意接獲相關訊息通知？ □願意 □不願意

◎最後煩請您再詳細檢視上述所填之資料是否完全屬實；如經查證以詐欺或其他不正當行為或虛偽
　之證明申請補助費用者，應負一切法律責任，並返還已支付之服務補助經費。

申請人簽名：＿＿＿＿＿＿＿

| 受理申請單位： | 承辦人： | 電話： | 傳真： |
|---|---|---|---|
| 長照中心資格審核意見：□ 1.符合　　□ 2.不符合，原因：＿＿＿＿＿　□ 3.其他 | | | |

〔資料3〕

病人姓名：＿＿＿＿＿＿　病歷號：＿＿＿＿＿＿　評估日期：＿＿＿＿＿＿

# 臨床失智評估量表〈CDR〉之分期

| | 記憶力 | 定向感 | 解決問題能力 | 社區活動能力 | 家居嗜好 | 自我照料 |
|---|---|---|---|---|---|---|
| 無 (0) | 沒有記憶力減退或稍微減退。沒有經常性健忘。 | 完全能定向。 | 日常問題(包括財務及商業性的事物)都能處理的很好；和以前的表現比較，判斷力良好。 | 和平常一樣能獨立處理有關、工作、購物、業務、財務、參加義工及社團的事務。 | 家庭生活，嗜好，知性興趣都維持良好。 | 能完全自我照料。 |
| 可疑 (0.5) | 經常性的輕度遺忘，事情只能部分想起；「良性」健忘症。 | 完全能定向，但涉及時間關聯性時，稍有困難。 | 處理問題時，在分析類似性和差異性時，稍有困難。 | 這些活動稍有障礙。 | 家庭生活，嗜好，知性興趣，稍有障礙。 | 能完全自我照料。 |
| 輕度 (1) | 中度記憶減退；對於最近的事尤其不容易記得；會影響日常生活。 | 涉及時間關聯性時，有中度困難。檢查時，對地點仍有定向力；但在某些場合可能仍有地理定向力的障礙。 | 處理問題時，分析類似性和差異性時，有中度困難；社會價值之判斷力通常還能維持。 | 雖然還能從事有些活動。但無法單獨參與。對一般偶而的檢查，外觀上還似正常。 | 居家生活確已出現輕度之障礙，較困難之家事已經不做；比較複雜之嗜好及興趣都已放棄。 | 需旁人督促或提醒。 |
| 中度 (2) | 嚴重記憶減退只有高度重複學過的事務才會記得；新學的東西都很快會忘記。 | 涉及時間關聯性時，有嚴重困難；時間及地點都會有定向力的障礙。 | 處理問題時，分析類似性和差異性時有嚴重障礙；社會價值之判斷力通常已受影響。 | 不會掩飾自己無力獨自處理工作、購物等活動的窘境。被帶出來外面活動時，外觀還似正常。 | 只有簡單家事還能做興趣很少，也很難維持。 | 穿衣、個人衛生、及個人事物之料理，都需要幫忙。 |
| 嚴重 (3) | 記憶力嚴重減退只能記得片段。 | 只維持對人的定向力。 | 不能做判斷或解決問題。 | 不會掩飾自己無力獨自處理工作、購物等活動的窘境。外觀上明顯可知病情嚴重，無法在外活動。 | 無法做家事。 | 個人照料需仰賴別人給予很大的幫忙。經常大小便失禁。 |

小項記分 ☐ 　 ☐ 　 ☐ 　 ☐ 　 ☐ 　 ☐

臨床失智評估量表第三級以上失智症認定標準雖然還沒有訂出來，面對更嚴重的失智障礙程度時，可以參考以下的規則：

| 深度 (4) | 說話通常令人費解或毫無關聯，不能遵照簡單指示或不了解指令；偶而只能認出其配偶或照顧他的人。吃飯只會用手指頭不太會用餐具，也需要旁人協助。即使有人協助或加以訓練，還是經常大小便失禁。有人協助下雖然勉強能走幾步，通常都必須需要坐輪椅；極少到戶外去，且經常會有無目的的動作。 |
|---|---|
| 末期 (5) | 沒有反應或毫無理解能力。認不出人。需旁人餵食，可能需用鼻胃管。吞食困難。大小便完全失禁。長期躺在病床上，不能坐也不能站，全身關節攣縮。 |

目前的失智期：
0 －沒有失智
0.5 －未確定或人待觀察
1 －輕度失智
2 －中度失智
3 －重度失智
4 －深度失智
5 －末期失智

☐ 　 ☐

評估醫師：＿＿＿＿＿＿＿＿

〔資料4〕藥事服務流程圖

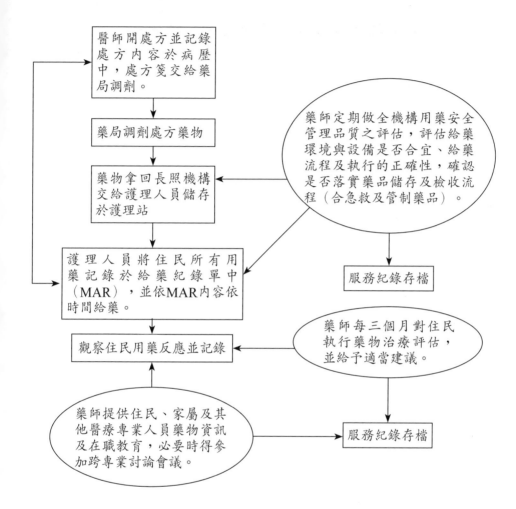

〔資料5〕

# 長照機構用藥安全管理品質之評估表

107/1/8 表

滿足要求項目得一分，請打勾（√）；未滿足項目不得分，請打叉（X）。總分62分。

| 評 估 項 目 | 日期 | / | / | / |
|---|---|---|---|---|
| **一、機構環境與設備** | | | | |
| 儲藥環境 | 1.周圍溫度在室溫，有溫度計；沒有陽光直接照射 | | | |
| 藥櫃 | 2.設在護理站內 | | | |
| | 3.有設置專用藥櫃或藥車(僅放置藥物) | | | |
| | 4.專用藥櫃或藥車可上鎖(防止他人取得藥品) | | | |
| | 5.每位住民有其專屬儲藥盒 | | | |
| | 6.各住民專屬儲藥盒有清楚標示其姓名與床號 | | | |
| | 7.鑰匙由專人保管，非專責人員不能隨意取得 | | | |
| 管制藥品 | 8.管制藥品使用紀錄可合併於給藥紀錄單，須完整且數量都正確 | | | |
| | 9.管制藥品若有剩藥，應有集中銷毀紀錄 | | | |
| 藥物冰箱 | 10.設有專用藥物冰箱(未放置藥物以外食品) | | | |
| | 11.設有不斷電設備 | | | |
| | 12.備有溫度計並記錄 | | | |
| | 13.藥品標示住民姓名與床號 | | | |
| | 14.針劑瓶身標示開封日期與有效期限 | | | |
| 醫用氣體 | 15.氧氣鋼瓶之瓶身標籤完整無破損，且有效期≧6個月 | | | |
| 急救藥品 | 16.急救藥品之品項符合規定 | | | |
| | 17.急救藥品放置於急救推車(或盒)內且清楚標示藥名與失效期 | | | |
| | 18.有定期清點補充或汰換，無過期藥品，並定期查核紀錄 | | | |
| | 19.急救推車或急救盒有上鎖，鑰匙由專人保管，非專責人員不能隨意取得 | | | |
| 備藥區域 | 20.有專屬備藥空間，大小適當，備藥動作沒阻礙 | | | |
| | 21.有適當設備、舒適通風、無噪音的干擾，清潔且照明良好 | | | |
| 洗手設施 | 22.設置於備藥區域 | | | |
| | 23.備有洗手液、乾手設備、無積水且清潔、並有正確洗手之步驟圖 | | | |
| 住民用藥及保健食品 | 24.外包裝清楚標示住民姓名與床號 | | | |
| | 25.外包裝清楚標示藥物或保健食品名稱與含量 | | | |
| | 26.未過期且未變質 | | | |
| | 27.住民非處方藥品或保健食品，都交由護理人員統一管理與給予 | | | |

| 評　估　項　目 | 日期 | / | / | / |
|---|---|---|---|---|
| **二、給藥作業流程** | | | | |
| 處方用藥 | 28.處方用藥有保留醫師處方箋影本或當次藥袋 | | | |
| 備藥 | 29.由合格護理人員備藥、磨粉 | | | |
| | 30.備藥前有先洗手（可要求護理人員示範） | | | |
| | 31.備藥前有確認盛口服藥的器皿為清潔乾燥的，注射的空針及藥劑無過期（可要求護理人員示範做法） | | | |
| | 32.每位住民有獨立藥杯，在給藥時間前調配藥品 | | | |
| | 33.備藥時有三讀動作，確認所拿藥品與給藥紀錄單資料相符（可要求護理人員示範） | | | |
| | 34.藥杯前有小藥牌清楚標示床號、姓名（若使用單包藥，外包裝須符合此規定） | | | |
| | 35.不同藥品劑型是否有分開放置（栓劑、外用、眼用製劑、粉劑不得與錠劑或膠囊放置藥杯內） | | | |
| 藥品磨粉 | 36.藥品於該次服用前才磨粉 | | | |
| | 37.已磨粉藥品外包裝有清楚標示該住民姓名/床號 | | | |
| | 38.藥品磨粉後設備有充分清洗/乾燥（可要求護理人員示範） | | | |
| 給藥 | 39.由合格護理人員發藥 | | | |
| | 40.給藥前確實執行五對之動作 | | | |
| | 41.沒有發錯藥品給住民事件 | | | |
| | 42.確實依醫師處方之劑量、頻率、途徑或天數給藥 | | | |
| | 43.確實在預定時間給藥（查看給藥紀錄） | | | |
| | 44.給藥技術都適當（注意不應磨粉或不得管灌併服之藥品、各種劑型之正確給藥技巧） | | | |
| 給藥紀錄單 | 45.護理人員使用的給藥紀錄單內容符合規範要求 | | | |
| | 46.給藥紀錄內容與醫師處方或藥袋標示相符 | | | |
| | 47.清楚記錄用藥開始與停止日期 | | | |
| | 48.確實記錄給藥途徑、劑量與用法 | | | |
| | 49.確實記錄實際給藥時間或未服藥原因 | | | |
| | 50.護理人員給藥並有簽名 | | | |
| **三、用藥管理** | | | | |
| 藥品不良反應評估 | 51.護理人員有觀察與紀錄住民之藥品不良反應於護理紀錄中 | | | |
| | 52.藥品不良反應有反映給醫師或藥師 | | | |
| | 53.有紀錄顯示醫療人員將藥品不良反應通報到全國 ADR 中心 | | | |
| 過期剩藥 | 54.過期剩藥或變質藥品有適當處理（集中於特定區域，有處理之紀錄） | | | |
| 藥物治療評估紀錄 | 55.每位新住民有藥師提供用藥評估 | | | |
| | 56.每位住民有藥師定期提供藥物治療評估（至少每3個月一次） | | | |

| 評 估 項 目                                                                 日 期 | / | / | / |
|---|---|---|---|
| 57.護理人員有將藥師建議納入交班，反映給機構負責人或醫師 | | | |
| 58.護理人員有追蹤並記錄藥品修改情形 | | | |
| 59.長照機構有設置管理辦法來處理藥師所提供之用藥改善建議 | | | |
| 教育訓練 | 60.提供護理人員正確用藥觀念（至少每6個月舉辦一次用藥安全教育訓練課程） | | | |
| | 61.提供住民照護者（含照服員）相關正確用藥觀念（至少每6個月舉辦一次用藥安全教育訓練課程） | | | |
| | 62.提供藥物相關資訊（如用藥單張、處方集或藥物治療手冊）供機構人員查詢 | | | |
| 總分： | | | |
| 總分/62 x100% = | | | |

〔資料6〕

## 長期照護住宿式機構 用藥安全管理建議單

編號：

| 建議對象：□護理站 □住民 □其他 | | |
|---|---|---|
| 住民姓名：　　　　　　床號：　　　　年齡：　　　　　　性別：□男 □女 | | |
| 發生時間：　　年　　月　　日　建議單位或負責人 | | |
| **事件內容** | | |
| □儲藥環境不適當 | □處方用藥管理不適當 | |
| □藥櫃設置不適當 | □備藥處置不適當 | |
| □管制藥品管理不適當 | □藥品磨粉管理不適當 | |
| □藥物冰箱管理不適當 | □給藥管理不適當 | |
| □醫用氣體管理不適當 | □給藥紀錄單管理不適當 | |
| □急救藥品管理不適當 | □藥品不良反應評估不適當 | |
| □備藥區域設置不適當 | □過期剩藥管理不適當 | |
| □洗手設施不適當 | □藥物治療評估紀錄管理不適當 | |
| □住民用藥及保健食品管理不適當 | □教育訓練管理不適當 | |
| **問題描述** | | |
| | | |
| **建議事項** | | |
| | | |
| 藥師簽章：　　　　　　　　　填寫日期：　　年　　月　　日 | | |
| **機構回覆欄** | | |
| | | |
| 回覆單位或負責人簽章：　　　　　填寫日期：　　年　　月　　日 | | |
| 藥師結案或追蹤：□改善 □未改善 □其他 | | |
| 藥師簽章：　　　　　　　　　填寫日期：　　年　　月　　日 | | |

〔資料7〕

## 給藥紀錄單

第　頁

藥物過敏：　　　　　　用藥狀況：□藥品需磨碎　　□藥品需管灌　　□可吞服固體藥品
姓　名：　　　　　床　號：　　年　齡：　　□男 □女　管路：□鼻胃管□導尿管□呼吸器

| 開始日 停藥日 | 藥 物、劑 型、途 徑、劑 量、用 法 | 日期 給藥 時間 | | | | | | |
|---|---|---|---|---|---|---|---|---|
| | | | | | | | | |
| | | | | | | | | |
| | | | | | | | | |
| | | | | | | | | |
| | | | | | | | | |
| | | | | | | | | |
| | | | | | | | | |
| | | | | | | | | |
| | | | | | | | | |
| | | | | | | | | |
| | | | | | | | | |
| | | | | | | | | |
| | | | | | | | | |
| | | | | | | | | |
| | | | | | | | | |
| | | | | | | | | |
| | | | | | | | | |
| | 給藥護理師請簽名 | 班別 | 簽名 | 簽名 | 簽名 | 簽名 | 簽名 | 簽名 |
| 未用藥之代號○ | | 白班 | | | | | | |
| ※原因記在護理記錄 | | 小夜班 | | | | | | |
| | | 大夜班 | | | | | | |

〔資料8〕

## 藥物治療評估服務紀錄表

| 編號： | 服務機構： |
|---|---|
| 服務藥局： | 服務藥師： |

建議對象：□醫師 □護理人員 □家屬 □住民 □照顧服務員 □其他：_____

住民姓名：_____ 床號：_____ 年齡：_____ 性別：□男 □女
診斷：

**考量 1~12 項內容，去發現疑似藥物治療問題並提出解決問題辦法。**

| | |
|---|---|
| □1.所使用藥物是否都有相對的適應症？ | □8. 是否產生藥品不良反應、過敏或併發症？ |
| □2.是否有需要用藥的病情但沒有用藥？ | □9. 有無重複用藥？ |
| □3.所投與劑型是否適當？（鼻胃管/藥品撥半） | □10.使用療程是否合理？ |
| □4.用藥頻率或劑量是否適當？（腎功能不良）？ | □11.是否有更安全/有效/便宜的藥品可取代？ |
| □5.有無明顯藥物間之交互作用？ | □12.住民是否配合用藥？護士是否正確發藥？ |
| □6.用藥有無治療某疾病之禁忌症？ | □13.沒用藥問題，對護理人員/個案照護之建議 |
| □7.用藥是否達到所期望的療效？ | □14.沒用藥問題，對醫師療效監測之建議 |
| | □15.評估後，完全沒有用藥問題 |

**疑似藥物治療問題（請寫 AA 代碼）：____**
問題敘述（列出處方日期/所使用藥物、說明藥物治療問題內容，一個問題請寫一張以便追蹤）

**建議如何解決問題（請寫 BB 代碼）：____**
描述細節：

參考資料：□仿單 □藥品手冊 □參考書籍（或文獻）：_____
藥師簽章：　　　　　　　　　　　　　　　　填寫日期：　年　月　日

處方醫師或其他人員回覆說明：(回覆後，請將此單交回原機構，謝謝)

簽章　　　　　　　　　　　　　　　　簽核日期：　年　月　日

追蹤結果（**請寫 CC 代碼**）：____　□接受藥師建議 □不接受 □其他：_____
住民療效追蹤結果（**請用代碼**）：____
藥師簽章：　　　　　　　　　　　　　　　填寫日期：　年　月　日

**一個藥物治療問題請使用一張紀錄表

〔資料8〕續

# 藥物治療問題及建議分類代碼表

### AA 碼：疑似藥物治療問題之代碼

| 疑似藥物治療問題（AA） | | 疑似藥物治療問題（AA） | |
|---|---|---|---|
| ◇ **有需增加藥品治療** | | ◇ **藥品不良反應** | |
| 11 | 有未治療的狀況或疾病 | 61 | 藥品-藥品交互作用 |
| 12 | 應給予預防性藥品治療 | 62 | 病人對此藥品過敏 |
| 13 | 需合併另一藥來加強療效 | 63 | 劑量調整速度太快 |
| | | 64 | 對病人不安全(如疾病危險因子、懷孕、哺乳、幼兒、老人) |
| ◇ **應刪除不需要的藥品** | | | |
| 21 | 此藥沒有適應症存在 | 65 | 在正常劑量下，產生不期望的藥理反應 |
| 22 | 重覆用藥(同一種藥或同一藥理分類) | 66 | 使用不安全藥品(如疑似用藥產生倚賴、成癮或濫用) |
| 24 | 用來治療另一藥可避免的副作用 | 67 | 不正確給藥方式 |
| 25 | 缺乏可支持的檢驗數據 | | |
| 26 | 採用非藥品處置更恰當 | ◇ **護理人員或主要照顧者給藥缺失** | |
| | | 71 | 沒有給藥 |
| ◇ **藥品選擇不適當** | | 72 | 給錯藥品 |
| 31 | 藥品劑型不適當 | 73 | 劑量或用法錯誤 |
| 32 | 有治療禁忌 | 74 | 給錯服藥時間 |
| 33 | 有配伍禁忌 | 75 | 給藥速率太快 |
| 34 | 病人對藥品有耐受性或抗藥性 | | |
| 35 | 還有更有效、安全、方便或便宜的藥 | ◇ **自我照護知識不正確** | |
| 36 | 吃藥時間過於複雜 | 81 | 疾病與就醫知識不正確 |
| 37 | 可選用單一成分藥，不需用到複方藥 | 82 | 自我照護技巧/生活型態不佳 |
| 38 | 從前用此處方藥品療效不彰 | 83 | 使用 OTC 藥/保健食品/中草藥知識不正確 |
| 39 | 不符合此適應症 | 84 | 不了解處方用藥的應注意事項 |
| | | | |
| ◇ **藥品在體內的量可能不足** | | ◇ **服藥配合度差** | |
| 41 | 劑量過低，或血中濃度不夠 | 91 | 幾種用藥給藥時間太複雜 |
| 42 | 給藥間隔太長 | 92 | 服藥觀念不正確 |
| 43 | 治療期間不足 | 93 | 不瞭解正確用藥時間或劑量 |
| 44 | 因交互作用造成劑量降低 | 94 | 常忘記服藥 |
| 45 | 給藥方式造成藥量進入體內太少 | 95 | 無法吞下或給藥 |
| 46 | 選用藥品廠牌不恰當 | 96 | 應做自我生理監測 |
| | | 97 | 藥品儲存方式不適當 |
| ◇ **藥品在體內的量可能過高** | | 98 | 不瞭解劑型操作方法 |
| 51 | 劑量過高 | | |
| 52 | 給藥間隔太短 | ◇ **其他** | |
| 53 | 治療期間過長 | 01 | 對醫師：沒有藥物治療，但針對疾病控制或療效追蹤給醫師建議 |
| 54 | 因交互作用造成劑量過高 | 02 | 對其他專業進行轉介 |
| 55 | 病人肝腎功能不佳 | | |

〔資料8〕續

| 藥師建議醫師用藥之溝通內容（BB） | | | |
|---|---|---|---|
| 11 | 建議開始用某藥 | 17 | 建議改變治療期限 |
| 12 | 建議停用某藥 | 18 | 建議改變劑型 |
| 13 | 建議換用另一種藥品 | 19 | 建議更改給藥時間/用藥方法 |
| 14 | 建議改變劑量 | 21 | 建議以 BA/BE 學名藥替代 |
| 15 | 建議更改藥品數量(總量) | 22 | 向原處方醫師確認 |
| 16 | 建議改變用藥間隔 | 23 | 建議生化、血液或療效監測 |
| 醫師回應結果（CC） | | | |
| 11 | 醫師增加藥品來治療 | 19 | 更改給藥時間 |
| 12 | 停用某藥 | 21 | 經討論維持原處方 |
| 13 | 換用另一種藥品 | 22 | 以 BA/BE 學名藥替代 |
| 14 | 更改劑量 | 23 | 醫師接受藥師意見做適當檢查/處置 |
| 15 | 更改藥品數量 | 24 | 醫師採用非藥品療法 |
| 16 | 更改用藥間隔/頻率 | 25 | 醫師沒接受意見，問題沒有解決 |
| 17 | 更改治療期限 | 26 | 健保署不給付 |
| 18 | 更改劑型 | 27 | 醫師已逾一個月未回應 |
| 與病人溝通內容（BB 碼） | | | |
| 51 | 疾病與就醫知識/對就醫看門診之建議 | 58 | 自我照護技巧/對生活形態之建議 |
| 52 | 用藥知識（藥名/作用/劑量/用法/用藥時間須知/警語/保存/常見副作用） | 59 | 認識開始或改變藥物治療的時機 |
| 53 | 用藥技巧 | 61 | 疾病突發時的處理步驟 |
| 54 | 對忘記服藥之處理 | 62 | 需要去門診/急診室治療的狀況 |
| 55 | 對同時使用 OTC 藥/食物/保健食品之建議 | 63 | 認識疾病長期控制不佳的狀況 |
| 56 | 促進健康/預防疾病措施 | 64 | 如何避免過敏原與刺激物 |
| 57 | 提供用藥教育資料 | | |
| 病人回應結果（CC 碼） | | | |
| 51 | 減少門診就診次數/疾病或就醫知識較正確 | 61 | 仍經常去門診，沒減少就診次數/疾病或就醫知識未有改進 |
| 52 | 較依指示時間服用藥品 | 62 | 仍不按指示時間服用藥品 |
| 53 | 給藥技巧更正確 | 63 | 給藥技巧仍不正確 |
| 54 | 較不會忘記服藥 | 64 | 仍較會忘記服藥 |
| 55 | 較正確使用 OTC 藥/保健食品 | 65 | 仍不正確使用 OTC 藥/保健食品 |
| 56 | 會使用促進健康/預防疾病措施 | 66 | 仍不會使用促進健康/預防疾病措施 |
| 57 | 具有較正確用藥知識 | 67 | 仍沒有正確用藥知識 |
| 58 | 使用較正確生活形態/自我照護 | 68 | 仍未改善生活形態/自我照護 |
| 59 | 能依醫囑正確用藥 | 69 | 仍不能依醫囑正確用藥 |

〔資料9〕

# 藥師與長期照護住宿式機構聯繫單

編號：

| 訪視日期： 　年　　　月　　　日　　　時　　　分至　　　時　　　分 |
|---|

訪視內容：

☐藥品安全管理及給藥流程稽核　　　☐藥物治療評估

☐參與會診與個案討論　　　　　　　☐提供機構人員用藥安全在職教育

☐其他

訪視結果：

1.共訪視_____人

　床號/姓名：

2.護理站藥品管理建議單：_____人；_____張

　床號/姓名：

3.藥物治療問題建議表：_____人；_____張

　床號/姓名：

4.其他：_____

藥師簽章：　　　　　　　　　　　填寫日期：　年　　月　　日

## 機構回覆欄

回覆單位或負責人簽章：　　　　　　填寫日期：　年　　月　　日

〔資料10〕作業流程圖

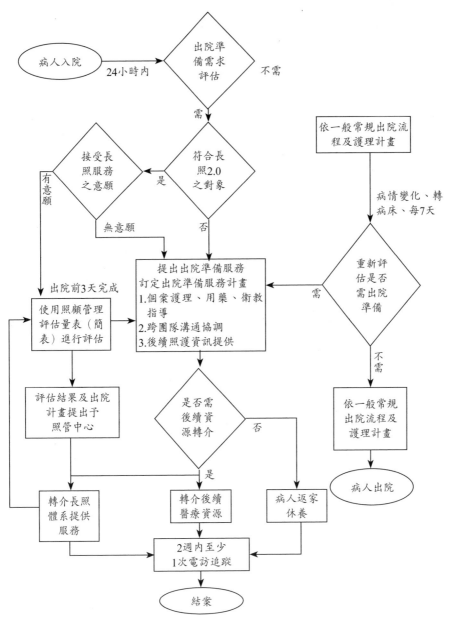

（From：全民健康保險醫療服務給付項目及支付標準「02025B出院準備及追蹤管理費」作業規範）

〔資料11〕

* 「全民健康保險醫療服務給付項目及支付標準」第五部第一章居家照護之收案條件：

收案對象需符合下列各項條件：

(一) 病人只能維持有限之自我照顧能力，即清醒時，百分之五十以上活動限制在床上或椅子上。

(二) 有明確之醫療與護理服務項目需要服務者。

(三) 罹患慢性病需長期護理之病人，或出院後需繼續護理之病人。

* 「全民健康保險呼吸器依賴患者整合性照護前瞻性支付方式計畫」：

必須符合下列(一)或(二)項條件：(一)呼吸器依賴患者，係指連續使用呼吸器21天（含）以上，呼吸器使用中斷時間未符合脫離呼吸器成功之定義者，皆視為連續使用。其使用呼吸器之處置項目需為57001B（侵襲性呼吸輔助器使用）、57002B（負壓呼吸輔助器使用）或57023B（非侵襲性陽壓呼吸治療，如Nasal PAP、CPAP、BiPAP），惟使用57023B之呼吸器依賴患者，必須由加護病房或亞急性呼吸照護病房使用57001B或57002B後，因病情好轉，改用57023B之呼吸器依賴患者。(二)經醫師診斷為肌萎縮性脊髓側索硬化症（ALS, Amyotrophic Lateral Sclerosis：ICD-10-CM：G12.21）、先天性肌肉萎縮症（Congenital Muscular Dystrophy：ICD-10-CM：G71.2、G71.0）或脊髓肌肉萎縮症（Spinal muscular atrophy。ICD-10-CM：G12.9），且領有重大傷病證明並符合附表9.5之收案標準者。病患經專業審查同意收案後，每年評估1次，3年以後除有特殊理由，原則不再評估。

* 「全民健康保險醫療服務給付項目及支付標準」第五部第三章安寧居家療護之收案條件：

(一) 符合安寧緩和醫療條例，得接受安寧緩和醫療照護之末期病人（必要條件）。

(二) 癌症末期病患：

　　1. 確定病患對各種治癒性治療效果不佳（必要條件）。

　　2. 居家照護無法提供進一步之症狀改善而轉介時。

　　3. 病情急遽轉變造成病人極大不適時，如：

　　　　(1) 高血鈣（hypercalcinemia）

　　　　(2) 脊髓壓迫（spinal cord compression）

(3) 急性疼痛（acute pain）

(4) 嚴重呼吸困難（dyspnea severe）

(5) 惡性腸阻塞（malignant bowel obstruction）

(6) 出血（bleeding）

(7) 腫瘤（塊）潰瘍（ulcerated mass，如breast cancer，buccal cancer）

(8) 嚴重嘔吐（vomiting severe）

(9) 發燒，疑似感染（fever r/o infection）

(10) 癲癇發作（seizure）

(11) 急性瞻妄（delirium，acute）

(12) 急性精神壓力，如自殺意圖（acute psychological distress，suicide attempt）

(三) 末期運動神經元病患：

1. 末期運動神經元病患，不接受呼吸器處理，主要症狀有直接相關及／或間接相關症狀者。

(1) 直接相關症狀：虛弱及萎縮、肌肉痙攣、吞嚥困難、呼吸困難。

(2) 間接相關症狀：睡眠障礙、便秘、流口水、心理或靈性困擾、分泌物及黏稠物、低效型通氣不足、疼痛。

2. 末期運動神經元患者，雖使用呼吸器，但已呈現瀕臨死亡徵象者。

(四) 主要診斷為下列疾病，且已進入末期狀態者：

1. 老年期及初老期器質性精神病態

2. 其他腦變質

3. 心臟衰竭

4. 慢性氣道阻塞，他處未歸類者

5. 肺部其他疾病

6. 慢性肝病及肝硬化

7. 急性腎衰竭，未明示者

8. 慢性腎衰竭及腎衰竭，未明示者

(五) 經醫師診斷或轉介之末期狀態病患，其病情不需住院治療，但仍需安寧居家療護者。

(六) 病人之自我照顧能力及活動狀況需符合ECOG scale（Eastern Cooperative Oncology Group Scale）2級以上（對照Patient Staging Scales，PS，Karnofsky：50-60）。

## 參考資料

1. 衛福部長照專區https://1966.gov.tw/LTC/mp-201.html
2. 長照服務法
3. 長期照護規劃（含長期照護服務法介紹）（蔡闇闇）衛生福利部護理及健康照護司（2015.10.07）
4. 長期照顧服務人員訓練認證繼續教育及登錄辦法
5. 長期照顧專門職業技術人員專業課程Level II 課程表
6. 長期照顧專門職業技術人員專業課程Level III 課程表
7. 衛生福利部108年度「長期照顧醫事人員暨照顧管理人員專業課程繼續教育訓練計畫」申請補助作業規定
8. 長照專業服務手冊（107.11.06）
9. 全民健康保險出院準備及追蹤管理費作業規範
10. 全民健康保險居家醫療照護整合計畫（1080530修）
11. 居家失能個案家庭醫師照護方案詳細流程圖（1080716修）
12. 「藥事居家照護」藥師之遴選過程（1060119）
13. 長期照護機構藥事服務之標準作業流程（1040331、1080306）
14. Pharmacotherapy：A Pathophysiologic Approach, 10e
15. 薬剤師のためのうぐに始められる！在宅訪問ガイドブック株式会社望星薬局在宅業務支援課

# 第四章　身體評估

楊尚恩

## 一、外觀變化的檢視

很多人可能沒有參與居家醫療照護，會覺得身體評估好像蠻困難的，但在這裡，我們來告訴您如何開始進行。

## (一) 臉部

每天看通常很難發現臉部的變化，而藥師每週一次或兩週一次的訪視，可能更可以發現其變化，初次訪視也可做爲之後比較的基準，因此初次訪視時的觀察與聆聽是很重要的。

> **小知識**
>
> 　　我們可以透過外觀（如穿著、髮型、化妝）的變化來了解。例如，一個注重外觀的人對此不再重視，這也許會是評估失智症的方式之一，但仍應先與基準做比較。

**觀察要點**

### 1. 臉部表情
觀察個案在與他人互動時或休息時的表情。
(1) 沒有表情：懷疑可能神經疾病如帕金森氏症、或精神相關疾病。
(2) 眼神接觸減少：可能是焦慮、恐懼或傷心。

### 2. 膚色
(1) 色素沉著：懷疑因腎上腺功能異常引起的艾迪森氏症、因癌症引起的惡病質。

(2) 發紅：注意是否有發炎或感染的徵狀。

(3) 黃疸：肝炎、肝硬化、膽管癌、溶血性貧血。

(4) 蒼白：懷疑貧血、休克。

(5) 發紺：因血氧濃度降低，皮膚和粘膜成藍紫色。

## 3. 眼睛

(1) 眼瞼下垂：上眼瞼的高度比黑色瞳仁（角膜）的上緣低於1.5mm以上，（圖一），可能與年紀、神經麻痺（第三對腦神經）、重症肌無力相關。

(2) 眼瞼結膜：整體顏色蒼白，可能與貧血有關（圖二）。

(3) 眼球突出：可能與甲狀腺功能亢進有關。

(4) 眼球結膜：眼白的地方，若整體呈黃色，可能與藥物有關、或因肝膽疾病使膽汁淤積、或血液相關疾病。

圖一　眼瞼下垂

（From: https://www.careonline.com.tw/2018/01/ Myasthenia-gravis.html）

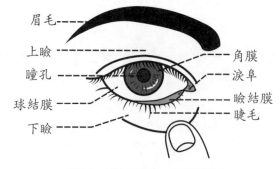

圖二　眼瞼結膜、眼球結膜

（From: https://kknews.cc/health/2k3gjay.html）

## (二) 指甲

指甲通常可顯示營養狀況和周邊循環，透過觀察指甲顏色、形狀、厚度、表面凹陷、坑洞和凸起、周圍是否發紅及腫脹等得知。

若指甲表面有水平線，表示在某段時間可能營養不足，縱向線可能隨著年紀而出現，屬於正常的變化。此外，若指甲厚度較薄，則可能與飲食相關的貧血或周邊循環有關。

## 觀察要點

### 1.與全身性疾病相關的指甲異常：

(1) 湯匙狀指甲：指甲中間凹陷（圖三），有些是先天性的，但有些缺鐵性貧血者也會發現。

(2) 甲床剝離：指甲板與指甲床分離。有些可能因念珠菌感染或化學物質引起，但也可能發生在甲狀腺功能亢進、糖尿病、缺鐵性貧血和紅斑性狼瘡者。

### 2.指甲相關疾病

(1) 灰指甲：指甲被黴菌感染，主要為皮癬菌。指甲顏色混濁從白色變為黃色，即使指甲變厚但也變脆。

(2) 念珠菌甲癬：因念珠菌引起的感染，使指甲變厚、變脆、變形，也容易塌陷。這和灰指甲有時很難鑑別，也常被誤以為是灰指甲，因此建議還是找專科醫師評估。

(3) 崁甲：指甲長進甲溝組織，通常是因不合腳的鞋子或者指甲修剪太短造成。指甲周圍出現發炎、疼痛和腫脹。

(4) 黑色素瘤：指甲上剛開始先出現黑線，接著整個指甲變黑且變形（圖四），此時請儘快找專科醫師評估。

指甲出現濃淡粗細不同的黑線　指甲整個黑　正常指甲　杵狀指

指甲中間突起呈圓弧狀。（圖為兩手拇指背對背。）

圖三　湯匙狀指甲　　圖四　黑色素瘤　　圖五　杵狀指

（From: https://reurl.cc/nO1678）

### 3.指尖的變化

杵狀指：指骨遠端呈圓狀狀，指甲板較凸起，介於指甲板與近端指甲褶的角度增加到180度以上（圖五）。造成的原因包含：某些先天性心臟病、肺癌所造成的慢性低血氧與肝硬化。

---

**小知識**

腳指甲的檢查通常會被忽略，因此在家也應一併檢查。

---

# 二、生命徵象的基礎知識

提到生命徵象及身體評估，大部分的人都會認為是由醫師和護理師來執行，但藥師應該也要具有基本的評估能力。

藥師評估生命徵象的重要性在於，從藥理學的角度確認藥物是否有效、以及是否有副作用產生，因此，目的是不同於醫師和護理師的。對於參與居家照護的藥師來說，這是作為居家醫療團隊成員中必須要有的能力。

本章節將介紹生命徵象的基礎知識和身體評估。

## (一)脈搏

隨著心臟的搏動，動脈血管壁產生壓力的變化，您可以從體表感受到這個搏動，稱之為脈搏。透過檢查脈搏速率和節律，您可以了解藥物的效果和副作用。

### 1.評估

表一為脈搏速率的參考值，但是這是經由觸診的方式測得，因此，當懷疑心律不整或有異常時，還是需要做心電圖才能更準確的判斷。脈搏速率的增加和生活習慣（如運動、進食）有關，其他像是脫水、躁動、貧血、甲狀腺功能亢進等，也可能使脈搏速率增加。運動員、甲狀腺功能低下和使用乙型交感神經阻斷劑（β-blocker）者，則可能使脈搏速率降低。

表一　脈搏速率

| 正常脈搏速率 |
| --- |
| 　嬰兒80～120下／分 |
| 　成人60～100下／分 |
| 心跳過快：>100下／分 |
| 心跳過慢：<60下／分 |

　　脈搏速率的控制目標可能依每個人的疾病與狀態而有所不同，請向您的醫師詢問理想的速率控制目標。

## 2. 量測方法

　　應該先經過充分休息、並以放鬆的姿勢進行量測，若是運動後、一直走來走去或剛洗澡完，應避免立刻量測。有幾個部位可以進行脈搏量測，但最容易測量的搏動點是在腕關節下方（拇指根部）（圖六）。比較簡單的方法，是找一個舒適的位置坐下，休息幾分鐘穩定後再開始測量。將食指、中指和無名指與腕骨動脈對齊，輕輕按壓在上並計算脈搏速率（圖七）。測量時間可以是每次計時15秒重複4次、或計時30秒重複2次，有時我們也需要測量左右側，看是否有差異。如果是心律不整的病患，應該要測量60秒。

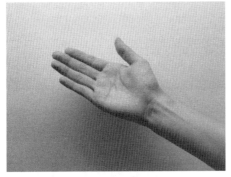

圖六　橈動脈的測量位置

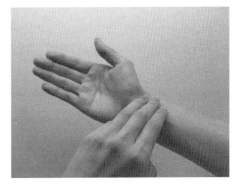

圖七　測量方法

> **小知識**
>
> 　　只要了解這個方法，即使手邊沒有任何測量儀器，也可以隨時隨地的測量脈搏，且橈動脈的測量簡單又容易學習。如果正在服用抗心律不整藥物、強心劑、降血壓藥、血管擴張劑、茶鹼等，也請檢查是否有藥物相關的副作用。量測過程中儘量不要移動或晃動。

# (二) 血壓

　　血壓是指心臟將血液經由血管運送到身體各部分，血液對血管壁所產生的壓力稱為血壓。心臟收縮將血液打出去時的血壓稱為「收縮壓（通常是較高的那一個數值）」，心臟擴張時的血壓稱為「舒張壓（通常是較低的那一個數值）」。透過血壓的量測，除了可以了解自己血壓的變化，也可以了解用藥的效果。

## 1.評估

　　中華民國心臟學會（TSOC）2022年發表的高血壓治療指引中提及，居家血壓量測方式，依循「722原則」，連續7天量血壓、早晚量2次、每次量測2次取平均值。高血壓的定義與分期可參考表二，血壓目標可參考表三。要特別注意的是，每個人的身體狀態與疾病控制情形不同，請再與您的醫師討論適合您的血壓控制目標。

表二　成人血壓數值參考（ESC 2018）

| 分類 | 收縮壓（mmHg） | | 舒張壓（mmHg） |
|---|---|---|---|
| 正常值 | < 120 | and | < 80 |
| 血壓較高 | 120-129 | and | < 80 |
| 高血壓 | | | |
| 　一級高血壓 | 130-139 | or | 80-89 |
| 　二級高血壓 | ≧ 140 | or | ≧ 90 |

表三　血壓控制目標

| 病人條件/狀況 | 居家血壓目標 |
|---|---|
| 一般原則 | < 130/80 mmHg |
| 有動脈粥樣硬化心血管疾病或為高心血管風險者 | 在身體狀況能承受下，可評估降至 < 120mmHg |

## 2. 檢查工具

　　除了使用校正過的水銀血壓計、無液血壓計進行聽診，也可以使用校正過的電子血壓計。此處介紹了聽診器與血壓計（圖八）

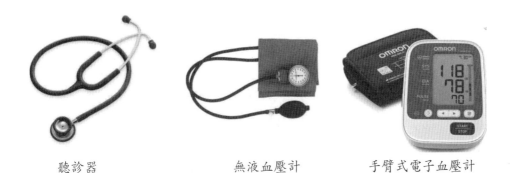

聽診器　　　　　　　　無液血壓計　　　　　手臂式電子血壓計

圖八　聽診器與血壓計

（左：https://www.rakuten.com.tw/shop/ecareshop/product/A1709/；中：https://reurl.cc/gM2kRz；右：http://www.ecom-ecom.tw/index.php?do=product&act=detail&id=1520）

## 3. 測量方法

(1) 量血壓之前儘量在安靜環境中靜坐5～10分鐘以上，且量血壓前的半小時內儘量不要喝茶、咖啡、可樂或吃起士、抽菸等。

(2) 將手臂平放在桌面上，將壓脈帶綁在上臂距手肘兩指的位置，掌心向上，臂帶中心點與心臟同高度，身體坐直（圖九）。

(3) 按下按鍵開始測量，量測過程中不交談。壓脈帶會漸漸加壓，自動量測血壓，待壓脈帶完全鬆開，並且在機器停止看到畫面顯示之血壓數值後，才可移除壓脈帶。

(4) 記錄下血壓量測時間與結果。

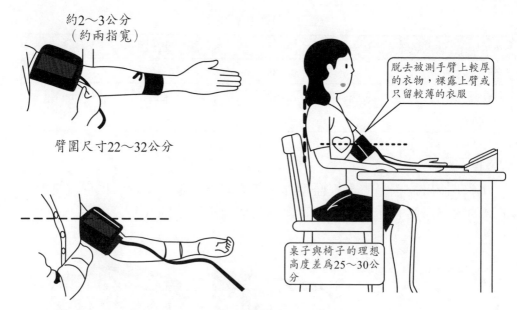

約2～3公分
（約兩指寬）

臂圍尺寸22～32公分

脫去被測手臂上較厚
的衣物，裸露上臂或
只留較薄的衣服

桌子與椅子的理想
高度差為25～30公
分

圖九　血壓量測方式說明

（From: http://m.familydoctor.com.cn/qxk/manual/50752/）

---

**小知識**

　　血壓過高時可能會對大腦、心臟、腎臟、大血管造成急性損害。通常當血壓超過180/120mmHg時，應盡快處理，有需要時就醫。以下藥物可能會引起高血壓，因此在評估處方時要注意：NSAIDs、含甘草製劑、glucocorticoid、cyclosporine、tacrolimus、erythropoietin、雌激素、三環／四環類抗憂鬱劑、MAO inhibitor、VEGF inhibitor藥物等。

---

## (三) 體溫

　　成人正常體溫為36～37℃，但一天內會有些微波動，如在清晨時略低，晚上略高，且可能會受到進食的影響。體溫的正常值也依個人及年齡而有變化。因此記錄體溫很重要，可以作為評估是否有感染以及判斷藥物的效果的方式之一。

## 1.評估

38℃以上的突然發燒或高燒可能與感染有關，應該詢問醫師。

發燒的型態可分為好幾種，舉以下三種為例。

(1) 滯留熱（continuous fever）：一整天內體溫都高於正常值，且波動不超過1℃，例如肺炎。可能為革蘭氏陰性菌造成之肺炎、傷寒等的特徵。

(2) 間歇熱（intermittent fever）：一整天內只有幾個小時發燒，這種發燒型態可能在肺結核、瘧疾、鉤端螺旋體感染看到。

(3) 弛張熱（remittent fever）：整天溫度都超過正常值，且一天內溫度的波動超過2℃，通常與感染性心內膜炎、立克次體感染有關。

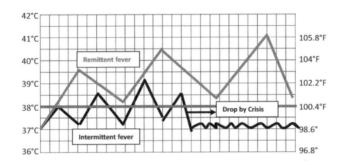

然而這些典型的發燒形態在臨床上其實很少被觀察到，主要是因為機構或家庭通常會備有退燒藥，或者就醫的警覺性與便利性。

## 2.量測方法

有各種方法可以測量體溫，如經由耳朵、嘴巴、非接觸紅外線體溫計、水銀以及電子體溫計，其中電子體溫計操作簡單也方便取得，是目前大部分居家使用的體溫計。在小兒的使用上，隨著年齡有不同的建議量測部位，而定義為發燒的溫度也不太一樣。圖十介紹了體溫量測的方法。

電子溫度計　　　　　　　　　　耳溫槍　　　　額溫槍

圖十　常用的體溫計

（左：https://reurl.cc/RXrnR6；中：https://reurl.cc/GExZgW；右：https://reurl.
cc/2mZMNv）

---

### 小知識

　　應避免在洗澡後、運動後、吃飯後，以及跑步回家後三十分鐘內量體溫，也記得應該擦乾汗水後再量，若有發燒，應該一天量兩次體溫（早上和晚上）並記錄之，用表格的方式可能較簡單。

---

### 3.體溫量測部位與參考值

　　不同體溫量測部位之參考值會有些微差異，而表面溫度如額溫，相較於核心溫度耳溫，較容易受到環境的影響，準確度較低。一般來說，口溫約37℃，清晨可能降至35.8℃，傍晚時可能提升至37.3℃。肛溫比口溫高約0.4～0.5℃，腋溫量測時間較長需五到十分鐘，約低於口溫1℃，通常被視為較不精確的測量部位。

　　測部位與發燒參考值，請參考下表：

| 測量部位 | | 口溫 | 耳溫 | 肛溫 | 額溫 | 腋溫 |
|---|---|---|---|---|---|---|
| 準確度 | | ★★★ | ★★★ | ★★★ | ★ | ★★ |
| 便利性 | | ★★★ | ★★★ | ★ | ★★★★ | ★★ |
| 發燒參考值 | | >37.5 | >38 | >38 | >37.5 | >37.2 |
| 適用性 | 可配合 | ✓ | ✓ | ✓ | ✓ | ✓ |
| | 無法配合 | | ✓ | | ✓ | |
| | 意識不清 | | ✓ | ✓ | ✓ | ✓ |

測量時也有一些要注意的事項：
- 額溫：額溫量測易受當下環境影響，且若測量前在運動，體溫可能略高，建議休息10～15分鐘之後再測量。
- 耳溫：耳道的結構隨著年齡有差異，三歲以上應將耳朵向上向後拉，三歲以下應將耳朵向後向下拉，請注意三個月以下的嬰幼兒不建議以耳溫作為量測方式。
- 口溫：測量前應避免進食、喝水抽菸等，可能會影響口腔溫度，進食後應待30分鐘再進行量測。
- 腋溫：不要放置如冰枕等可能干擾的物件，量測時請保時腋窩乾燥。
- 肛溫：量測期間請固定姿勢不亂動以避免受傷，應注意一個月以下嬰兒不建議量測肛溫。

# (四) 呼吸

　　呼吸是在肺部交換氧氣和二氧化碳之過程，交換通氣量平均每分鐘6～10公升，即使在靜止時，也會持續交換。觀察的重點為呼吸的速度、深度與規則性。

## 1.評估

(1) 呼吸次數參考值為，兒童約20～30次／分鐘，成人約14～20次／分鐘。
- 呼吸過快：比正常速率還要快，要考慮呼吸衰竭、發燒、肺炎、酸中毒。
- 呼吸過慢：比正常速率還要慢，要考慮是否有在使用安眠藥、腦壓上升。

(2) 應檢查呼吸模式及是否有任何異常。
- 陳施氏呼吸（Chenyne-Stokes breathing）：呼吸從淺慢接著逐漸加快加深，再從呼吸深快恢復成淺慢而至呼吸暫停，週期性的發生，一次約30秒，可能出現於心衰竭、尿毒症、腦損傷等患者。

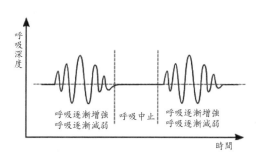

- 畢歐氏呼吸（Biot's breathing）：頻率與深度完全不規則，或者呼吸深度不變、規律呼吸間突然呼吸暫停，可能出現於發生在延髓的腦損傷者。

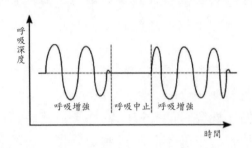

- 庫斯毛爾式呼吸（Kussmaul's breathing）：因代謝性酸中毒引起的深呼吸，可能快速、正常或緩慢。

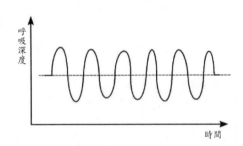

- 阻塞性呼吸（obstructive breathing）：正常吸氣、延長呼氣，以克服呼吸道阻力。可見於阻塞性肺疾病，如慢性阻塞性肺病。

（From: https://upload.wikimedia.org/wikipedia/commons/8/88/Breathing_abnormalities.svg）

(3) 若覺得個案呼吸困難，試著調整個案的姿勢，使呼吸較不費力。
- 起坐位：當上半身坐起且往前彎時，會改善（慢性阻塞性肺疾病）。
- 坐位／半坐位：當上身起來時會改善（充血性心衰竭、肺水腫）。
- 側臥：當患側朝下時會改善（肋膜積液）。

## 2.測量方法

測量1分鐘內的呼吸時，將前30秒的呼吸次數，乘以兩倍即為一分鐘

的呼吸次數，後30秒則觀察呼吸的節奏，也別忘記觀察呼吸時的姿勢與形態。

---

**小知識**

如果您正遇到呼吸不順的問題，請諮詢您的醫師或護理師。

---

# (五) 血氧飽和度（SpO₂）

在血液中由血紅素負責攜帶氧氣，因此血氧飽和度意指，在動脈血液中，血紅素攜帶氧氣的比率。當血紅素和氧氣結合時，能吸收較多紅外光（850～1000nm），未結合氧氣的紅血球則是吸收較多的紅光（600～750nm），利用不同吸收光譜的原理，可以來測量血氧飽和度變化。

## 1.評估

通常有肺部疾病者和老年人，即便在血氧飽和度90～95%時也不會覺得呼吸困難，可正常的生活，因他們已經慢慢適應缺氧的狀態。因此，正常的血氧飽和度參考值固然重要，但也應了解病患平時的狀態才可互相比較。

### 血氧飽和度標準值

通常95～100%為正常值，<95%可能為供氧不足，<90%時需注意是否有異常原因導致血氧變低。

## 2.需具備的器材

可以使用血氧機／血氧濃度計／脈搏血氧飽和度分析儀（Pulse oximetry）（圖十一），在測量脈搏的同時也測量血氧飽和度，根據功能、測量時間及準確度有不同的模式。

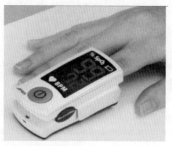

圖十一　手指式血氧飽和監測器

（左：https://goods.ruten.com.tw/item/show?21553537605394；右：https://reurl.cc/dW2zvM）

### 3.測量方式

　　將手指伸直平放，休息約一分鐘，如果正確顯示脈搏率，則可以開始進行測量，若手在測量過程中可能會搖晃，請將手放在桌子上並將其固定。若有塗抹深色指甲油，可能會使測量結果不準確。就像血壓數值一樣，一天中血氧可能會有些微波動，如果可以的話，儘量在相同的狀態下進行測量。

---

**小知識**

　　既然是利用血流進行手指式的血氧飽和度測量，當周邊血液循環較差時，可能會較難準確測量，在這樣的情況下，可透過將手指溫熱、按摩等方式改善血液循環，或者換測另一手指頭。

---

## (六) 意識

　　意識狀態的目標會依居家照護的疾病型態而不同，在藥物使用前後進行意識狀態評估，其變化可以做為是否產生藥物副作用的參考。

### 1.評估

　　意識的評估有多種量表，較常使用的為格拉斯哥昏迷指數，三個項目的分數加總，滿分15分，最低3分，分數越低越嚴重。

表四　格拉斯哥昏迷指數（Glasgow Coma Scale）

| 睜眼反應（Eye open, E） | |
|:---:|:---|
| 4 | 自動張開眼睛 |
| 3 | 有聲音時，會將眼睛張開 |
| 2 | 給予疼痛刺激才張開眼睛 |
| 1 | 給予疼痛刺激仍無睜眼反應 |
| 語言反應（Verbal response, V） | |
| 5 | 對人、時、地有清楚的定向感、說話有條理 |
| 4 | 對人、時、地無定向感，答非所問，混亂 |
| 3 | 說一些毫無意義的字語、單字、嗜睡 |
| 2 | 發出無法了解的聲音、喃喃自語 |
| 1 | 無語言反應（氣管插管、氣切及失語症的患者，其分數相當於1分） |
| 運動反應（Motor response, M） | |
| 6 | 可依指令動作 |
| 5 | 給予疼痛刺激時，能除去痛覺刺激源 |
| 4 | 疼痛刺激時，肢體會有多種閃避動作 |
| 3 | 疼痛刺激時，肢體會反射性彎曲 |
| 2 | 疼痛刺激時，肢體會反射性伸展 |
| 1 | 對任何疼痛刺激肢體均無動作反應 |

三個項目的分數加總，滿分15分，最低3分。

# 三、常見檢驗數值

　　臨床表現、檢驗數據與影像是診斷的基礎，其中檢查檢驗所涵蓋的範圍是很廣的，包含血液學、血清學、生化學、微生物學、核子醫學、細胞遺傳學等等。

　　以下我們列出常見的檢驗數值供參考，但仍請您以各檢驗所／醫療院所提供之檢驗報告為主，若對於檢驗結果有疑問，請與您的醫師討論。

| 肝臟功能檢查相關項目 | | | |
|---|---|---|---|
| 項目 | 中文名稱 | 參考數值 | 單位 |
| GOT | 麩胺酸草酸轉胺酶 | 8-38 | U/L |
| GPT | 丙酮酸轉胺酶 | 4-44 | U/L |
| T-Bilirubin | 總膽血素 | 0.2-1.2 | mg/dL |
| D-Bilirubin | 直接膽血素 | 0-0.4 | mg/dL |
| Total protein | 總蛋白 | 6.6-8.7 | g/dL |
| Albumin | 白蛋白 | 3.8-5.3 | g/dL |
| Globumin | 球蛋白 | 2.5-3.6 | g/dL |
| 腎臟功能檢查相關項目 | | | |
| Creatinine | 肌酐酸 | 0.6-1.3 | mg/dL |
| BUN | 尿素氮 | 6-20 | mg/dL |
| Uric acid | 尿酸 | 3.4-7.6 | mg/dL |
| 血液常規檢查 | | | |
| WBC | 白血球 | 男：3.59-9.64<br>女：3.04-8.54 | $*10^3$/ul |
| RBC | 紅血球 | 男：4-5.52<br>女：3.78-4.99 | $*10^6$/ul |
| Hb | 血色素 | 男：13.2-17.2<br>女：10.8-14.9 | g/dL |
| MCV | 平均紅血球體積 | 男：85.6-102.5<br>女：85-101 | fL |
| Platelet | 血小板 | 男：148-339<br>女：150-361 | $*10^3$/ul |
| PT | 凝血酶原時間 | 8-12 | Sec |
| APTT | 活化部分凝血酶時間 | 23.9-35.5 | Sec |

# 參考資料

1. 薬剤師のためのうぐに始められる！在宅訪問ガイドブック株式会社望星薬局在宅業務支援課

2. Bates' Guide to Physical Examination and History Taking 11th edition

3. Tzung-Dau Wang, et al; 2022 Guidelines of the Taiwan Society of Cardiology and the Taiwan Hypertension Society for the Management of Hypertension; Acta Cardiol Sin 2022; 38: 225-325

4. Dimie Ogoina, Fever, fever patterns and diseases called 'fever' — A review, Journal of Infection and Public Health (2011), 4, 108-124

5. Royal college of physicians and surgeons of Glasgow, web site: https://www.glasgowcomascale.org/who-we-are/; Glasgow Coma Scale

6. 衛生福利部食品藥物管理署安全週報，體溫量測大哉問

7. 健康的叮嚀：打破發燒的迷思，衛生福利部國民健康署

8. 貝氏身體檢查指引9th edition，合記圖書出版出版社

# 第五章　居家訪視評估

巫婷婷

## 一、家訪時該關注的焦點與問題

當我們在進行居家訪視時，應觀察個案的日常生活活動（Activity of Daily Living, ADL）是否有增加或是降低的情形，也應觀察有無藥物副作用發生。透過和接受居家照護的個案或與照護者的對話，我們可以運用藥師的五感（視覺、聽覺、嗅覺、觸覺和味覺）來收集他們使用藥物的相關資訊。如果判斷日常生活活動中問題的發生與藥物無關，請將這個狀況回報給主治醫師，並鼓勵個案進行諮詢。

本章總結當我們進行家訪時，該關注的5個焦點與問題，包括：「與飲食相關的主題」、「與睡眠相關的主題」、「與排泄相關的主題」、「與運動相關的主題」以及「與認知功能相關的主題」。

## (一) 與飲食相關的主題

*例句：「你有胃口嗎？」「你能吃得下食物嗎？」*

### 1.胃痛或胃酸分泌過多

(1) 疑似藥物副作用導致的：例如非類固醇消炎止痛劑（NSAIDS）、抗癌藥物、抗生素等。

(2) 疑似是原發疾病造成的：胃炎、胃癌、胃食道逆流，或是功能性消化不良因素引起的。

### 2.味覺異常情形

(1) 疑似藥物副作用導致的：很多藥品可能影響味覺感受，包括味覺靈敏度降低、味覺改變及味覺喪失等。若懷疑為藥物引起的味覺異常，通常需先評估用藥史。藥物引起的味覺異常在停用懷疑的藥物後通常可

緩解，但也可能在停藥後仍持續一段時間。某些藥物如抗生素、抗癲癇藥品、抗癌藥物，或長期慢性病控制用藥，如：降血壓藥物及糖尿病藥物等，皆不可隨意停藥以免影響病情控制，此時應與醫師討論調整藥物劑量或更換藥物，保障用藥安全。

(2) 疑似是原發疾病造成的：除了因老化或神經受損，造成味覺發生異常情形（如：喪失、減少、變化……等），味覺異常也有可能是身體其他疾患的警訊。會造成味覺異常的常見疾病包括糖尿病、甲狀腺低下、肝硬化、口腔乾燥症、長期胃食道逆流、慢性腎衰竭、阿茲海默症、帕金森氏症等。

造成味覺異常情形藥物整理

| 味覺障礙<br>（金屬味覺） | allopurinol、β-Lactam antibiotics、ethambutol、flurazepam、metronidazole、tetracycline |
|---|---|
| 味覺障礙<br>（苦味） | acetazolamide（改變血中電解質平衡）、propafenone |
| 味覺減退 | amiloride、cabamazepine、cisplatin（藥物破壞口腔的味覺感受器）、diltiazem、levodopa、nifedipine、sulfasalazine |

## 3. 飲食困難、口乾、假牙不合適

(1) 疑似藥物副作用導致的

- 口乾、吞嚥障礙：可能是抗膽鹼類藥物、抗憂鬱藥、抗焦慮藥、安眠藥、抗帕金森氏症藥、乙二型受體抑制劑（β2-agonist）、降血壓藥、抗心律不整藥、抗癲癇藥及多種抗過敏藥物等造成。
- 牙齦增厚：phenytoin、鈣離子通道阻斷劑、環孢菌素等。

(2) 疑似是原發疾病造成的

薛格連氏症候群（Sjögren's syndrome）、糖尿病、帕金森氏症、甲狀腺機能亢進、脫水、牙齦增厚、吞嚥障礙等。

## 名詞解釋

什麼是薛格連氏症候群（Sjögren's syndrome）？一般俗稱乾燥症候群，它是一種病因尚未完全明瞭的外分泌腺自體免疫疾病。疾病早期以口

腔乾燥症狀、乾眼症、外分泌腺腫大、關節病變……等症狀開始。晚期時，可能會侵犯外分泌腺以外的器官，包括：肺臟、腎臟，肝臟及血管等。

---

重點：與飲食相關的問題，讓我們來看看症狀的程度吧！

- 期間：從什麼時候開始？
- 頻率：次數和持續時間
- 口腔檢查：若有口臭、口渴的情形發生=>可安排牙醫進行居家訪查
- 是否因此有抑鬱的傾向呢？=>建議諮商

---

## (二) 與睡眠相關的主題

*例句：「你睡得好嗎？」*

### 1.檢查就寢時間和用藥時間

**(1)睡眠障礙：從服用安眠藥後上床入睡超過1小時嗎？（難入睡嗎？）**

因為短效睡眠誘導劑到達血中藥物最高濃度所需時間（Tmax）約為1小時，藥物半衰期（$T_\frac{1}{2}$）為2～3小時。所以若有這樣的情形發生，可以鼓勵個案在服藥後15～30分鐘內，就上床準備睡覺。

**(2)睡眠中途清醒：是因為睡覺時間太早了嗎？（容易醒嗎？）**

建議個案保持規律的生活作息，包括固定的日間活動及就寢時間，臥室適當的通風、溼度，周遭噪音的消除，都是良好睡眠的必要條件。養成良好的睡眠習慣，不只對睡眠有幫忙，亦是最好的養生之道。

**(3)深度睡眠障礙：總是淺眠又多夢嗎？**

隨著年紀的增加，身體處於深度睡眠的時間會自然減少，容易淺眠、多夢，因此只要受到外界一點干擾就很容易醒來，整夜的睡眠變得斷斷續續，讓人感覺好像都沒有真正睡著。

## 2.思考導致失眠的原因

### (1)生活習慣或環境因素造成的

　　菸、酒、使用非處方或非法藥物、重度咖啡因飲料、飲食習慣不佳（如：暴飲暴食、吃宵夜或重口味食物）、熬夜造成日夜作息不規律。或是因對睡眠環境較爲敏感，像噪音、光線、床鋪軟硬、房間氣味、溫度變化等刺激而睡不著。

### (2)疑似藥物副作用導致的

　　黃嘌呤藥物（xanthine）、乙醯膽鹼酯酶抑製劑（如donepezil）、多巴胺作用劑、中樞神經興奮劑、甲狀腺激素製劑、利尿劑等。

### (3)疑似是原發疾病造成的

　　腦部本身退化或疾病，有情緒困擾、焦慮或憂鬱症，睡眠呼吸中止症，不寧腿症候群等疾病導致。

### ✚ 名詞解釋

　　什麼是不寧腿症候群（restless leg syndrome）？這是一種合併感覺異常與不自主運動的神經學病病，病患常感到下肢會有奇怪的感覺，如：「癢癢的」、「麻麻的」、「很像腿裡面有東西在爬」，症狀可能一整天都有，但是大部分在夜間最爲嚴重，所以會讓患者無法入睡，或者即使睡了也會醒過來，嚴重影響生活品質。

---

**重點**

　　應對失眠症的第一步是找到並消除失眠的原因。除此之外，重要的是要找到一夜好眠的小訣竅。

- 保持就寢／起床時間不變：無論平日或週末如何，養成定時入睡和起床的習慣是很重要的。午間小憩目的是培養下午精神，而非用來補眠，建議午休1～2小時即可。

- 適度鍛鍊：適度的身體疲勞可以幫助入睡。

- 緩解壓力：可用音樂、閱讀、運動、旅行等方式紓壓，以免累積壓力。

- 避免飲酒：以酒精助眠的效果只能持續很短的時間，還會有減少深度睡

眠，提早醒來的可能。

- 創造舒適的睡眠環境：減少噪音及光線刺激，房間內溫度、氣味和床鋪的軟硬是否有造成不適都要注意。睡眠的最佳溫度約為20℃，溼度約為40～70%。

當訪視時遇到年長個案提出失眠的困擾時，要先詢問相關病史，可建議個案進行相關理學及生化檢查，一方面找出精神性或原發性失眠以外的原因進行治療，同時避免延誤可能惡化中疾病的治療時機，接下來則是檢視是否有失智、憂鬱、焦慮方面的身心疾患。這些個案除了失眠以外，往往還有其他生活上、情感上、人際功能上的重大困擾，因此專業醫療人員必須先釐清他們生理、心理和疾病及用藥史等狀況後，方能給予全面性的建議和治療計畫。

## (三) 與排泄相關的主題

*例句：「你每天都有排便嗎？」「排尿情形如何？」*

### 1.排便狀態確認

➢ 便秘

(1) 疑似是生活習慣造成的：飲水量、食物攝入量多少？是否有適度的活動量？

(2) 疑似是藥物副作用導致的：使用易導致便秘的精神藥物，如：抗膽鹼類藥物、抗帕金森氏症藥物、抗生素、抗癌藥、鴉片類藥物（包括可待因codeine）、鐵劑、抗癲癇藥等。

➢ 腹瀉和軟便

(1) 疑似是藥物副作用導致的：抗生素、抗菌劑、抗癌藥、抗憂鬱藥等。同時詢問個案或照護者最近是否有處方，或是有服用大劑量瀉藥，給藥頻率是否有任何問題？

## 2. 排尿狀態確認

➤ 排尿困難、尿滯留

(1) 疑似是生活習慣造成的：詢問個案平日有沒有適度攝入水分？

(2) 疑似是藥物副作用導致的：抗膽鹼類藥物（包括非處方藥物）、抗帕金森氏症藥物、鴉片類藥物、麻黃素等。

(3) 疑似是潛在疾病造成的：尿道狹窄、膀胱結石和良性攝護腺腫大等。

➤ 頻尿、尿失禁

(1) 疑似是藥物副作用導致的：中樞肌肉鬆弛劑、抗精神病藥物、乙醯膽鹼酯酶抑製劑、甲一型受體阻斷劑（$\alpha$1-blocker）等。

(2) 疑似是原發疾病造成的：是否有多尿（每日尿量，2.5～3L）、尿崩症、糖尿病、過度活動、慢性腎炎等症狀？

➤ 尿液變色

(1) 疑似是服用藥物造成的影響（以下提出幾種常見例子）：

黃色——維生素$B_2$、大黃

橘紅色——phenazopyridine、rifampicin

藍色——amitriptyline

黃綠色——flutamide

紅棕色——entacapone

黑褐色——鐵劑、levodopa

(2) 疑似是原發疾病造成的：橫紋肌溶解症、溶血性貧血等。

## 3. 排汗狀態確認

➤ 大量出汗

(1) 疑似是藥物副作用導致的：甲狀腺激素藥、抗憂鬱藥、膽鹼類藥物、LH-RH促進劑、抗帕金森病藥物等。

(2) 疑似是潛在的疾病造成的：疑似惡性綜合徵（除了出汗、震顫、意識障礙、心搏過速、發燒），檢查是否有低血糖、甲狀腺功能如何。

➤ 無汗症狀

(1) 疑似是藥物副作用造成的：檢查是否有用抗癲癇藥物，或是使用利尿劑造成的。

(2) 疑似是原發疾病造成的：是否有中暑（意識朦朧）還是脫水的狀態發生？

# (四) 與運動相關的主題

*例句：「生活中是否有任何困難，例如走路時會搖晃不穩？」*

## 1. 視力，視覺變化（模糊感、朦朧感）

(1) 疑似是藥物副作用導致的，以下舉例藥物及其可能引發的副作用：

抗結核藥（ethambutol）── 視力損害

羥氯奎寧（hydroxychloroquine）── 視網膜病變

滴眼液／抗癌劑藥物 ── 黃斑水腫

類固醇 ── 視網膜水腫

抗凝血藥物 ── 視網膜出血

(2) 疑似是原發疾病造成的：檢查是否有青光眼、眼底出血和白內障等症狀

## 2. 行走能力出現問題

(1) 疑似藥物的副作用造成的：抗高血壓藥物（可能造成姿勢性低血壓）、抗癲癇藥物、抗精神病藥物、抗癌藥物、鴉片類藥物、鎮靜安眠藥等。

(2) 疑似是原發疾病造成的：檢查個案是否有行走功能障礙或肌肉病變的情形發生。

## 3. 其他檢查日常生活活動（ADL）的要點

| 觀察時機 | 檢查要點 |
| --- | --- |
| 問候或對話時 | 回答：有無回應、意識是否清醒？譫妄？無力、知道正與之對話的訪談者是誰嗎？ |
| | 眼：白內障、眼球震顫、有無聚焦、眼睛有發紅充血嗎？ |
| | 耳：有聽到問題嗎？ |
| | 臉：表情如何？有笑意嗎？臉色如何？皮膚是否有乾燥粗糙感？ |
| | 唇：是否有脫皮乾燥粗糙情形？有口角炎嗎？ |
| | 口：有口乾、口臭、假牙不合、牙齦異常、口內炎的情形嗎？ |
| | 體：身體狀況好嗎？有體臭、尿臭味、糞便臭味、發汗或痙攣抽搐情形嗎？ |
| | 呼吸：有呼吸雜音、呼吸困難、咳嗽或乾咳情形嗎？ |

| 觀察時機 | 檢查要點 |
|---|---|
| 握手碰觸身體時 | 手指皮膚：是否發冷、發汗、乾燥、發熱、關節肌肉萎縮、麻木感或痙攣情形嗎？ |
| | 手掌：狀態及顏色如何？ |
| | 握力：有無左右手差異、無力或力量減退感？ |
| 步行移動時 | 步行：有小碎步、動作緩慢、麻木、步行障礙問題嗎？ |
| | 頭暈：有跌倒或運動障礙問題嗎？ |
| 進食時 | 飲食狀態：有無需要輔助、飲食內容為何（固態或流質食物）、營養攝取如何？ |
| | 吞嚥狀態：是否有吞嚥困難或其他問題？ |
| | 食慾及味覺感有問題嗎？ |
| | 進食時有無震顫？拿餐具（碗、筷子等）有問題嗎？ |

## (五) 與認知功能相關的主題

*檢查與個案的對話內容及其對家庭信息的認知能力是否下降。*

### 1. 應告知沒有認知問題的個案以下重點

(1) 吸菸、過量飲酒和過量攝入鹽分會刺激失智症的發作，所以建議改善生活方式。

(2) 解釋控制血壓、膽固醇和血糖的重要性。同時告知並解釋每天做適度的運動、參加當地聚會、與朋友交往、保持社交的重要性。

### 2. 若個案有疑似藥物引起的認知功能障礙問題

詢問最近是否加了新的藥物使用？如抗精神病藥、抗憂鬱藥、抗焦慮藥、鎮靜劑、安眠藥、利尿劑、抗心律不整藥、抗高血壓藥、止痛藥、抗過敏藥、抗病毒藥、抗癌藥、抗癲癇藥物、類固醇等。

## (六) 結語

隨著時代進步，藥師除了執行調劑業務外，也應走出藥局進行居家照護服務，期許藥師走出專業走入民間，打破民眾既往對藥師的印象，也更

能體會民眾的心情，更貼近民眾的需求。

# 參考資料

1.  杜彗寧、張家銘、周玟觀、葉鳳英。老年人之用藥問題：臺灣老年醫學暨老年學雜誌2017，12(1)，1-19

2.  The American Geriatrics Society 2012 Beers Criteria Update Expert Panel.American Geriatrics Society Updated Beers Criteria for Potentially Inappropriate Medication Use in Older Adults. J Am Geriatr Soc. 2012; 60(4): 616-631

3.  黃光華、葉玲玲、洪錦墩等：慢性病老年人潛在不適當用藥影響因素之研究。臺灣公共衛生雜誌2011；30(2)：180-190

4.  Chan DC, Hao YT, Wu SC: Characteristics of outpatient prescriptions for frail Taiwanese elders with longterm care needs. Pharmacoepidemiology and drug safety. 2009 Apr; 18(4): 327-34

5.  Steinman MA, Landefeld CS, Rosenthal GE, Berthenthal D, Sen  S, Kaboli PJ; Polypharmacy and prescribing quality in older people. J Am Geriatr Soc. 2006; 54(10):1516

6.  Fick DM, Cooper JW, Wade WE, Waller JL, Maclean JR, Beers MH. Updating the Beers criteria for potentially inappropriate medication use in older adults: results of a US consensus panel of experts. Arch Intern Med 2003;163:2716-24

7.  黃盈翔、盧豐華：老年人之用藥原則。臺灣醫學2003年7卷3期

# 第六章　常見疾病和治療

　　在本章節中，不僅收錄高齡者常見的疾病如：糖尿病、慢性阻塞性肺病、老人失智症、骨質疏鬆，還納入藥師很少接觸的疾病狀態和治療，如：造口、壓瘡、癌症疼痛等。

　　書中介紹有關疾病的基本知識與治療藥物，以及健保規範和相關輔具，還編寫了「名詞解釋」和「相關檢查」，這些名詞和檢查時常在跨領域團隊專業討論中出現，對藥師而言是有必要了解，也希望能幫助各位讀者。另外期待藥師在訪視前閱讀「藥師訪視時的要點」，幫助您與病人、家庭成員和其他專業領域者一起更有效率地解決問題。

## 一、糖尿病（Diabetes Mellitus, DM）

楊淑晴、吳璨宇

　　2006年12月聯合國通過國際糖尿病聯盟提出的「糖尿病決議案」（UN Resolution on Diabetes），宣告糖尿病為全球重大健康威脅。同時為了彰顯Frederick Banting醫師在1921年發現胰島素之偉大貢獻，以Banting醫師的生日11月14日訂為「聯合國世界糖尿病日」。

　　根據衛生福利部國民健康署統計，臺灣有超過200萬名糖尿病病人，盛行率以年齡分層來看，在65歲以上的盛行率最高（40%以上），提升幅度也最快（2005～2008年為24.7%，2013～2015年為29.9%），因此糖尿病在高齡者的防治與照護，刻不容緩。

### (一)疾病的基本知識

#### 1.診斷標準

　　符合以下任何一個條件，且要經再一次確認，即可診斷為糖尿病。
(1) 糖化血色素≧6.5%。
(2) 空腹8小時血糖≧126mg/dl。

(3)飯後2小時血糖≧200mg/dl。

(4)隨機血糖≧200mg/dl，加上有顯著的糖尿病症狀（多吃、多喝、多尿和體重減輕）。

---

**小知識**

　　糖尿病診斷和治療評估中，不可或缺的檢查值HbA1c，是1967年伊朗科學家和生理學家Samuel Rahbar博士，發現了糖尿病與HbA1C之間的關聯。

　　臨床上某些血液疾病，導致糖化血紅素升高，然而血糖值正常，此時稱之為Hb糖尿病（Hb Diabetes）。這時HbA1c無法反映病人血糖控制的情形，可改用糖化白蛋白（glycated albumin）檢查來代替。

---

## 2.分類

　　第1型糖尿病，胰臟無法分泌胰島素，需要胰島素來治療。

　　第2型糖尿病，胰島素分泌量減少或產生胰島素阻抗。可能由於遺傳、暴飲暴食、缺乏運動、肥胖、工作壓力和年老等因素發展而成。其他如甲狀腺功能亢進、慢性肝炎、胰臟炎、胰臟癌等，或因為使用類固醇，或其他疾病，使得血糖變高成為其他型糖尿病。

　　高齡者糖尿病，基本治療方針與年輕人相同。但隨著年齡增長，也要考慮身體和心智上的變化。

## 3.高齡者的血糖管理目標

　　中華民國糖尿病學會編著2022糖尿病臨床照護指引，參考美國糖尿病學會、老年醫學會、國際糖尿病聯盟與歐洲老年糖尿病工作小組所建議，根據健康與功能狀況、預期餘命等多面向，進行血糖目標設定，制定「高齡糖尿病患者之血糖控制目標」。

　　個人治療目標的設定包括年齡（＞65歲）、認知功能、基本的ADL、工具性的ADL、共病症多寡、是否罹患末期慢性病、是否為慢性照護機構住民，兼顧考慮家庭和社會支援體制等。它的制定詳細如下表：

### 高齡糖尿病患者之血糖控制目標

| | 正常 | 中等 | 差 |
|---|---|---|---|
| 高齡病人的特徵及健康狀態 | 1. 共病症少<br>2. 認知功能正常<br>3. 身體機能正常 | 1. 共病症 ≥ 3種<br>　或<br>2. 認知功能<br>　輕微至中等障礙<br>　或<br>3. 工具性<br>　日常功能障礙<br>　≥ 2種 | 1. 末期慢性病 ≥ 1種<br>　或<br>2. 慢性照護機構住民<br>　或<br>　認知功能<br>　中等至嚴重障礙<br>　或<br>3. 日常生活功能<br>　依賴 ≥ 2種 |
| 糖化血色素 | < 7～7.5% | < 8.0% | 不仰賴 HbA1c 為目標，避免產生低血糖或有症狀之高血糖 |
| 空腹或餐前血糖 | 80～130mg/dL | 90～150mg/dL | 100～180mg/dL |
| 睡前血糖 | 80～180mg/dL | 100～180mg/dL | 110～200mg/dL |
| 血壓 | < 140/90mmHg | < 140/90mmHg | < 150/90mmHg |

（參考自中華民國糖尿病學會，2022第2型糖尿病臨床照護指引）

註1：治療目標要考慮高齡者的認知功能（SPMSQ：簡易認知功能評估表；MMSE：簡易心智量表）、基本的日常生活功能（ADL：穿脱衣物、運動、洗澡、廁所使用等）、工具性日常生活功能（IADL, Instrumental Activities of Daily Living：購物、膳食準備、服藥管理、金錢管理等）、共病症的定義為同時患有需服用藥物或生活型態控制的慢性病（如高血壓、尿失禁、第3期以上慢性腎病、腦中風、癌症、鬱血性心衰竭、心肌梗塞、肺氣腫、跌倒、關節炎、憂鬱症等），末期慢性病的定義為可能會造成顯著症狀或身體功能障礙，並且預期壽命會明顯縮短（如需透析治療的慢性腎病、無法控制的轉移性癌症、第3-4期鬱血性心衰竭、需依賴氧氣的肺病等）。

註2：如果高齡者使用會造成嚴重低血糖的藥物：如Insulin、SU、Glinide等，隨著年齡的增長嚴重低血糖的風險會增加，要非常小心。

註3：有關糖尿病治療藥物的使用，請參閱中華民國糖尿病學會編輯的《2022第2型糖尿病臨床照護指引》，SGLT2 inhibitors 的仿單適應症更新頻繁，請務必依照開立當時仿單適應症為準。

使用藥物時，考量藥物禁忌症，應優先選用較少發生低血糖的藥物，如果是多種藥物的組合，密切注意副作用的產生和低血糖的風險。

### 4.高齡者糖尿病的特徵

• 取決於罹病時間，治療和生活方式不同，個體症狀差異有所不同。

• 年齡增加影響肝腎功能，由於腎臟功能降低，導致藥物排除功能變差和對某些藥物的敏感性增加，使藥物的不良反應風險上升。

• 高齡病人除了典型的低血糖症狀還有其他症狀，如認知障礙、憂鬱、瞻妄等，一旦病人認知功能下降可能會阻礙治療。

• 高齡者難以改變舊有的生活習慣。

• 生病往往會導致嚴重的低血糖，但也可能導致高血糖。

• 併發症增加（微血管病變、視網膜病變、周圍神經病變），但容易受到忽視。

• 糖尿病是失智、憂鬱、生活功能下降和骨折的危險因素。

• 運動療法需要考慮跌倒／骨折／併發症的情況，如果有心肺功能或膝關節損傷等，就要減少。

• 有必要根據病人的病情，設定個人治療藥物和目標。

5. 選擇第2型糖尿病藥物治療時需要考慮病人因素和藥物特異性

| 藥物分類 | 藥品 | 低血糖 | 體重變化 | ASCVD效果 | DKD惡化效果 | 腎臟給藥的建議 | 注意事項 |
|---|---|---|---|---|---|---|---|
| Biguanides | Metformin | 罕見 | 中性(稍下降) | 潛在有好處 | 不影響 | eGFR<30 禁止使用 | -腸胃道(腹瀉、噁心) -$B_{12}$缺乏風險 |
| SGLT-2抑制劑 | Canagliflozin Dapagliflozin Empagliflozin | 罕見 | 減重 | 好處: Canagliflozin Empagliflozin Dapagliflozin | 好處: Canagliflozin Empagliflozin Dapagliflozin | -Canagliflozin: eGFR<30 -Dapagliflozin: eGFR<25 不建議使用 - Empagliflozin: eGFR<30 禁止使用 | -生殖泌尿道感染 -糖尿病酮酸中毒 -脫水、低血壓 -截肢、骨折風險 (Canagliflozin) |
| GLP-1受體促進劑 | Dulaglutide Exenatide Exenatide XR Liraglutide Lixisenatide Semaglutide | 罕見 | 減重 | 部分有: Liraglutide Semaglutide Dulaglutide (建議使用) | 好處: Liraglutide | Exenatide: eGFR<30 禁止使用 | -常見腸胃道副作用(噁心、腹瀉) -甲狀腺C細胞腫瘤風險 -注射部位反應 |
| TZD | Pioglitazone Rosiglitazone | 罕見 | 增重 | 潛在有好處: Pioglitazone | 不影響 | 不需調整劑量 | -鬱血性心衰竭 -水腫、骨折風險 -膀胱癌 |
| DPP-4抑制劑 | Sitagliptin Saxagliptin Linagliptin Alogliptin | 罕見 | 中性 | 不影響 | 不影響 | 腎功能不佳可以使用，但需依據腎功能調整劑量 | -潛在急性胰臟炎風險 -關節疼痛 -心衰竭風險 (Saxagliptin) |
| AGI | Acarbose | 罕見 | 中性(稍下降) | 不影響 | 不影響 | eGFR<30 避免使用 | -腸胃道(腹脹、腹瀉、腹痛) |

| 藥物分類 | 藥品 | 低血糖 | 體重變化 | ASCVD效果 | DKD惡化效果 | 腎臟給藥的建議 | 注意事項 |
|---|---|---|---|---|---|---|---|
| Sulfonylureas (第2代) | Glyburide<br>Glipizide<br>Glimepiride | 會 | 增重 | 不影響 | 不影響 | Glyburide：不建議使用 | -低血糖<br>-體重增加 |
| Meglitinides (glinides) | Repaglinide<br>Nateglinide | 會 | 增重 | 不影響 | 不影響 | eGFR<30 保守使用以避免低血糖 | -低血糖<br>-體重增加 |
| 胰島素 | 速效：Lispro, Aspart, Glulisine, Inhaledinsulin<br>短效：Human Regular<br>中效：Human NPH<br>基礎胰島素：<br>Glargine, Detemir, Degludec<br>預混型製品：<br>NPH/Regular 70/30,<br>70/30 aspart mix,<br>75/25 lispro mix,<br>50/50 lispro mix | 會 | 增重 | 不影響 | 不影響 | 依據臨床反應調整劑量 | -低血糖<br>-體重增加<br>-注射部位反應 |

縮寫：AGI: Alpha-glucosidase inhibitors; TZD: Thiazolidinedione; DPP-4: dipeptidyl peptidase 4; SGLT-2: sodium-glucose cotransporter 2; GLP-1: glucagon-like peptide 1; ASCVD: atherosclerotic cardiovascular disease; DKD: diabetic kidney disease; eGFR: estimated glomerular filtration rate.

- 不建議合併的組合：SU和Glinide, DPP4和GLP1-RA, SU/Glinide和Rapid /Short acting Insulin, Two basal/intermediate insulins, Two rapid/short-acting insulins.
- 藥物選擇的考量應以病人為中心，考量項目包括對心血管、腎臟共病、既有腎病變、有效性、低血糖風險、對體重的影響、藥物價格、其他副作用和病人的偏好。
- 居於對器官的保護作用，有ASCVD或高風險指標、既有腎病變、心衰竭，心血管實證者建議使用SGLT-2i或GLP-1RA。
- 未達標的病人，可考慮早期合併藥物治療未延緩治療失敗的時間。
- 若觀察到病人有高血糖症狀、A1C >10%或血糖≥300mg/dL，應考慮早期使用胰島素。
- 每3～6個月應根據特定因素重新評估治療並評估藥物與病人服藥行為。

## 6.胰島素自我注射健保醫用材料

注射器：筆型胰島素　（SANOFI，賽諾菲）

胰島素（Eli Lilly，禮來）

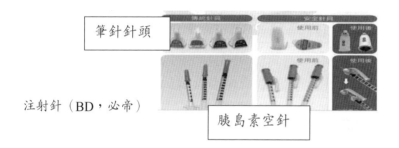

筆針針頭

注射針（BD，必帝）

胰島素空針

## 7.高齡者胰島素治療

　　自行注射胰島素治療，搭配持續的自我血糖監測（Self Monitoring of Blood Glucose, SMBG），是需要自我管理的治療方法。

(1) **注射胰島素要注意的地方**：包括注射部位是否錯誤（不可打在大腿內側、手臂上方肌肉、肚臍周圍），注射部位未確實輪替而產生硬塊和脂肪增生，病人外出旅遊自行停藥，或血糖正常就不打針，另外打針方法可能錯誤（旋轉注射鈕）。

(2) CSII（Continuous Subcutaneous Insulin Infusion；**連續皮下胰島素輸注**）為利用攜帶式泵持續皮下輸注胰島素，對於血糖控制困難或想要增加生活自由度時，CSII是非常有用的治療方法，使用者可以透過查看血糖波動數據，直接調整胰島素的劑量。但如果只想減少注射次數，但是做不到自我管理的高齡者並不適用。

(3) **對於使用胰島素注射的人提供輔助工具，有些商品有可能需要購買。**
　　放大鏡（賽諾菲）：幫助那些看不清楚單位顯示的人，有紅黃2種顏色。

皮塔特（pittosan，賽諾菲）：附在胰島素筆針上，有止滑功能，防止
胰島素筆針滾動，也能更容易握住。有2種形狀（星形和圓形）和5種
顏色，也可以用於識別胰島素類型。

自己管理筆記：記錄SMBG測量的血糖水平的筆記本。保持平常心，
　　　　　　　不要因為測得的血糖值高低起伏，影響心情。

### 8.訓練出能夠協助胰島素治療的幫手

平常是自我管理，一旦認知功能已經下降，胰島素注射或自我監測血
糖可能無法進行。除了病人，家庭需要考慮多訓練出能夠協助胰島素治療
的幫手。

### 9.跨領域專業的共同照護

高齡者如果獨自生活很難自我管理，或當藥物改變、自我注射變得困
難時，可以先諮詢個案管理師或居家護理師。考慮病人使用不便時，便可
向主治醫生提出建議更改處方。

因為胰島素注射是一種醫療處置，目前只允許醫師、護理師和家屬接
受正確使用的指導下執行。因此，照護員是無法介入的。

## (二) 藥師訪視時的要點

### 1.觀察服藥和剩餘藥物狀態，並思考如何管理

數數剩餘藥粒，根據剩餘天數和藥粒有無吻合，若無，要再三跟病人
確認多藥的原因。若個案無法吞藥，可以根據其身體狀況與生活模式，建
議醫師調整處方。

　　如何降血糖需要有正確的治療知識，但許多病人並沒有具備，如果他有意願，可以請醫師與病人討論治療方式，以符合他的生活模式，並傾聽醫學和治療以外的顧慮和關注，讓病人得到適當的治療。

## 2. 有關藥物，高齡病人和其家庭需要注意的地方

　　高齡糖尿病患者有時很難自我察覺副作用和低血糖症狀。

　　訪視時要多多傾聽病人，當病人抱怨增加的處方藥物時，應考慮是否爲藥物副作用或低血糖的緣故，並查看血糖測量結果和居家護理師的紀錄，聽取家人的意見和病人的狀態進行評估。若懷疑由藥物引起，應建議減少劑量或更改處方。

　　**雙胍類**（Biguanides）：Metformin是第2型糖尿病的第一線用藥，除非無法耐受或有禁忌症，應持續使用。容易造成腹瀉，$B_{12}$缺乏。對75歲以上的高齡者尤其謹慎，需定期檢查肝、腎功能。

　　**鈉-葡萄糖協同轉運蛋白2抑制劑**（SGLT2i）：又稱排糖藥，請病人要多喝水、勿憋尿、私密處的清潔要做好，高齡者有出現脫水症狀，必須謹慎。

　　**類升糖素肽-1受體促效劑**（GLP-1 RA）：新型針劑，減少高油食物避免噁心反胃，多吃蔬菜多喝水避免便秘。

　　**噻唑烷二酮類藥物**（TZD）：會增加心臟衰竭的風險。有心臟病史的病人不應使用，女性病人也會增加骨折風險。

　　**雙基胜肽酶-4抑制劑**（DPP4i）：與其他降血糖藥相比，比較不會有低血糖的副作用。Saxagliptin有心臟衰竭的風險，如果高齡者有心臟病史，應謹慎。

　　**醯尿素**（SU, Sulfonylurea）：這類藥品具有較高的低血糖風險。喝酒和合併服用aspirin會加強降血糖效果，高齡者使用可考慮減輕劑量或更換用其他藥物。

　　**胰島素**（Insulin）：當基礎劑量大於0.5 IU/kg、睡前－早晨或飯前－飯後血糖差距大、低血糖、血糖變異度高時，有發現以上情況需特別注意且進行個人化評估治療。

　　低血糖的症狀有哪些？該如何處理？應該讓病人和家屬知道。

### 3.填寫糖尿病健康管理表，在藥物指導時確認的項目要打"✓"

　　高齡糖尿病病人平日使用自已的管理筆記本記錄SMBG測量的血糖值，而本文的「糖尿病健康管理表」取材自「日本藥劑師會」，它的內容呈現家庭藥師的專業。除了記載每月的HbA1c、血糖值、血壓、膽固醇、BMI、體重等，還包含藥師的專業：服藥是否正確、藥品效期和保存是否正確、藥物間是否存在交互作用、新藥的副作用是否發生、藥師告知病人低血糖的臨床表徵和如何處理等。營養師可依個人算出每日所需的卡路里和飲食替代。護理師可以教導如何注射胰島素。

　　同時，考慮糖尿病併發症的發展，病人的視力可能減退，牙齒崩壞，在其他的欄位可提供眼科和牙醫師等專業醫療人員使用。此管理表具備跨領域團隊各專業協作工具，可黏貼醫療筆記本，方便病人攜帶以提供看診時供醫師參考。

### 糖尿病健康管理表

| | | | |
|---|---|---|---|
| 1. 您是糖尿病（1型／2型）類型 | （月／日） | | |
| 2. 到目前為止，您是如何服用藥物的？ | | | |
| 3. 您是否知道所用藥物的名稱及作用和保存方法？ | | | |
| 4. 您是否按規定的時間吃藥？<br>　　是否會正確組裝注射劑並按壓？ | | | |
| 5. 忘記服藥時，您知道怎麼做比較好？ | | | |
| 6. 您了解藥物要特別注意的副作用嗎？ | | | |
| 7. 您知道低血糖的表現嗎？<br>　　在低血糖的時候，您知道該怎麼辦？ | | | |
| 8. 您是否正在服用其他藥物？ | | | |
| 9. 您是否使用保健食品？ | | | |
| 10. 旅行、外出時，有帶糖尿病的藥物嗎？ | | | |
| 11. 您知道在發燒、感冒、腹瀉的情況下該如何用藥？ | | | |
| 12. 您知道以下檢查值嗎？<br>　　HbA1c、血糖值、自我監測血糖（SMBG）<br>　　體重、BMI、膽固醇、血壓 | | | |

| | | | |
|---|---|---|---|
| 13. 飲食要限制卡路里嗎？1日Kcal<br>　　您知道有食物代換表和治療性飲食？ | | | |
| 14. 您是否有在運動？ | | | |
| 15. 您有注意足部護理嗎？ | | | |
| 16. 您抽菸嗎？1日　支 | | | |
| 17. 您喝酒嗎？1日　ml、回／周 | | | |
| 18. 您是否關心口腔衛生？ | | | |
| 19. 其他 | | | |

\* 在藥物指導時確認的項目中註記"✓"或"✕"

## 4. 觀察胰島素注射的處理和管理狀態，確保使用上沒有問題

　　年齡增長、糖尿病視網膜病變等因素，而使視力下降，造成高齡者沒有辦法正確觀察到注射單位、藥物變色和沉澱物存在與否。此外，握力下降，會無法按壓注射器。為了確保正確注射胰島素，要定期觀察操作流程，確認使用上沒有問題。

　　注射後針頭的處理和丟棄方式有無危險也要進行確認。

　　務必請病人將使用過的針頭置入不易穿透之容器（如厚料硬質塑膠瓶、鮮奶瓶、洗衣精瓶、尖銳廢棄物收集筒，帶回醫療院所處理。

## 5. 檢查藥物是否會造成高血糖

　　常見高血糖症狀包含心跳及血壓上升、口乾、飢餓、頻尿等。臨床定義為血糖≥180mg/dL持續2小時以上。

　　藥物誘發高血糖的時間，可以在數小時內出現或幾週至幾個月，甚至服用藥物幾年後才誘發高血糖。大多數藥品導致的高血糖是可逆的，其恢復所需的時間取決於藥品種類。

| 藥物 | 作用機轉 | 處置建議 |
|---|---|---|
| 皮質類固醇<br>（Corticosteroids）：<br>又稱為類固醇糖尿病 | • 抑制胰島素敏感性和β細胞功能。<br>• 促進肝糖分解。 | • 高劑量皮質類固醇製劑，不論是口服、吸入、局部，皆會提升高血糖和糖尿病發病率，應早期和主動定期監測血糖。 |

| 藥物 | 作用機轉 | 處置建議 |
|---|---|---|
| 利尿劑<br>（Thiazide and Thiazide-Like Diuretic）：<br>Chlorthiazide Chlorthalidone Diazoxide Hydrochlorothiazide | • 惡化胰島素抗性，抑制葡萄糖的攝取和減少胰島素的分泌有關。<br>• 利尿劑誘導低鉀血症，血清鉀每降低0.5mEq/L，可增加45%新生糖尿病風險。 | • 適度補鉀或配合保鉀藥物（amiloride）。<br>• 高血壓治療如果無效，應該結合另一線抗高血壓藥物，而不是增加利尿劑的劑量，以減少thiazide相關的高血糖，一般建議使用低劑量12.5〜25mg hydrochlorothiazide，較不會影響及改變血糖數值。 |
| $\beta$受體阻斷劑（$\beta$-blockers）<br>Atenolol Metoprolol<br>Propanolol | • 減少胰島素分泌。 | • 要特別注意腹部肥胖的病人。<br>• 也可能加重低血糖。 |
| 第二代抗精神病藥Second-Generation Antipsychotics（SGAs）<br>「非典型抗精神病藥」<br>Most Risky: Clozapine Olanzapine<br>Intermediate: Paliperidone Quietiapine Risperidone<br>Least Risky: Aripiprazole Ziprasidone | • 透過多種機制促使體重增加。 | • 建議在開始使用SGA治療後12週監測空腹血糖，每年至少監測一次。<br>• 改用與糖尿病較無關的SGA（如Aripiprazole, Ziprasidone）。 |
| 鈣調神經磷酸酶抑制劑<br>Calcineurin Inhibitors (CNIs)<br>Cyclosporine Sirolimus<br>Tacrolimus | • 推測鈣調神經磷酸酶可能抑制胰島 $\beta$ 細胞的增加，引起高血糖。 | • 可以考慮減少或改變CNI治療，採用保留類固醇的免疫抑制療法。 |

| 藥物 | 作用機轉 | 處置建議 |
|---|---|---|
| 蛋白酶抑製劑<br>（Protease Inhibitors）<br>Atazanavir Darunavir<br>Fosamprenavir Indinavir<br>Nelfinavir Ritonivir<br>Saquinavir Tipranivir | • 降低胰島素敏感性。<br>• Ritonavir可能抑制GLUT-4的活性。 | |
| 抗生素（氟喹諾酮類）<br>（Fluoroquinolones）<br>Gatifloxacin (also associated with hypoglycemia)<br>Levofloxacin | • 尚不清楚。 | • 對糖尿病病人，避免使用gatifloxacin。 |

- 根據當前建議，患有新發或併發糖尿病的移植患者通常仍採用最有效的移植後藥物治療方案，以控制血糖。但是，可以考慮對免疫抑制方案進行修改，包括減少或拆分皮質類固醇劑量，減少或改變CNI治療以及考慮採用保留類固醇的免疫抑制療法。
- 近期研究發現，使用8～16週metformin證明可以預防或減輕與抗精神病藥物使用相關的體重增加和胰島素阻抗，劑量範圍爲每天750～2550mg，藥物耐受性相當好。
- 由於病人對治療的反應會有所不同，因此應由開處方者自行決定對血糖進行監測。

## 6. 檢查藥物是否會造成低血糖

　　低血糖，臨床上定義爲血清葡萄糖濃度低到足以引起症狀和跡象（通常是血糖濃度低於70 mg/dL）。根據嚴重程度，低血糖的症狀包括自主神經（autonomic）的症狀，如：手抖、心悸、情緒不安、冒冷汗及饑餓等；神經缺糖性（neuroglycopenic）的症狀，如：虛弱、視力模糊、認知功能障礙、嗜睡、意識混亂與行爲怪異等，嚴重時可致全身痙攣及昏迷。

　　使用胰島素或胰島素促泌劑（例如sulfonylureas (SUs)與meglitinides）治療是造成大部分低血糖事件的主因。然而，許多常見的非糖尿病用藥也會引起低血糖。隨著年齡增長、合併症和漸增的藥物，可能面臨藥物產生相互作用或逐漸累積不良反應（可能導致無症狀低血糖）

的風險增加。因此，醫療人員有必要徹查病患的用藥記錄，以下為常見造成或加重低血糖的非糖尿病用藥。

| 藥物 | 作用機轉 | 處置建議 |
|---|---|---|
| Alcohol/Ethanol 酒精／乙醇 | • 主要是抑制肝臟糖質新生，以及空腹喝酒時會減少食物攝取。<br>• 間接增加胰島素分泌。 | • 在空腹和酒精成癮者，使用insulin/SUs時低血糖的風險最高。<br>• 酒醉不易發覺低血糖，應適當警告病人不宜喝酒，須密切監測血糖值。 |
| Salicylates 水楊酸鹽 | • 增加胰島素分泌與對胰島素的敏感性。<br>• 取代SU與蛋白質結合，與抑制腎臟排泄。 | • 避免使用大劑量阿司匹林（如每天 4～7 g）。<br>• 避免與SUs並用。 |
| Quinolone (Fluoroquinolone) Antibiotics 諾酮類藥物 | • 其機轉尚不清楚，推測是阻斷胰島 $\beta$ 細胞中的鉀離子通道，間接引起低血糖。 | • 糖尿病患者禁止使用gatifloxacin。<br>• 糖尿病患者要謹慎使用其他喹諾酮類藥物（如ciprofloxacin, levofloxacin, and moxifloxacin）。 |
| ACE Inhibitors ACE抑製劑 | • 通過增加循環中的激肽（kinin）間接提高胰島素敏感性。<br>• 緩激肽（bradykinin）降低肝醣分解。 | • 一些報告指出使用ACE抑製劑相關的低血糖的發生率，但數據仍存在爭議。 |
| $\beta$ -blockers $\beta$ 受體阻滯劑 | • 減少腎上腺素調節，減少肝糖分解。<br>• 加重低血糖，並減少低血糖的症狀與恢復。 | • 非選擇性的propranolol相較atenolol及metoprolol更易引起低血糖。 |
| Pentamidine 翩大密丁 | • 誘發胰島細胞溶解，引起胰島素分泌增加。 | • 不再是治療與免疫抑制有關伺機性感染的一線用藥。 |

## 7. 檢查是否有併發症惡化跡象，與其他專家一起合作

| 併發症 | 說明 |
| --- | --- |
| 視網膜病變 | 當血糖值迅速提高時，有突然的視力減弱或浮動的黑影等現象。<br>第2型糖尿病病人，發病時就應該做第一次眼科檢查。 |
| 腎臟病 | 下肢水腫，尿尿有泡泡且沒有消失，尿量變化，血壓上升，蛋白尿，貧血疲倦等是腎臟病的徵兆。 |
| 周邊神經病變 | 詢問病人是否感覺腳麻／手麻、針刺感？腳像被螞蟻咬？有病人使用熱水浴或電毯灼傷或在低溫凍傷，也不會感到疼痛，必須小心。 |
| 牙齒病變 | 口臭，牙齒腫脹，牙齒搖動，是牙周病的徵兆<br>血糖長期控制不良，會影響牙科診治、傷口癒合……等問題。 |
| 足部病變 | 幫病人觀察他的腳趾、指甲的形狀、顏色，看膚色變化，是否有變形、乾裂以及感染、潰爛。就算是小傷口，也要立即處理。 |
| 大血管（心血管、腦血管）病變 | 無論腦中風或心肌梗塞，如果延遲發現，都有很嚴重的後果。<br>說話困難？胸悶，胸痛？手腳很難移動？半邊麻痺？<br>跟病人說明有出現這些徵兆時，要立即處理。 |

## 8. 健康樂活進行4：「量（量腰圍）、測（測血糖）、輕（選輕食）、動（多運動）」

了解運動和飲食狀態，提供適合個人的照顧。

規律運動會提升細胞對胰島素的敏感度，增強胰島素的效果，有機會增加體能和減少藥物劑量。如果可以的話，要鼓勵病人運動！

### • 運動建議

做哪一種運動有效？快步走、游泳、舉寶特瓶、拉彈力帶。如果可以，兩種運動互相搭配，效果會更好。

高齡者能走能動，飯後半小時「每日散步30分鐘」就是運動療法之一。30分鐘能走幾步？距離有多遠？假設「10分鐘=1000步」，1步=50cm，一天約可走3000步，距離約1.5km。通常使用計步器會延長步行距離，可以嘗試看看。

倘若一次不能走很長的時間，增加次數，總效果也相同。如果不能「每日散步30分鐘」，那「早晚15分鐘」、「10分鐘走3次」也是可以的。

視病人身體許可，盡可能大步走或走快一點，活動強度增加，能量消耗會增加，運動也會很有效率。每週至少運動5天。

- **飲食建議**

飲食主要在控制血糖和卡路里。

參考「食物代換表」選擇卡路里低的食物替換。

有6種超級食物深受美國糖尿病協會建議：豆類、深綠色葉菜類、番茄、堅果類、柑橘類、莓果類。

正確飲食習慣和營養均衡對病人而言是基本的。

製作菜單來計算卡路里需要花費時間，有時為糖尿病病人準備食物，充分利用便利商店的便當、食品或是利用「卡路里計算器」App、「食物拍照」App，控制每天飲食的卡路里總數，也是個好方法。

- **講究用餐的順序**

食物有六大類：水果類、全穀雜糧類、乳品類、蔬菜類、豆魚蛋肉類、油脂與堅果種子類，主要含醣食物是前三大類。

為讓血糖保持平穩，建議吃飯順序：**蔬菜→蛋白質→醣類**。

- **用餐心情要愉快**

神經胜肽Y（Neuropeptide Y, NPY），當我們生氣或是感受到壓力時，大腦釋出的NPY增加，會導致食慾增加，促使我們暴飲暴食，還會將吃進去的食物變成脂肪。時時保持好心情吃飯，也能使卡路里的控制不至於失控。

- **吃飯時間很重要**

人們常說「吃宵夜會變胖」是有根據的。有一種叫做BMAL-1（Brain and Muscle Arnt-Like protein 1）的荷爾蒙，存在細胞內可以將你的營養成分轉化為脂肪。它在夜晚10點到凌晨2點濃度最高，這時候吃東西會變胖。

身體分泌BMAL-1最低的時間是下午2點，想吃甜食就要選這個時候了。

如果在吃飯的時間下點功夫，控制體重會容易些。

## (三)醫療器械和健保醫療材料

對於使用胰島素自我注射的醫療，病人必須自行負擔胰島素幫浦及其

耗材，其他藥品材料，如胰島素製劑和其空針，新型筆型胰島素和其注射器針頭，和注射指導費用、藥事服務費等皆納入健保給付。

　　血糖自我監測裝置：血糖測定所有費用（測量儀器的購買，採血針、血糖試紙、酒精棉片等耗材），需由病人自費購買。

　　健保補助第1型糖尿病血糖試紙（120片／月），血糖機則由廠商提供。

　　而針對中低收入，部分縣市政府有血糖試紙和護足鞋費用的補助。

## 1. 自我測量血糖的醫療材料

---

### 小知識

**第一代水洗式血糖機**

　　1966年湯姆・克萊曼斯（Tom Clemens）發明了血糖儀，而第一台真正商業用的血糖儀——Dextrometer是由Ames公司於1979年推出的。這種檢測方法類似於Ph試紙；將病人一滴血滴在該試紙上，一分鐘之後洗掉血跡，拿比色卡進行對照比色，讀出數值。經過多年演變，整個血糖機的發展史，已經歷經五代，未來的無創血糖機（1.智能隱形眼鏡—透過淚液中的葡萄糖來測量血糖；2.Symphony血糖機應用了皮膚透析方式採集皮下組織液這一方法實現血糖的連續監測）可以造福針刺怕痛的病人。

---

- 血糖機原理：
  血糖機基於電化學技術，常用的方法有兩種：
  比色法——經血液中葡萄糖與試紙中酵素發生反應後試紙顏色改變，光學鏡頭去偵測反射後的光線，將訊號轉成血糖數值。
  電流法——血糖在試紙上與酵素發生反應時產生電子訊號，將訊號傳至偵測器轉換成血糖數值。
- 血糖機（儀）使用的器材：
  血糖自我監測裝置：選用ISO 15197國際認證標準的小型測量儀器。
  血糖試紙（傳感器）：試紙設置在血糖自我監測裝置上，需有防潮包裝。
  穿刺裝置（採血筆）：深度適中。

採血針：穿刺器具，刺在指腹旁邊或替代部位（AST如手掌或前臂），收集血糖測量所需的血液。

酒精棉片：消毒穿刺部位，務必待酒精揮發。

每個血糖自我監測儀器都有專用的血糖試紙（傳感器），銷售、使用時要注意。

**市售血糖機介紹：**（圖片來源：台灣基層糖尿病協會 蔡雅萍護理師）

| 機器名稱 | 智航 | 逸智 | 優勝 |
|---|---|---|---|
| 羅氏Acc-check | | | |
| 機器原理 | 電化學式 | 電化學式 | 電化學式 |
| 試紙原理<br>（化學成分） | 葡萄糖去氫酶 | 葡萄糖去氫酶 | 葡萄糖去氫酶 |
| 血量 | 0.6μL(0.0006 CC) | 0.6μL(0.0006 CC) | 0.6μL(0.0006 CC) |
| 測量時間 | ＜4秒鐘 | 5秒 | ＜4秒鐘 |
| 測量範圍 | 10～600 mg/dL | 10～600 mg/dL | 10～600 mg/dL |
| 機器名稱 | 越佳型 | 越捷型<br>利舒坦悠活萊 | 歐騰愛易測 |
| 亞培Abbot<br>輔理善越 | | | |
| 機器原理 | 電化學式 | 電化學式 | 電化學式 |
| 試紙原理<br>（化學成分） | 葡萄糖去氫酶 | 葡萄糖去氫酶 | 葡萄糖去氫酶 |
| 血量 | 0.6μL(0.0006 CC) | 0.3μL(0.0003 CC) | 0.6μL(0.0006 CC) |
| 測量時間 | 5秒 | 5秒 | 5秒鐘 |
| 測量範圍 | 20～500 mg/dL | 20～500 mg/dL | 20～500 mg/dL |

| 機器名稱 | 智優 | 穩澤易 | 倍易型 |
|---|---|---|---|
| 穩豪Onetouch（Johnson & Johnson） | | | |
| 機器原理 | 電化學式 | 電化學式 | 電化學式 |
| 試紙原理（化學成分） | 葡萄糖去氫酶 | 葡萄糖去氫酶 | 葡萄糖氧化酶 |
| 血量 | 0.4μL(0.0004 CC) | 1μL(0.001 CC) | 1μL(0.001 CC) |
| 測量時間 | 5秒1 | 5秒 | 5秒鐘 |
| 測量範圍 | 20～600 mg/dL | 20～600 mg/dL | 0～600 mg/dL |

- 科技進步，新型的藍牙式血糖機，利用藍牙無線傳輸血糖結果，不需藉由病人記錄，讓真實的數據呈現，也讓醫療團隊更能即時，精準的治療病人。
- 使用愛多尼爾EXTRANEAL腹膜透析洗腎的糖友選購時要特別注意試紙的酵素，避免選用GDH-PQQ（Glucose Dehydrogenase Pyrroloquinolinequinone）或葡萄糖染色劑氧化還原酶（glucose dye-oxidoreductase）試紙的機型，因為無法分辨出腹膜透析液（lcodextrin）代謝產物麥芽糖與血中的葡萄糖，可能誤判為高血糖或忽略低血糖的發生。
- 另外有關血糖機的比對：建議每3～6個月比對一次，空腹抽血時，採用靜脈血抽血結果與病人測的指尖血來做比對。

## (四) 名詞解釋

| 名詞 | 說明 |
|---|---|
| CDE（Certified Diabetese Educator） | 合格糖尿病衛教師。 |
| CGM（Continuous Glucose Monitoring） | 連續血糖監測儀。 |
| LADA（Latent Autoimmune Diabetes in Adults）成人潛伏性自體免疫糖尿病 | 又稱為第1.5型糖尿病。診斷特徵：成人時期發病（30歲以後），具有和胰島相關的自體抗體，至少6個月時間才會進展為胰島素依賴。 |

| 名詞 | 說明 |
|---|---|
| 梭莫基效應<br>（somogyi effect） | 接受胰島素治療，在凌晨3～4點間，發生低血糖現象，清晨7點產生反彈性高血糖。 |
| 黎明現象<br>（dawn phenomenon） | 接受胰島素治療，約凌晨3～4點，血糖迅速升高。 |
| 酒精性低血糖<br>（alcoholic hypoglycemia） | 空腹時，酒精負荷抑制肝臟的糖質新生，抑制肝糖分解，出現低血糖症狀。 |
| 碳水化合物的計算法<br>（carbohydrate counting） | 以碳水化合物的攝取量為重點的糖尿病飲食療法。 |
| 升糖指數<br>（glycemic index） | 葡萄糖攝取後，血糖上升率會達到100為基準，當消耗相同量的每種食物時，血糖的增加速率的數值表示。 |
| 強化胰島素治療 | 空腹血糖>11.1 mmol/L，HbA1c≧ 9%的初診第2型糖尿病病人可以考慮進行以胰島素注射的治療，沒有年齡的界限。 |
| SSI（Sliding Scale Insulin）<br>滑尺量度胰島素 | 根據病人的血糖值波動趨勢，相對應體重，調整必要的胰島素劑量。先自我血糖測量，根據該量表注射胰島素，適用於住院等異常情況。 |
| 基礎胰島素（basal insulin） | 模擬胰島素的基本分泌。 |
| 追加胰島素（bolus insulin） | 例如額外食物攝取，或面對突如其來的高血糖，需要追加胰島素。 |
| 無意識的低血糖症<br>（hypo-glycemi aunawareness） | 多次反覆低血糖引起的，自主神經刺激不再發出警示，處於低血糖狀態沒有症狀而不自覺。 |
| 配對血糖測試<br>（paired testing） | 比較用餐前、用餐後血糖值，兩者血糖值需控制在30～50 mg/dL，根據這個差異掌握日常飲食對自己血糖的影響，醫師也可依此調整藥物處方，以達到理想血糖控制目標。 |

# (五) 相關檢查

| 檢查項目 | 基準值（目標值） | 說明 |
|---|---|---|
| 空腹血糖值<br>（fasting blood glucose） | <100 mg/dL | 檢查當天沒吃早餐的狀態下，採集血液所測得的血糖濃度。 |
| HbA1c（NGSP）<br>糖化血色素 | <6.5% | 反映過去3個月的血糖控制情形。 |
| 糖化白蛋白<br>（Glycated Albumin, GA） | 10.7-17.1% | 反映過去2-4週的血糖控制情形。 |
| 尿糖<br>（urine sugar） | 陰性 | 從腎臟排出的尿液含糖量，在血糖大於180mg/dL就會被檢測到。 |
| 脫水葡萄糖醇<br>（1.5Anhydroglucitol, 1.5-AG） | 男性：15-45 ug/mL<br>女性：12-29 ug/mL | 出現尿糖時，血液中1.5- AG的數值會下降。 |
| 尿酮體<br>（urinary ketone body） | 陰性 | 糖尿病血糖控制狀況的指標。當胰島素缺乏時，糖分不能被利用，脂肪分解成酮體。 |
| 尿白蛋白與肌酸酐的比值<br>（urine ACR） | <30 mg/g：正常<br>30-300 mg/g：微量白蛋白尿<br>>300 mg/g：巨量白蛋白尿 | 識別可能因糖尿病併發症而發生的腎臟疾病。 |
| C肽<br>（C-Peptide） | 0.5ng/mL以下：胰島素依賴性存在狀態 | 胰島素分泌能力的指標。 |
| 胰島素抗性指數<br>（HOMA-IR index） | <1.6：正常<br>>2.5：胰島素抗性（+）<br>>4：胰島素抗性（++） | 評估胰島素阻抗。 |
| 1.5 Anhydroglucitol:<br>1.5-AG脫水葡萄糖醇 | 男性：15-45 ug/mL<br>女性：12-29 ug/mL | 出現尿糖時，血液中1.5-AG的數值會下降。 |

NGSP: National Glycohemoglobin Standardization Program-Glycated hemoglobin standardization

Urine ACR: Urine Albumin/Creatinine Ratio

HOMA-IR index: Homeostasis Model Assessment-Insulin Resistance index

---

**小知識**

喝咖啡也可以控制血糖嗎？

　　綠原酸（Chlorogenic Acid, CGA），由咖啡酸（caffeic acid）與奎尼酸（quinic acid）醯化而成，是咖啡中的多酚類，也是影響咖啡中果酸味道的主要成分。它具有抗氧化的效果，能減少細胞受到自由基的傷害。

　　綠原酸能延緩醣類吸收，也能降低肝糖的產生，對血糖控制有好處，只可惜易受熱分解。咖啡內的綠原酸含量，隨著烘焙溫度上升而減少。

　　一般咖啡豆的烘焙溫度超過200℃以上，幾乎沒有綠原酸存在。

---

## • 跟病人站在同一陣線

　　病人的家人和醫療人員常會監控病人行為並防止不必要行為。這種過度干預的行為，會造成病人與家人和醫療人員的關係緊張。

　　「你有沒有好好吃藥！」「你不要吃得太多！」「你偷喝奶茶喔？！」或是在用餐時，家人都會在病人夾菜時，用眼尾輕瞄，「再那樣吃的話，你的眼睛以後會看不到東西！你就要去洗腎，你知道嗎！」

　　不要成為生活中的「糖尿病警察」（diabetes police）！這樣會造成病人生活的壓力。醫療人員是協助者，不是監督者，要支持病人，跟病人建立友好關係。

　　「我跟你站在同一陣線」、「我們一起思考如何治療糖尿病」。

## • 糖尿病共同照護網 —— 免費照護資源

　　國民健康署成立糖尿病共同照護網（簡稱：糖尿病共照網），由專業的醫師、藥師、護理師、營養師所組成。希望藉由跨領域團隊的共同照護，協助病人控制血糖，並減少糖尿病併發症的發生與延長壽命，同時兼顧病人日常功能與生活品質之維持。

　　它是免費照護資源，個案可多加利用。

　　關懷病人，傾聽病人。

　　藥師們，該是您展現本領的時候了！

# 參考資料

1. 2018糖尿病臨床照護指引。社團法人中華民國糖尿病學會

2. 2018臺灣胰島素注射指引。社團法人中華民國糖尿病衛教學會

3. 2018糖尿病衛教核心教材。社團法人中華民國糖尿病衛教學會

4. 2022第2型糖尿病臨床照護指引。社團法人中華民國糖尿病衛教學會

5. 2021年美國糖尿病學會糖尿病藥物治療指引

6. 2019臺灣糖尿病腎臟疾病臨床照護指引。社團法人中華民國糖尿病學會

7. 2019老年糖尿病臨床照護手冊。社團法人中華民國糖尿病學會

8. 黃萱、林毅欣。高齡（65歲以上）第2型糖尿病患者之處置：文獻回顧。內科學誌2018；29：374-380

9. 郝立智、張雅椅等人。2018年美國糖尿病學會針對糖尿病血糖藥物之標準治療建議。內科學誌2018；29：92-106

10. 黎雨青、李奕德等人。潛伏性成人自體免疫糖尿病。家庭醫學與基層醫療 24：9：327-330

11. 張婷雅、黃莉茵。住院病人的血糖控制及胰島素治療，新光醫院。檢閱日期：2019-09-13

12. 鄭智仁、陳家豪等人。【案例報告】愛多尼爾腹膜透析液發生偽性高血糖的案例報告。臺臨床藥學雜誌。檢閱日期：2019-09-26

13. 楊逸亭、沈蜂志、陳榮福。糖化白蛋白於糖尿病患者之臨床應用。內科學誌 2020；31：170-179

14. 智抗糖。https：//www.health2sync.com/blog/categories。檢閱日期：2019-10-13

15. Jennifer M. Trujillo, Role of combination therapy or coformulation products in treatment of type 2 diabetes .*Pharmacy Today* 2018; 24(8): 50-64

16. Wada T, et al. Deletion of *Bmal1* Prevents Diet-Induced Ectopic Fat Accumulation by Controlling Oxidative Capacity in the Skeletal Muscle. *Int J Mol Sci*. 2018 Sep 18; 19(9)

17. HEMMERLE H, BERGER H J, BELOW P, et al. Chlorogenic acid and synthetic chlorogenic acid derivatives: novel inhibitors of hepatic glucose6phosphate translocase. *Journal of Medicinal Chemistry*, 1997; 40(2): 137-145

18. Henry-Vitrac C, Ibarra A, et al. Contribution of chlorogenic acids to the inhibition of human hepatic glucose-6-phosphatase activity in vitro by Svetol, a standardized decaffeinated green coffee extract. *J Agric Food Chem*. 2010 Apr 14; 58(7): 4141-4

19. Mays H.Vue et al. Drug-Induced Glucose Alterations Part 1: Drug-Induced Hypoglycemia. *Diabetes Spectrum* 2011; 24(3):171-177

20. Abdur Rehman et al. Drug-Induced Glucose Alterations Part 2: Drug-Induced Hyperglycemia. *Diabetes Spectrum* 2011; 24: 234-238

21. Bernard Zinman et al. Empagliflozin, Cardiovascular Outcomes, and Mortality in Type 2 Diabetes. *NEJM* 2015; 373: 2117-2128

22. S. D. Wiviott et al. Dapagliflozin and Cardiovascular Outcomes in Type 2 Diabetes. *NEJM* 2019; 380: 347-357

23. 薬剤師のためのうぐに始められる！在宅訪問ガイドブック。株式会社望星薬局在宅業務支援課

24. 在宅医療Q&A平成29年版。日本薬剤師会

# 二、慢性阻塞性肺病 （Chronic Obstruction Pulmonary Disease, COPD）

巫婷婷

## (一)疾病的基本知識

### 1.什麼是慢性阻塞性肺病（COPD）？

慢性阻塞性肺病是長期吸入有害物質（香菸菸霧或接觸空氣中的有害粒子）引起的肺部炎症；這一種疾病在有吸菸史的中年和老年人中更爲常見，且在肺功能測試中顯示不可逆的持續性呼吸氣流受阻（**吸入氣管擴張劑後，以肺量計測量FEV1/FVC<0.7**）。

➕ 名詞解釋

| 肺量計（spirometry） | 評估肺功能的儀器，原理是請患者吸飽氣，再測量肺部呼出的氣體量和速度。 |
|---|---|
| FEV1 | 患者用力呼氣時，第1秒的呼氣量。 |
| FVC | 用力呼氣肺活量，患者在一口氣內，盡全力呼出的氣體總量。 |
| 支氣管擴張劑試驗（bronchodilator test） | 常使用的藥物如下：<br>1. 400 $\mu$g之乙二型交感神經刺激劑（$\beta$2-agonist如salbutamol）：吸入後10～15分鐘進行測量。<br>2. 160 $\mu$g之抗膽鹼藥物（anticholinergic）：吸入後30～45分鐘進行測量。 |

COPD被分類爲兩種類型，第一類是非肺氣腫型（又稱慢性支氣管炎），主因是由於外氣道的發炎症狀，導致支氣管內壁腫大、黏液分泌增多，出現咳嗽、咳痰等症狀；以及第二類的肺氣腫型（肺氣腫病變顯性型），主要是因肺部纖維組織彈性降低，使肺泡出現破裂而形成較大的氣囊，容易引發呼吸困難。一般而言，慢性阻塞性肺病患者，此二種病況是合併存在的，只是有些人慢性支氣管炎的病況較爲明顯，表現出來的是長期咳嗽、有痰；有些人肺氣腫病況較爲明顯，表現出來的是漸進性的呼吸困難。該疾病是持續性的，且症狀會漸進式加重。

　　疾病還會隨著吸菸和老化這些相關因素，導致合併症發生，例如肺炎、心臟病、肺癌、呼吸道感染疾病等。由於已知COPD與營養不良、心血管疾病、骨質疏鬆症、抑鬱症、糖尿病、肺癌等相關，因此目前被認為是一種全身性的疾病。臨床上，它的特點是在移動身體時出現呼吸困難和慢性咳嗽、疲倦等情形，例如在步行後或上下樓梯時出現活動性氣喘症狀；此外，由於肺泡通氣的不足，高碳酸血症的情形也常發生。由於COPD是一種會逐漸惡化的疾病，因此需要長期的藥物治療。

## 2. COPD治療管理的目標
(1) 改善症狀和生活質量
(2) 改善活動耐力和維持身體活動力
(3) 預防惡化
(4) 抑制疾病進展
(5) 預防和治療全身及肺部併發症
(6) 預後改善

## 3. COPD的疾病管理方法
(1) 藥物治療
(2) 戒菸指導
(3) 呼吸訓練
(4) 氧氣治療
(5) 外科治療

---

**重點**

　　**戒菸是控制COPD惡化最有效的方法。**約75%之肺阻塞病人有吸菸習慣，目前已證實肺阻塞患者如繼續抽菸，除加速其疾病的惡化外，亦會增加致死率。因此，為了防範肺阻塞患者的病程惡化，患者如有吸菸習慣，戒菸為促進患者健康的第一步。

　　此外，感冒和流感等感染可能導致症狀惡化，因此流感和肺炎球菌疫苗接種以及日常的感染預防（如戴口罩和洗手漱口）是疾病管理的基礎。

### 4. 穩定維持COPD的藥物治療

　　穩定期肺阻塞的藥物治療選擇極為多樣，依給藥途徑可分為口服藥物及吸入型藥物。口服藥物在穩定期肺阻塞的重要性，雖然不如吸入型藥物，但在臨床上仍十分常用且有其角色，主要包括：口服類固醇、茶鹼類藥物、第四型磷酸二酯抑制劑（PDE4 inhibitor, Type 4 Phosphodiesterase Inhibitor）、大環內酯類抗生素（macrolide）及化痰藥。

　　而吸入型藥物主要是分為吸入型支氣管擴張劑和吸入型類固醇。吸入型支氣管擴張劑依其藥理機轉可分兩大類：乙二型擬交感作用劑（β2-agonist）和抗膽鹼類藥物（anticholinergic），此兩類藥物均有長效劑型和短效劑型，而長效吸入型支氣管擴張劑是目前治療肺阻塞最重要的藥物。吸入型類固醇並不適用於所有的肺阻塞病人，但對於合併氣喘疾病、經常急性發作或是血液痰液中嗜酸性球較高的肺阻塞病人極為重要。長期使用吸入型類固醇，亦需注意可能帶來的副作用。

| 短效乙二型刺激劑（SABA） | 固定合併吸入型類固醇與長效乙二型刺激劑（ICS＋LABA） |
|---|---|
| 備勞喘Berotec（Fenoterol）<br>泛得林Ventolin（Salbutamol） | 呼特康Flutiform（Fluticasone propionate ＋ Formoterol）<br>肺舒坦Foster（Beclomethasone ＋ Formoterol）<br>潤娃Relvar（Fluticasone furoate ＋ Vilanterol）<br>使肺泰Seretide（Fluticasone propionate ＋ Salmeterol）<br>吸必護Symbicort（Budesonide ＋ Formoterol） |
| 短效乙二型刺激劑（SABA）＋<br>短效抗膽鹼藥物（SAMA） | |
| 冠喘衛Combivent（Salbutamol ＋ Ipratropium）<br>備喘全Berodual（Fenoterol ＋ Ipratropium） | 雙長效合併支氣管擴張劑（Fixed dual LABA ＋ LAMA） |
| 超長效乙二型刺激劑（Ultra-LABA） | 安肺樂Anoro（Vilanterol ＋ Umeclidinium）<br>適倍樂Spiolto（Olodaterol ＋ Tiotropium）<br>昂帝博Ultibro（Indacaterol ＋ Glycopyrronium） |
| 昂舒Onbrez（Indacaterol）<br>適維樂Striverdi（Olodaterol） | 吸入型類固醇（ICS） |
| 長效抗膽鹼藥物（LAMA） | 保衛康Alvesco（Ciclesonide）<br>帝舒滿Duasma（Budesonide）<br>輔舒酮Flixotide（Fluticasone propionate）<br>可滅喘Pulmicort（Budesonide） |
| 英克賜Incruse（Umeclidinium）<br>吸補力Seebri（Glycopyrronium）<br>適喘樂Spiriva（Tiotropium） | |

臺灣目前常用吸入藥物

（圖表來源：臺灣胸腔暨重症加護醫學會、第一次使用吸入器就上手）

### 5. 非藥物治療

#### (1)禁菸

　　COPD患者大多有吸菸史。個案應檢視自我吸菸情況並接受戒菸指導。即使已經患有COPD的患者，也可以通過戒菸來阻止肺功能逐漸下降的情形；因此對於所有吸菸的肺阻塞病人，無論其疾病嚴重度爲何，均強烈建議戒菸。目前已有科學研究證實有效的戒菸藥品，主要分爲「尼古丁製劑」和「非尼古丁藥物」二大類型，使用戒菸藥品可以大幅降低戒斷時的不舒服症狀。

i. 非尼古丁藥物（口服戒菸藥）：這類藥物爲醫師處方用藥，屬於戒菸門診補助藥品之一。如：Varenicline（Champix®）、Bupropion（Wellbutrin XL®）均可增加長期戒菸率，但僅適合當作支持性介入治療方法之一，而不應該單獨使用。如在戒菸過程中選擇口服戒菸藥物，請按照醫師指示服用並詳閱使用說明書。

ii.尼古丁製劑：這是以低量尼古丁藥物取代菸品中的高量尼古丁產品。目前國內已有的製劑類型包括：咀嚼錠（nicotine gum）、貼片（nicotine patch）、吸入劑與口含錠，除戒菸門診醫師開立外，民眾亦可直接於社區藥局或連鎖藥局購買，使用時請注意正確的使用方法才能提高戒菸率。

---

**重點：戒菸補給站**

1.戒菸門診：衛生福利部國民健康署在各醫療院所特約設置門診戒菸，提供18歲以上之尼古丁成癮者每人每年2個戒菸治療及衛教療程（每療程至多8週）但每一療程限於同一家醫療院所或藥局90天內完成。民國101年3月1日起，政府實施二代戒菸治療計畫，看戒菸門診就除掛號費外，只需要繳交20%的藥品部分負擔（每次最高200元），醫療資源缺乏地區可再減免20%，低收入戶、山地暨離島地區與原住民則全部免費，絕對比買菸便宜。

2.戒菸專線：「國民健康署戒菸專線服務中心」於2003年成立，由心理諮商專業人員協助進行戒菸諮商，服務時間爲星期一至星期六，早上9點～晚上9點（除過年期間與週日外）。民眾可撥打免付費戒菸專線0800-63-63-63。

> **小知識**
>
> 　　一般來說，吸菸者和非吸菸者之間的預期壽命差異大約是10年。吸菸是COPD的主要預後不良因素，因此如果被診斷患有COPD，戒菸是治療的第一步。根據戒菸的年齡和持續時間，有研究表明，若戒菸的話，男性預期可延長平均壽命為1.6年，女性為0.6年。此外，如果在35歲之前戒菸，肺功能預期將在戒菸後10至15年內恢復到與非吸菸者相同的水平。

## (二) 藥師訪視時的要點

　　由於個案治療時使用吸入劑需要操作技巧，藥師進行家訪時最好能對此定期檢驗，並檢查個案是否存在疑似副作用，及注意有無藥物交互作用等。

### 1. 觀察吸入藥物是否可以有效使用

#### (1) 吸入劑操作技巧

　　COPD治療的基礎便是使用吸入型藥物，但對年長者來說，吸入型藥物往往不能順利吸入。身為醫療人員必須能清楚認知到：「使用吸入劑對年長患者來說是一個很大的障礙。」只透過單一指令讓年長患者熟悉操作，通常是困難的，因此有必要採取措施，例如重複的指示和定期追蹤及評估個案操作之正確性；同時，藥師也應教育個案的主要照護者，才能全面協助他們正確使用吸入劑，提升疾病的治療成效。

#### (2) 吸氣流量

　　吸入劑一般分為：設計是由裝置內部以推進劑加壓的方式，將藥劑推出藥瓶，由患者自發性深呼吸將藥物吸入肺部的定量噴霧吸入劑；以及在於裝置中不含有推進劑，需要藉由吸藥時的氣流及吸氣速率，將乾粉狀的藥品吸進肺部細小氣管中的乾粉吸入劑。大多數COPD患者能夠達到吸入藥物所需的吸氣流速，但吸氣力會隨著年齡而降低，因此醫療人員需觀察病患的吸入情形判斷，是否能達到使用吸入劑所需的吸氣流量。

### 2. 年長者和其家庭需要考慮的因素

(1) 對於患有老年癡呆症的COPD個案，使用吸入型藥物特別不易。家庭

指導是最有效和最重要的，但是最好是只需簡易操作步驟的吸入劑才是理想的。由於每個吸入劑可以使用的次數是固定的，所以吸入劑需要定期更換，但年長者個案卻常發生過期忘了丟，或把使用過的與全新的藥物混雜擺放，造成搞不清楚哪個可用的情形，所以當我們在訪視時，應與個案一起檢查剩餘的藥物，並提醒個案或家屬定期請醫師開立新的吸入劑。

(2) 如果年長者因握力和肌肉力量下降，則可能無法很好地抓住吸入劑瓶身或者無法旋轉裝塡好藥劑；或者有操作定量噴霧劑手口協調困難的個案……等情形，若有這類問題，醫療人員可建議病人藉由吸入輔助器方便他們操作使用。如果開立的吸入劑實在難以使用，則建議可以更換藥物。

(3) 使肺泰吸入劑（Seretide Accuhaler®）、易利達吸入劑（Ellipta®）及吸必擴都保吸入劑（Symbicort Turbuhaler®）等製作這類乾粉吸入劑的藥商都有提供吸入測試的模具，以檢查吸入藥品方式是否正確。如果個案擔心自己無法正確完整的吸入藥品，可以考慮使用它們來測試。

### 3. 是否有禁忌症或是藥物交互作用

在COPD的治療中，抗膽鹼類藥物是治療的重點，但對於患有狹角型青光眼和前列腺腫大病人是禁忌使用的。如果個案有罹患青光眼的可能性，建議他們在用藥物前先至眼科就診以進行相關評估。而抗膽鹼類藥物雖可用於患有廣角型青光眼的病人，但仍應注意謹慎使用，因爲病人若同時有前列腺腫大問題的話，使用這類藥物可能會導致排尿困難。

---

**小知識**

一般吸入劑所需的吸氣流速約爲30～40L/min，若能達到這樣的程度則吸入藥劑是沒有問題的。想像一下，當你用吸管喝果汁時的吸吮力大約就是30L/min。

重點

　　類固醇藥物不應長期且常規的用於處於慢性穩定期的**COPD**患者，因長期使用可能加重呼吸肌無力的症狀，進而導致呼吸衰竭，還可能增加肺部感染（如肺結核或肺炎）的風險。

## 7. 注意可疑副作用的跡象

### (1)COPD治療藥物所需注意的副作用

| | |
|---|---|
| 吸入性膽鹼類藥物 | 口乾、眼壓上升、心跳加快、尿滯留 |
| 乙二型擬交感作用劑 | 震顫、心慌、心跳過速、血鉀嚴重下降 |
| 茶鹼類藥物 | 噁心、嘔吐、頭痛、失眠、心跳過速 |
| 吸入型類固醇 | 口腔念珠菌感染、喉嚨痛症狀、聲音沙啞 |
| 去痰藥 | 食慾不振、噁心 |

### (2)年長者和其家庭需要考慮的因素

　　若在複方產品中含有類固醇，報告指出若長期使用可能有口腔念珠菌感染、喉痛和咳嗽等相關副作用發生的情形，因此提醒使用者在吸入類固醇後漱口是相當重要的。而茶鹼類藥物製劑除了支氣管擴張作用，還具有增強呼吸肌的作用，建議可用於COPD的患者，但應注意中毒症狀的發生。建議是在監測血中濃度的情形下使用，特別是年長者病患，因為他們藥物代謝速率低容易發生中毒。若使用藥物的話，每日需注意有無發生噁心、頭痛、失眠、心跳過速和心律失常等症狀。

　　為了適度調整疾病進程時的治療方案，每次追蹤訪談皆應與個案討論其最近的治療方法，調查吸菸情形及戒菸意願，並反覆強調戒菸的重要性，考慮必要的疫苗注射，同時提醒適度地復健。各項藥物的劑量、病人的遵囑性、吸入器使用技巧、症狀是否受到控制以及副作用等皆需監測。

## (三)呼吸訓練

　　肺阻塞病人因呼吸道阻塞，需要較長的吐氣時間，行走運動時會因呼吸速率增加，進而縮短吐氣時間，造成氣流阻滯，形成動態過度充氣，更

進一步惡化呼吸困難，導致行動能力下降。因此需教導個案正確呼吸方法，改善呼吸困難與活動力。

良好的呼吸技巧（吸氣時以腹部吸氣，吐氣時以口吐氣）
*呼氣的時間約為吸氣時間的2倍

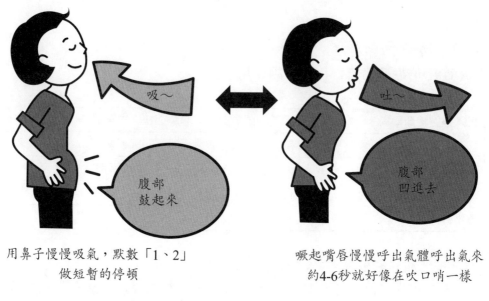

用鼻子慢慢吸氣，默數「1、2」
做短暫的停頓

噘起嘴唇慢慢呼出氣體呼出氣來
約4-6秒就好像在吹口哨一樣

一隻手放在胸部，另一隻手放在腹部
（用手來感覺，吸氣時腹部鼓起）
用鼻子深吸氣，默數「1、2」
做短暫的停頓

噘起嘴唇（如吹口哨般）慢慢呼氣
呼出氣來約4-6秒
早晚練習，每次做3～5分左右

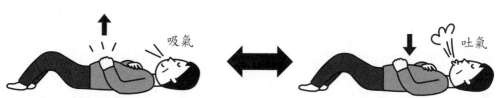

**重點**

「噘嘴式呼吸法」採「圓唇式吐氣」方式緩緩吐氣，吐氣時，可使氣道保持一定的壓力，降低肺內肺泡塌陷，而且可以訓練呼吸肌肉力量，增加肺部氣體交換的功能。

一般呼吸方式需聳起肩膀用力呼吸，這種使用吸氣輔助肌的方式，不但難以有效增加吸氣量，反而使得病人更加費力；但腹式呼吸法特別著重在橫膈膜的運動上，因吸氣時會讓橫膈膜下壓，使胸腔的範圍變大，所以空氣就能進到肺部更深處的地方，給肺部足量的氧氣。

## (四) 居家氧氣療法（Home Oxygen Therapy, HOT）

居家氧氣療法（HOT）可用於治療各種疾病引起的慢性缺氧，但COPD是引入居家氧氣療法的最常見疾病。臨床經驗上常認為呼吸困難病人使用氧氣治療對預後可能有幫助，但是對肺阻塞病人的好處，目前證據僅限於嚴重肺阻塞病人，並且長期使用才能有較大臨床療效。長期氧氣治療的決定必須要根據休息時的動脈血氧分壓（$PaO_2$）或血氧飽和度（$SaO_2$），並且在穩定狀態下測量2次，並間隔3週。

### ➕ 名詞解釋

| | | |
|---|---|---|
| $PaO_2$ | 動脈血氧分壓 | 基準值：90～100 Torr |
| $SaO_2$ | 動脈血氧飽和度 | 基準值：96±2％ |
| $SpO_2$ | 脈搏血氧飽和度 | 基準值：96±2％ |

經由醫師評估並開立處方箋後，醫師會根據病人的活動能力、給氧流量和室內環境、經濟考量等因素選擇最佳氧氣供應設備，之後可向各縣市輔具資源中心或醫療器材行租借或購買。

### 重點：血氧分析

動脈血氧分壓代表溶解在動脈血漿中的氧分壓，是判斷肺臟將氧氣吸入血液效果的最好指標，但由於$PaO_2$或$SaO_2$之測量都需藉由動脈穿刺來抽取動脈血液，不僅較不方便，亦可能造成病人穿刺處之疼痛或血腫。近年來，拜醫療科技的進步，臨床上已可利用非侵襲性的指夾式脈搏血氧儀（pulse oximeter）

來測量脈搏血氧飽和度（$SpO_2$）。這類脈搏血氧儀利用血紅素對於特定光譜的吸收特性，會隨其攜氧量而有所改變之原理，可即時且連續的監測血氧飽和度。在坊間脈搏血氧儀有多種名稱，如血氧飽和度分析儀、血氧濃度計、血氧計、血氧機、血氧監測儀等。在慢性呼吸系統疾病的穩定期，$SpO_2$可以估計為近似$PaO_2$，因此沒有必要對所有COPD病例進行動脈血液氣體分析，但是假設需要居家氧氣療法時，若要進行身心障礙補助的申請，就必須要進行測量。

# (五)醫療設備和補助申請

## 1.家庭氧療（HOT）的必要項目

HOT的氧氣供應設備包括：壓縮氧氣鋼瓶（便攜式氧氣瓶）、氧氣濃縮機、液態氧和為了節省氧氣的用量，有節氧保留裝置的產品，如帶有氧氣儲存囊的氧氣鼻管、呼吸器節氧機（病人吸氣時才有流量供應）等。

| 氧氣濃縮機 |
| --- |
| 坊間亦稱為氧氣製造機，利用分子篩將空氣中的氮氣移除，剩下的分子較小的氧氣即可供應病人所需。依廠牌不同可提供每分鐘2-10公升流量約90%至96%的氧氣，使用時需注意保持空氣的流通以補充新鮮空氣，否則空氣中的氧氣不足時，能濾出的純氧就會越來越少。氧氣濃縮機必須插電且較為笨重，適於居家使用，但不適合攜帶外出。 |
| 壓縮氧氣鋼瓶 |
| 目前衛生署規定醫用氧氣的規格為99%v/v以上，鋼瓶氧氣若使用完畢，需委託氣體公司重新充填，儲存鋼瓶尺寸有多樣選擇，大型置於家中使用，小型鋼瓶適於攜帶使用。 |
| 液態氧 |
| 液態氧氣儲存於特製的超低溫容器，1公升的液態氧相當於856公升的氧氣，和氣態氧相較，相同體積容量下重量較輕，適於攜帶；缺點是比壓縮氧氣鋼瓶的價錢昂貴許多。 |
| 供氧套管 |
| 也叫做鼻導管，連接著氧氣濃縮機或氧氣筒，以此供氧給患者。 |

## 2.居家氧療指導和管理

　　醫療人員若評估個案需要接受氧氣治療，會對他們做一些例行檢查，包括動脈血氣體分析、動脈血氧飽合度監測、心電圖、睡眠或運動血氧飽合度評估等，經分析並比對長期氧氣治療適用標準後，決定個案是否適用，再決定他們的氧氣流速、使用時間及供氧設備，並對個案及家屬施行衛教。設備供應商會提供家庭氧療設備的使用管理方法，同時，有必要向個案解釋如何進行危急情形處理步驟，以防有緊急狀況發生。

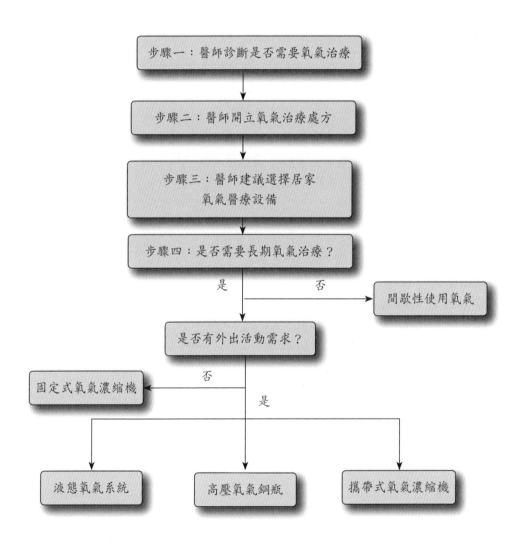

重點：使用居家氧氣療法時該注意的要點

＊確實遵照醫囑：氧氣的流量或時間不可擅自停用或更動，以免影響效果。

＊氧氣濃縮器應距火源至少2公尺（包括：電暖器、瓦斯爐、線香、香菸等）。

＊一般氧氣鼻管等吸入裝置多為用後即棄式的，只要遵照製造廠商指示的使用時間更換，如2週至1個月即可，無需特殊的清潔消毒。

＊若發現有發燒寒顫、呼吸短促、喘鳴加劇、痰液增多顏色改變且變黏稠、下肢水腫、體重有些許增加等現象，可能是感染的症狀，應即時求醫診治。

### 小知識

當吸入氧氣時，最好適當地移動身體，因為移動身體可以改善血液循環並防止肌肉無力。氧氣製造機所產生的氧氣，在居家使用極為方便，但仍需備有氧氣鋼瓶，以免停電或故障時，造成無氧氣可用的風險；此外，因為在停電期間房間很暗，所以最好在氧氣瓶附近放置手電筒。

### 3.長期照護醫療輔具申請

國內為照顧身心障礙者，衛生福利部於民國101年7月11日訂定「身心障礙者醫療復健所需醫療費用及醫療輔具補助辦法」。長期呼吸照護病人需要氧氣治療設備，部分可以申請輔具補助，補助對象及相關條件可上衛生福利部社會及家庭署輔具資源入口網：https://repat.sfaa.gov.tw/index.asp，或是洽詢各地方政府之長期照護管理中心，下載醫療輔具評估報告申請表格，並至醫療院所請醫師評估診斷，向戶籍所在地直轄市、縣（市）主管機關提出辦理，讓病人可以得到連續性、完整性的照護。（詳情請參照輔具需求與評估及現行輔具補助申請章節）

### ✚ 名詞解釋

| 脈搏血氧儀 | 脈搏血氧儀測量的是血氧飽和度（SpO$_2$），是可輸送氧的氧合血紅蛋白，在血紅蛋白中所占的百分比。 |
|---|---|
| 患者呼吸困難評估量表（mMRC, Modified Medical Research Council） | 用來評估病患呼吸困難程度的一種指標工具。 |

| DOE（Dyspenea On Exertion） | 運動性呼吸困難。 |
|---|---|
| CRQ（Chronic Respiratory Disease Questionaire） | 一種作為慢性阻塞性肺部疾病患者生活品質之臨床指標。 |
| SGRQ（St. George's Respiratory Questionaire） | 聖喬治呼吸問卷，慢性阻塞性肺部疾病患者之生活品質臨床指標。 |
| CAT Questionaire | 症狀嚴重度量表，與SGRQ相關（CAT, COPD Assessment Test）。 |
| Barrel chest | 筒狀胸廓，之所以發生這種情況是因為肺部長期因空氣過度充氣，因此肋骨一直保持部分擴張，多為COPD末期患者身上可見。 |
| BODE指數 | BODE指數能預估COPD患者的存活率，其原理是利用四項指標「身體質量指數（BMI）、氣道阻塞程度（airway obstruction）、呼吸困難程度（dyspnea）及運動能力（exercise）」的分數加總，藉以評估患者四年內的存活率。 |
| 姿勢排痰法 | 幫助病患將痰液更容易排出的方法。 |
| 二氧化碳麻醉效應（$CO_2$ Narcosis） | COPD疾病的病人使用過高濃度的氧氣時，會導致二氧化碳滯留，使血液中的二氧化碳濃度升高，會引起意識混亂等情形。 |
| 6分鐘步行試驗（6MWT） | 作為運動耐受力的評估測試，若要進行居家氧氣療法時，需要對此做定期的評估。 |

## (六) 結語

　　慢性阻塞性肺病雖是一種不可逆的慢性疾病，但可藉由藥物治療控制病情，長期氧氣治療則可以改善低血氧症狀和預防缺氧、改善神經及心理狀況、增加步行距離、提高日常生活自我照顧能力，改善生活品質和減少反覆住院次數，並能增加存活率。要降低COPD對於病人的健康威脅，除了醫療端的精準診斷與治療，病人和家屬以及實際參與照護者皆應對疾病本質、相關照護方式和儀器設備有一基本程度的認識，提升其照護能力與品質，才能及時提供病人正確的協助。

# 參考資料

1. Global Initiative for Chronic Obstructive Lung Disease (GOLD). Global Strategy for the Diggrosis, Managemant and Prerention for Chronic Obstructive Pulmonary Disease: 2020 Report. Available at: https://goldcopd-org/gold-ieports/

2. 柯信國，肺阻塞的肺部使原治療及非藥物治療（衛教影片）、臺灣胸腔暨重症加護醫學會。2020.12 Available at: https://www.tspccm.org.tw/media/9867

3. 王鶴健等編著，臺灣肺阻塞臨床照護指引簡明版，臺灣胸腔暨重症加護醫學會，衛生福利部國民健康署發行，2019.12

4. 余忠仁等編著，臺灣肺阻塞臨床照護指引國健署版、臺灣胸腔暨重症加護醫學會、衛生福利部國民健康署發行，2017.3

5. 盧慶祥、蕭詩如、吳企華藥師，慢性阻塞性肺病藥物治療新趨勢，內科學誌，2017: 28: 59-64

6. 徐武輝等編程，有氧走遍天下—慢性阻塞性肺病之氧氣治療及呼吸器使用，臺灣胸腔重症加護醫學會，2016.11

7. 郭炳宏等編著，第一次使用吸入器就上手—氣喘與慢性阻塞性肺病吸入治療、臺灣胸腔暨重症加護醫學會，2016.11

# 三、失智症

李銘嘉

## (一)疾病的基本知識

　　根據我國內政部107年12月底的估算，臺灣65歲以上老人共3,433,517人（全人口的14.56%），其中輕微認知障礙（Mild Cognitive Impairment, MCI）有626,026人，占18.23%；失智症有269,725人，占7.86%（其中極輕度失智症有109,706人）。也就是說65歲以上的老人約每12人即有1位失智者，而80歲以上的老人則每5人即有1位失智者。推估民國107年12月底臺灣失智人口共282,364人，占全國總人口1.20%，亦即在臺灣每84人中即有1人是失智者。

　　在照顧失智症病人的過程中，照顧者所遭遇的困難與壓力是遠大於醫師與藥師。讓我們來聆聽照顧者在照顧病人生活過程中所觀察到的狀況，並嘗試以藥物的角度出發提供他們相關的協助。

　　在實際居家訪視失智症病人前，藥師從日常的調劑失智症藥品中，應已建立失智症相關的基本知識。本章將簡述相關的知識

### 1.失智症類型與特徵的觀察點（如表一）

　　對藥師而言，居家訪視失智症病人前，向主治醫師或主要照顧的個管師確認個案的失智症類型與其特徵，是非常重要的。

　　在臨床上，患者有時會存在兩種或以上的病因，最常見的則是阿茲海默症與血管性失智症並存（又稱為混合型）。

### 2.失智症的症狀

　　失智症非單一疾病，而是一群症狀的組合（症候群），不單單只有記憶力的減退，還會影響到其他認知功能，如：語言、視空間、推理與判斷、個性或行為等各方面的功能退化，同時可能出現干擾行為、幻覺或妄想等，其嚴重程度足以影響到工作能力與社交關係。主要分為兩大類的症候群：

(1) 核心症狀；

(2) 精神行為症狀（Behavior and Psychological Symptoms of Dementia, BPSD）。

表一 失智症類型與特徵的觀察重點

| | 病理變化 | 病程 | 認知缺損 | 特徵 |
|---|---|---|---|---|
| 阿茲海默症（Alzheimer's Disease, AD） | 澱粉樣蛋白β聚積，正常神經元分解，並發生腦萎縮。發展緩慢，早期不易發現。 | 早期：記憶力衰退，如忘記進食。中期：很難區分現在和過去。晚期：語言迷失，生活需要幫助。 | 早期症狀為近期記憶力缺損。 | 持續性的近期記憶喪失，無法學習新的事務。中後期出現幻覺、妄想比例高；精神行為症狀，例如被偷妄想、對照顧的抵抗、遊走（如夜間四處走動）。 |
| 路易體失智症（Dementia with Lewy Bodies, DLB） | 腦部有α-突觸核蛋白的聚集，形成所謂的「路易氏體」在大腦中聚積並會導致腦萎縮。可能也會引起帕金森氏症。 | 早期：出現幻覺，以視幻覺與聽幻覺為主。病程發展反覆，時好時壞。行動緩慢，容易因步態問題而跌倒。 | 視空間症狀、知覺-動作能及注意力（或意識起伏）問題。 | 疾病早期即有影像完整或生動的視幻覺。有類似帕金森氏症之情況如手部震顫與行動緩慢等。睡覺時會根據自己的夢境移動四肢。認知障礙可能會有所波動，在身體狀況良好時，可以交談，但是情況惡化時，不知道周圍的情況。 |
| 額顳葉型失智症（Frontotemporal Dementia, FTD） | 目前研究顯示腦部掃描發現有局部皮質萎縮，且集中在顳葉前方及部分額葉，有種三種蛋白質包含體（inclusions），Tau蛋 | 早期：人格變化及語言功能障礙。 | 個性或行為症狀、以社交認知或語言功能為主。 | 一開始就有明顯的語言問題，出現語言、命名方面產生困難、自發性交談減少，常會重複固定的或他人的話。個性改變，失去主動性，生 |

| 病理變化 | 病程 | 認知缺損 | 特徵 |
|---|---|---|---|
| 白，結合泛素的TDP-43（TDP-43 conjugated with ubiquitin），及FSU蛋白（fused sarcoma protein）。 | | | 活上變得較退縮，或產生不恰當的社會行為。行為抑制能力不佳，衝動且常重複固定行為。 |
| 血管性失智症（Vascular dementia）<br>由腦梗塞和腦出血等血管疾病所引起。隨著病兆擴大，腦功能逐漸下降。 | 早期：明顯的自發性活動力下降、夜間失眠和躁動不安。<br>中期：每次發作都更為嚴重。<br>因中風或腦血管損傷引起的部位不同，症狀不一定，亦會以記憶力缺損為主，出現有局部神經症狀、帕金森症狀、失語症、幻覺或妄想，且上述症狀可能在失智症的早期或任何時期出現。 | 注意力、執行功能。 | 憂鬱、吞嚥困難、尿失禁、失足跌倒。認知功能呈現階梯式退化，並且有起伏狀現象。 |
| 其他因素導致之失智症<br>營養不足：缺乏維他命B$_{12}$、葉酸等。<br>新陳代謝異常：甲狀腺、過高或過低的血糖、電解質失調。<br>中樞神經系統感染：梅毒、愛滋病等。<br>中毒：一氧化碳或重金屬中毒、酒精成癮物質或藥物等。<br>疾病引起：庫賈氏症、帕金森症、亨汀頓症（Huntington's disease）、常壓性水腦症、腫瘤、腦創傷。 | | | |

以下說明之。

## (1)核心症狀

　　主要以記憶力的減退，可能同時合併有語言能力、空間感（迷失方向）、計算力、判斷力、抽象思考能力、注意力等功能退化。早期臨床症狀多因人而異，但常是由短期記憶力減退、忘東忘西開始。可使用抗失智症藥品來減緩部分失智症的退化病程。

---

**小知識**

常見失智症早期徵兆（10大警訊）：

01. 記憶力減退影響到生活。

02. 計畫事情或解決問題有困難。

03. 無法勝任原本熟悉的事務。

04. 對時間地點感到混淆。

05. 有困難理解視覺影像和空間之關係。

06. 言語表達或書寫出現困難。

07. 東西擺放錯亂且失去回頭尋找的能力。

08. 判斷力變差或減弱。

09. 從職場或社交活動中退出。

10. 情緒和個性的改變。

---

## (2)精神行為症狀（BPSD）

　　大約有90%以上的失智症病人會在失智症的任何時期，出現一項以上的BPSD。然而，失智症病人因本身的個性特質、性格素養、所處的物理環境以及人際關係互動所造成的心理狀態等影響（圖一），所表現的BPSD皆有所不同。常見的BPSD有憂鬱、妄想（常見如被偷妄想）、幻覺、錯認、遊走、睡眠障礙、躁動、暴力行為等（表二）。這些症狀讓失智症病人無法適應日常生活而影響生活品質，也常造成照護者龐大壓力負擔。

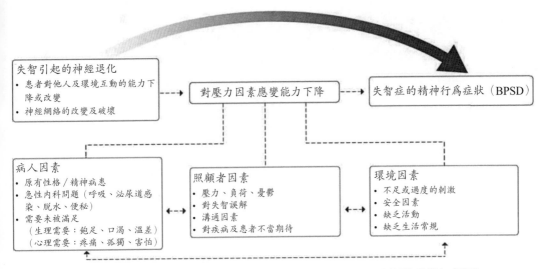

圖一　引發BPSD（失智症病人、照顧者及環境變化之間的關聯性）模型

表二　BPSD常見之症狀

| A.情感症狀 | 憂鬱 |
| | 冷漠 |
| | 欣快感 |
| | 焦慮 |
| B.精神病症狀 | 妄想 |
| | 幻覺 |
| | 錯認 |
| C.行為症狀 | 激動／攻擊行為 |
| | 重複行為 |
| | 漫遊／迷路 |
| | 睡眠障礙 |
| | 食慾／飲食行為障礙 |
| | 病態收集行為 |
| | 不恰當／失控行為 |
| | 日落症候群 |

重點

　　由於使用膽鹼酯酶抑制劑（AChEI）可能會緩解核心症狀，但會使BPSD發生的情況增加，進而造成照護者龐大壓力負擔。因此，每次訪視時都要確認BPSD控制的狀況，並檢視是否需調整膽鹼酯酶抑制劑之使用的劑量。

## 3. 失智症的治療

### (1) 藥物治療

i. 抗失智症藥品簡介（表三）

　　年長的使用者可能同時使用多種藥物，因此藥師必須了解所使用藥物的特性及藥物之間的交互作用，並考慮藥物對長者所造成之影響，例如當考慮排尿時，用於改善頻尿的抗膽鹼藥物與用於幫助排尿的膽鹼作用劑是典型的拮抗例子。因此藥師需依每種藥物的特性來選擇合適的抗失智症藥品，並觀察個案使用抗失智症藥品後的不良反應。

表三　抗失智症藥品比較表

| 藥品 | Donepezil tablet | Galantamine capsule | Rivastigmine capsule | Rivastigmine patch | Memantine tablet |
|---|---|---|---|---|---|
| 作用機轉 | AChEI | AChEI APL作用 | AChEI BUCHEI | AChEI BUCHEI | NMDA 拮抗劑 |
| 適應症 | 輕到嚴重 路易體失智症 | 輕到中度 | 輕-中度 帕金森氏症相關的輕、中度失智症 | 輕-中度 | 中-嚴重 |
| 主要副作用 | 噁心、嘔吐、腹瀉、肌痙攣、尿失禁、倦怠、失眠、食慾減退、暈厥、心搏徐緩 | | 同左 輕至中度的皮膚反應 | | 頭痛、頭暈、鎮靜、躁動、便秘 |
| 用量 | 起始： 5mg HS 維持： 5～10mg HS | 起始： 8mg QAM 維持： 16～24mg QAM | 起始： 1.5mg BID 維持： 3～6mg BID | 起始： 4.6 mg/24hr 維持： 4.6～9.5mg/24hr | 起始： 5mg BID 維持： 10mg BID |

| Tmax | 3 hours | 1 hour (2.5 hours with food) | 1 hour | Tmax:8 to 16 hours（首次） | 3 to 7 hours |
|---|---|---|---|---|---|
| T1/2 | 70 hours | ～7 hours | 1.5 hours | T1/2:～3 hours（移除後） | ～60 to 80 hours |
| 交互作用 | 特別注意：<br>1.增強膽鹼作用：與膽鹼作用藥物（如pyridostigmine）一起使用時，應小心避免膽鹼危機。<br>2.減弱抗膽鹼作用：會使抗膽鹼藥物（如biperiden、butylscopolamine、和antiparkinson等）的治療效果會下降，小心帕金森氏症之惡化。 | | | | 與levodopa同時使用可能會增加多巴胺作用。 |
| | 特別注意CYP3A4、2D6抑制劑和誘導劑，將CYP3A4或CYP2D6抑制劑（如fluvoxamine、paroxetine、和itraconazole等）一起使用時，應注意增強其作用。 | | CYP的影響較小，受酯酶水解 | | 腎排泄 CYP的影響較小 |
| 注意事項 | 與食物同時服用，或分開劑量服用可減緩症狀。<br>• 若出現干擾睡眠症狀，可改至白天飯後服用。<br>• 起始治療後可依其治療反應，在4～6週後提高劑量。 | 起始治療後可依其治療反應，在4週後提高劑量。 | 腸胃副作用可能較其他乙醯膽鹼酶抑制劑容易發生，建議以每4週增加3mg/day逐漸提高劑量。<br>• 不經肝臟代謝。 | 起始治療後可依其治療反應，在4週後提高劑量。<br>• 由口服劑量轉換：6mg/day → 4.6mg/24hr 6～12mg/day → 9.5mg/24hr | 起始治療後可依其治療反應，在2週後提高劑量。<br>• 腎功能不佳者（Creatinine Clearance 40～60 ml/min/1.73 $m^2$），建議維持劑量調整至5mg BID。 |

AChEI: acetyl-cholinesterase-inhibitor: APL: allosterically potentiating ligand;

BUCHEI: butyrylcholinesteraseinhibitor: NMDA: N-methyl-D-aspartate

### ii. BPSD藥品簡介（表四）

當使用抗憂鬱藥治療憂鬱時，建議使用抗膽鹼作用低的SSRI，而不是三環類抗憂鬱藥。使用抗精神病藥物時，應避免使用可能會引起錐體外症狀和認知功能惡化的傳統抗精神病藥物，如chlorpromazine、haloperidol和sulpiride。推薦使用第二代抗精神病藥（非典型藥物），如risperidone、olanzapine和quetiapine。都從少量開始，需要仔細的觀察。

表四　用於治療BPSD的藥物清單

| 藥品 | 起始劑量<br>（mg／天） | 劑量範圍<br>（mg／天） | 適用症狀 |
|---|---|---|---|
| 抗精神病藥 | | | |
| Risperidone | 0.25 | 0.5～2 | 幻覺、妄想、攻擊性、躁動、睡眠—覺醒週期障礙 |
| Olanzapine | 2.5 | 5～10 | |
| Aripiprazole | 2.0 | 5～10 | |
| Quetiapine | 25 | 25～150 | |
| 抗憂鬱劑 | | | |
| Tscitalopram | 5.0 | 10～20 | 抑鬱症候群 |
| Sertraline | 25 | 50～100 | |
| Mirtazapine | 15 | 15～45 | |
| Duloxetine | 20 | 20～60 | |
| Trazodone | 25 | 50～300 | 抑鬱症候群、睡眠—覺醒週期障礙 |
| AD治療劑 | | | |
| Donepezil | 依適應症用量 | | 冷漠（無趣或動機的狀態）<br>運動異常、焦慮、抑鬱、幻覺、妄想 |
| Galantamine | | | |
| Rivastigmine | | | |
| Memantine | | | 侵略、躁動、易怒、幻覺、妄想 |
| 漢方藥 | | | |
| 抑肝散 | 依適應症用量 | | 幻覺、妄想、攻擊性、行為異常、睡眠障礙、易怒 |

重點

抗膽鹼藥物的副作用

| 輕度 | 中度 | 重度 |
|---|---|---|
| 輕微口乾 | 口乾、口渴程度增加<br>說話困難、食欲減低 | 咀嚼、吞嚥、說話困難<br>味覺及口感降低、口腔黏膜受損、齲齒、牙周病<br>營養不良、呼吸道感染 |
| 輕微之散瞳現象 | 眼睛無法聚焦、頭暈、食道炎<br>胃酸分泌減少、胃排空延長<br>腸道蠕動變慢、便秘 | 視覺受影響、容易發生跌倒等意外、加深急性青光眼之病情、糞便乾硬（發生於便秘患者）、影響其他藥物之吸收、麻痺性腸阻塞 |
| 遺尿 | 心跳增加 | 尿滯留、泌尿道感染<br>干擾心臟之電性傳導、心室上部搏動過速性節律不整、使狹心症惡化、鬱血性心衰竭 |
| 排汗降低<br>困倦感，易疲勞<br>無法集中注意力<br>記憶力下降 | 興奮、好動<br>意識困惑<br>記憶力變差 | 體溫升高（中暑）<br>明顯好動、燥擾、定向力缺失<br>出現幻覺、譫語<br>運動失調、肌肉抽動、反射過強、痙攣<br>加重認知之喪失（發生於失智症病人） |

---

**小知識**

抗膽鹼負擔評估：三種評估工具

1. Anticholinergic Cognitive Burden（ACB）scale可利用網站http://www.acbcalc.com/加以計算總分

2. Anticholinergic Risk Scale (ARS)

3. Drug Burden Index-anticholinergic component (DBI-Ach)

> 研究顯示在校正某些干擾因子後，ARS每增加一分，一年後基本生活功能下降的風險顯著增加13%，而譫妄的發生率也顯著增加16%。然而，抗膽鹼藥物不僅可能造成老年人急性譫妄，也增加長期認知功能下降的風險。研究指出，在校正傳統危險因子後，社區老年人若服用ACB 2-3分的藥物，其MMSE分數在未來兩年內可能下降0.33分，且減少抗膽鹼藥物的用量可減少約10.3%的失智症發生。於2015年發表之統合性分析，顯示只要有使用抗膽鹼相關藥物，整體認知功能下降風險增加45%。

## (2)非藥物治療

非藥物治療照護已被公認為失智照護中重要一環，且被建議為替代藥物治療之首要（first-line）執行介入方式。非藥物治療照護是安全、非侵入性且副作用風險最低的治療照護手法，需經過訓練的照護人員／者所執行，其涵蓋層面廣泛，包含在失智者的日常生活中營造適切的人文環境、提供無障礙的支持性物理環境、各類照護活動安排與技巧等，皆是非藥物治療照護的重要理念且缺一不可。秉持「3R」三大原則作為非藥物治療照護理念，進而促進或維持失智者的日常生活功能，並減緩退化程度。目前常用的失智症非藥物治療照護手法（如表五）：

i. 保證（Reassure）：讓失智者感受到自己是被妥善照顧、有安全感的，且意願會被受到尊重。

ii.再考慮（Reconsider）：照護者從失智者的觀點、角度思考照護方式。

iii.轉移焦點（Redirect）：不針對失智者的BPSD表現做正面衝突與指責，試著分散失智者的注意力到其他活動與話題上。

## 4.實驗室檢查與神經影像學

雖然失智症的診斷是基於病人的臨床病史與理學檢查，但仍需配合實驗室的檢查結果，來進一步確認失智症的病因，失智症的實驗室檢查基本上分成三大面向（表六、表七）：

(1) 神經心理學檢查：必要項目包含MMSE（附件一）與CDR（見洪秀麗章節），此項檢查的目的在於確認失智症者的整體認知功能受損狀況，並評估其疾病嚴重度；而選擇性檢查則包含各認知功能檢查的細項，例如額顳葉失智症則可用額葉行為量表（Frontal Behavioral

表五　失智症非藥物治療照護統整表

| 分類 | 治療照護活動 |
|---|---|
| 認知／情緒導向介入（cognitive/emotion-oriented interventions） | 現實導向療法（Reality Orientation, RO）、懷舊治療（Reminiscence Therapy, RT）、認知刺激（cognitive stimulation）／認知訓練（cognitive training）／認知復健（cognitive rehabilitation）、認知刺激治療（Cognitive Stimulation Therapy, CST）、確認療法（validation therapy）、情境模擬療法（simulated presence therapy）等 |
| 感官刺激介入（sensory stimulation interventions） | 光照治療（light therapy）、園藝治療（horticulture therapy）、多感官療法（Snoezelen Multisensory Stimulation Therapy, SMST）、芳香療（aromatherapy）、指壓與穴位按摩（shiatsu and acupressure）、針灸（acupuncture）、按摩／觸摸（massage/touch）、藝術治療（art therapy）、音樂治療（music therapy）、跳舞治療（dance therapy）、透皮神經脈衝刺激（Transcutaneous Electrical Nerve Stimulation, TENS）等 |
| 行為處理技巧（Behavior Management Techniques, BMT） | 行為或認知行為治療（behavioral or cognitive-behavioral therapy）、特定行為功能性分析（functional analysis of specific behaviors）、代幣制度（token economies）、習慣訓練（habit training）、溝通訓練（communication training）、漸進式肌肉放鬆（progressive muscle relaxation）、個別化行為增強策略（individualized behavioral reinforcement strategies）等 |
| 其他社會心理性介入（other psychosocial interventions） | 娃娃治療（doll therapy）、寵物治療（Animal-Assisted Therapy, AAT）、運動（exercise）等 |

Inventory, FBI）評估負向症狀與去抑制症狀，路易體失智症的起伏症狀可以用梅奧波動量表（Mayo Fluctuation Scale）評估，在精神症狀方面可以選用神經精神評估量表（NPI）。

表六　實驗室檢查

| 面向 | 必要項目 | 選擇項目 |
|------|---------|---------|
| 神經心理學檢查 | MMSE, CDR | MoCA, CASI, ADAS-cog, CERAD neuropsychological battery, CDT, WMS, NPI, FAST, basic ADL, IADL, etc. |
| 抽血檢查 | Hb, MCV, GOT (AST)/ GPT (ALT), BUN/Cr, TSH/T3/T4, B12, VDRL | Na, K, Ca, P, Cl, cortisol, ammonia, ESR, CRP, albumin, homocysteine, folate, tumor marker, autoimmune, HIV, heavy metals, etc. |
| 其他檢查 | | CSF, CXR, EKG, etc |

備註：蒙特利爾認知評估量表（Montreal Cognitive Assessment, MoCA）
　　　阿茲海默症評估量表（Alzheimer's Disease Assessment Scale-cognitive subscale, ADAS-cog）
　　　畫鐘測驗（Clock Drawing Test, CDT）
　　　魏氏記憶量表（Wechsler Memory Scale, WMS）

表七　神經影像學檢查

| CT檢查 | 可以掌握腦萎縮的程度，並可以檢查是否存在腦瘤或腦梗塞。 |
|--------|-----------------------------------------------------|
| MRI檢查 | 它可以比CT檢查更準確地檢測出腦部腫瘤和動脈硬化。 |
| PET檢查 | 神經細胞萎縮和葡萄糖消耗減少，表明大腦活動程度降低。<br>紅色表示大腦活動活躍，因此被認為是在相對早期檢測阿茲海默症的有效測試方法。 |
| SPECT檢查 | 這是一種檢查方法，可讓您通過圖像查看大腦的血流狀態，用於確認大腦中血流減少的部位。 |

(2) 抽血檢查：必要項目包含血紅素、肝與腎臟功能、甲狀腺功能、維生素$B_{12}$與梅毒血清反應。此項檢查的目的在排除由於嚴重的貧血或是肝、腎病變、或甲狀腺低下所引起類似失智症的表現。其他選擇性的檢查則包含鈣離子、腎上腺素、腫瘤指標、自體免疫與HIV病毒、重金屬含量的檢查。

(3) 其他選擇性檢查：對於一些有診斷不確定的失智症，則需要安排選擇性檢查來確定病因。如有懷疑中樞神經感染，則病人應抽取腦脊髓液做進一步的檢查，以排除慢性腦膜炎的可能。神經電生理的檢查在失

智症的診斷上為選擇性的。然而在一些特殊的疾病診斷上有其必要性，其一是庫賈氏病，其腦波有特殊的週期性癲癇樣放電，另外在鑑別譫妄與失智症或是癲癇時，腦波也有其角色。另外、心電圖的檢查則有助於了解心律異常的可能，以避免使用藥物治療時引起心律過慢的副作用。

## (二)藥師訪視時的要點

對於使用膽鹼酯酶抑制劑的失智症病人（從疾病早期開始服用），它經常與許多其他藥品（包括治療）結合使用。藥師必須確認這些藥品之間的相互作用，若當病人有心搏過慢的病史時，應謹慎服用膽鹼酯酶抑制劑，監測其心跳速率。此外，還有胃腸道症狀，例如胃灼熱、上腹部不適和腹瀉等副作用需注意。

### 1.症狀未改善時的藥物選擇

沒有嚴格的證據顯示藥品要如何轉換。對於晚期阿茲海默症（AD），只有donepezil和memantine有健保給付。在一項將donepezil從5毫克／天增加至10毫克／天的研究中，指出一半以上AD病程被延緩。此外donepezil、galantamine和rivastigmine都可能因劑量增加而變得「危險」。如果出現諸如「漫遊、對照顧的抵抗、吼叫、妄想和視覺幻覺」之類的症狀，請減少這些藥物的劑量，並考慮開處方memantine和抗精神藥物。漢方藥物中，抑肝散可為緩解諸如幻覺和妄想等症狀的一線藥物，需要注意低血鉀症，但其他副作用相對較少。這些處方藥可以讓病人病情緩解，因此，請和主要照顧的護理人員與處方醫生聯繫，以了解是否適合根據症狀進行調整。

### 2.失智症個案生氣，妄想等時的藥物選擇

依報導指出，有部分的個案當donepezil停藥後，BPSD可改善，或從donepezil改為galantamine後，BPSD亦改善。

考慮處方建議，例如有生氣情況的病人加入memantine；risperidone常被用於治療妄想，但有很強的副作用，例如行走困難和嗜睡。SSRI（如fluvoxamine）和抑肝散的耐受性良好。當路易氏體失智症個案發生幻覺時，應考慮使用donepezil和促多巴胺藥品，勿使用risperidone來調

節腦中膽鹼和多巴胺的平衡。

## 3. 增加服藥配合度的方法

　　每位藥師去訪視個案時，對於個案的服藥配合度不如預期會感到驚訝。尤其是在獨居而且沒有人照顧的病人更是對服藥感到困惑，因為他們除了吃藥外，尚有其他的生活上的事情需要處理。因此，讓我們使用以下的措施來協助個案找到無法配合服藥的原因，並且協助找到解決方法，同時也要向處方醫師提出可行的處方調整建議。

(1) 使用照顧服務員之日間服務來協助給予藥品。

(2) 考慮減少服藥頻次來降低每日服藥次數。

(3) 如果病人的藥品的種類與數量複雜時，藥師可以協助分裝藥品（如使用七日藥盒或包藥機協助製作單一劑量包裝之藥包等）。

(4) 考慮利用複方藥品以減少藥品的服用數量。

(5) 如果有吞嚥困難的問題，應考慮將錠劑更改為液體或其他劑型（例如口溶錠和經皮吸收貼片），並建議採取簡單的懸浮方法。

(6) 利用電話或通訊軟體提醒的方式提高配合度。

(7) 使用藥物日曆、藥盒和藥物確認表。

---

**重點**

　　為了防止因吞嚥困難而造成吸入性肺炎的發生，可以採取以下措施來促進多巴胺和P物質的活化，刺激咳嗽反射。

1. 進行口腔護理，刺激感覺神經以增加P物質系統，並增加咳嗽反射。

2. 服用抑制P物質降解的ACE抑制劑。

3. 給予amantadine釋放多巴胺（100毫克／天）。

4. 使用cilostazol（有研究指出使用cilostazol的病人，體內和呼吸道的P物質濃度較高）。

5. 增添餐食和飲用水。

> **小知識**
>
> 使用sulpiride促進食慾？
> 　　醫師可能因為病人沒有食慾而開sulpiride促進食慾，但sulpiride具有抗多巴胺作用，需要注意會造成帕金森氏症和路易體失智症病人的病情惡化。

## 4. 輔助服藥的工具

　　近來市面上也開始銷售帶有電子鬧鐘提醒的藥盒，可預先設定提醒服藥時間。依據產品的特性，除響鈴通知，有些更加上燈號提示，有些甚至可與藍牙或是手機APP連結，讓遠方的家人可以確認是否服藥，與查看服藥率。

　　即使已經採取諸如將藥包在同一包裝、用藥時間表、減少服藥次數等措施之後，如果仍未看到配合度的改善，則也可以引入輔助服藥裝置。為了鼓勵個案自己服用藥物，請與他們的醫師、居家護理師、個管師一起根據失智症的嚴重程度選擇設備。

## 5. 拜訪失智症者時的想法

(1) 早期發現和早期治療並鼓勵儘早進行諮詢和治療。
(2) 發現失智症者何時容易憤怒？確認並且理解其狀況，不與其爭執，同時給予支持。對話時聲音輕柔，臉對臉，眼睛要有交集傾聽抱怨，擺脫焦慮。
(3) 在日曆或備忘錄上寫下和您的約會，以免他們忘記。
(4) 當有被偷的妄想發生時，儘可能不去爭執有或沒有，爭執會造成妄想的惡化，儘可能轉移話題並且安撫。
(5) 建議重新審視生活習慣並進行適當的身體活動。需要外出時，應先做好計畫，不要太晚回家，儘量維持正常作息時間。
(6) 鼓勵參與日常活動，社區失智服務據點。透過聽音樂、唱歌、做飯和打掃等身體的活動來使大腦恢復活力。
(7) 如果發現難以應付之情況，請與其他專業人員進行詢問討論。
(8) 最後勸告應培養良好的睡眠習慣，並小睡30分鐘。睡眠不足的人患阿茲海默症的可能性是睡眠良好者的五倍。

## (三) 名詞解釋

| 名詞 | 說明 |
| --- | --- |
| BPSD | 與失智症相關的行為和心理症狀。精神病症狀包括抑鬱、焦慮幻覺、妄想、睡眠障礙，而行為障礙包括攻擊性行為，例如暴力和騷擾、尖叫、拒絕和嫉妒。 |
| 被偷妄想 | 在失智症中，妄想的出現程度相對較高，約占15%。其中約有75%是「被偷妄想」的一種妄想，這種妄想是當病人開始忘了自己把東西放在哪裡，或忘了老伴跟自己說過要外出，無法接受是自己的記憶力喪失，便轉而懷疑他人偷竊或老伴與他人有染的道理一樣。這是病人在早期階段還具獨力生活能力時很常見的症狀，在中期後就會減輕。可以同理對方「遺失物品」的不安心情，一起尋找或是改變話題。 |
| 修復反應 | 如果您正在與失智症病人交談，您可能會覺得好像正在現場修復故事。這被稱為「修復反應」，並且是特徵性反應，尤其是在病人患有阿茲海默症的情況下。由於記憶力減退而忘記了最近發生的事件，因此病人會作出一些類似欺騙的言行去補充失去的記憶。這來自於想要與周圍的人共度美好時光的想法，以免破壞氣氛並打擾對方。 |
| 日落症候群 | 指發生於每天下午三點到晚上九點間，失智長者特別容易發生情緒焦躁、行為混亂、精神行為症狀頻繁等狀況，可能和長者的疲倦和光線昏暗有關，提供安全陪伴、參與活動及改善光線等方法可有效改善。 |

## 參考資料

1. 失智症診療手冊，衛生福利部（106年）
2. MMSE TDS建議版
3. 李世代（2004）長期照護需求的評估，於陳惠姿總校閱，長期照護實務（二版，5-16～5-17頁），永大。
4. 宋惠娟（2005），老人長期照護的評估，於陳清惠等合著，長期照護（三版，350-351頁），華格那。
5. KalesHC, Gitlin LN, Lyketsos CG. Assessment and management of behavioral and

psychological symptoms of dementia. BMJ. 2015; 350: h369.

6. http://www.tada2002.org.tw/About/IsntDementia

7. http://www.clarion.com/jp/ja/corp/information/news-release/2014/1002-1/index.html

8. http://takikaku.co.jp/caregoods/care-hojo.html

9. https://www.mhlw.go.jp/stf/seisakunitsuite/bunya/0000064084.html

10. 許庭榕、黃仲禹：失智症非藥物治療照護。臨床醫學2020；85(2)：81-87

11. 黃安君：抗膽鹼藥物及其臨床影響。臨床醫學2020；85(2)：67-73

12. http://neuropathology-web.org/ Chapter 9 DEGENERATIVE DISEASES

13. 薬剤師のためのうぐに始められる！在宅訪問ガイドブック。株式会計望星
薬局在宅業務支援課

## 附件一、認知功能評估量表

簡易心智量表（Mini-Mental State Examination, MMSE）

　　簡易心智量表評估項目包括定向感、注意力、記憶力、語言、口語理解及行為能力、建構力等項目，評估過程無時間限制，滿分是30分，分數越高表示認知功能越好，答對一項給一分，總分若低於24分表示個案有輕度認知功能障礙，若低於16分則表示有重度認知功能障礙。

| 評估項目 | 評估內容 | 得分 |
|---|---|---|
| 定向感(10) | 1. 時間(5)：「您能告訴我今天的日期嗎？」詢問任何漏掉的部分：<br>　　年(1)，月(1)，日(1)，星期(1)，季節(1)。<br>2. 地方(5)：「您在哪裡？」詢問略掉的部分：省(1)，市(1)，鎮<br>　　(1)，醫院(1)，樓(1)。 |  |
| 注意力(8) | 1. 訊息登錄(3)：清楚而緩慢的說出三個不相關物件的名稱，然後請<br>　　個案複述一次，如：蘋果(1)、手錶(1)、筆(1)。<br>2. 系列減七(5)：請個案做一系列的減7，共5次，答對一個給一分<br>　　（如：100-7-7-7-7-7）。或換個方法，請病人順著或倒著唸「家<br>　　和萬事興」或5個不連續的數字。 |  |
| 記憶(3) | 請個案複述剛才那三樣物件的名稱，如蘋果(1)、手錶(1)、筆(1)。 |  |

| 評估項目 | 評估內容 | 得分 |
|---|---|---|
| 語言(5) | 1. 命名(2)：給個案看一支錶，然後問他這物品叫什麼名字(1)。以原子筆重複一次(1)。<br>2. 複誦(1)：請個案複述：「有錢能使鬼推磨」。<br>3. 理解(1)：給個案看一張上面用大字印著「閉上眼睛」的紙，請個案讀出來，然後照做。<br>4. 書寫造句(1)：請個案自己寫一句話。 | |
| 口語理解及行為能力(3) | 給個案一張空白無圖樣的紙，並且說「用你的右手拿紙(1)，對摺(1)，然後放在地板上（或再交給我）(1)」。 | |
| 建構力(1) | 請個案將下列交疊的五角形描繪到一張白紙上。 | |
| 總分 | | |

參考資料：李世代（2004），長期照護需求的評估，於陳惠姿總校閱，長期照護實務（二版，5-16～5-17頁），永大。

宋惠娟（2005），老人長期照護的評估，於陳清惠等合著，長期照護（三版，350-351頁），華格那。

附註：

1. 最高分30分，24～30分視為正常，12～24分視為憂鬱，9～12分視為可能失智需進一步評估，不到9分視為失智。教育程度差者，至少15～17分。

2. （ ）內數字為該項目得分數。

3. 訊息登錄：受測者覆誦三個名詞後，要請他記住，說明3～5分鐘後會再問這三個名詞，即回憶項目。若唸第1次受測者無法完全覆誦3個名詞，則可重覆練習至多3次，但以第1次覆誦的結果計分。

4. 注意力：計算過程中不能再次提醒「減7」，以每次減得正確與否計分，若需提醒上題餘額則本題算錯。若「100-7」和「再減7」二題皆錯誤，則可換個方式，請個案唸家和萬世興，家和萬世興可重複告知。

5. 建構力：請用一張白紙畫上述圖形（邊長3～5公分），再請受測者盡可能畫同樣圖形，必須兩個五角形的兩邊相交成一個四邊形才給分。不論大小皆給分。

# 四、骨質疏鬆（Osteoporosis）

楊淑晴、吳璨宇

骨質疏鬆症的比例隨著人口老化而日漸增加，世界衛生組織（World Health Organization, WHO）認定它是僅次於心血管，全球第二大的重要疾病。國民健康署的調查顯示，骨質疏鬆症是65歲以上老人常見慢性病的第四位，其後果是發生各部位之骨折，其中以脊椎及髖部骨折最爲嚴重，一旦引發骨折便會影響病人的生活品質，進而增加死亡率。臺灣老年人口（年齡大於65歲）到2013年底突破12%，預估到2030年將提高到24.5%，近期的研究也呈現臺灣髖骨骨折發生率是亞洲區第一名，骨質疏鬆症的課題更顯得重要。

## (一)疾病的基本知識

定義：

WHO於1994年公布成年人骨質疏鬆症的定義爲「一種因骨量減少或骨密度降低，而使骨骼微細結構發生破壞的疾病，惡化的結果將導致骨骼脆弱，並使骨折的危險性明顯增高」。

美國國家衛生院（National Institutes of Health, NIH, USA）最新的定義則強調骨質疏鬆症爲「一種因骨骼強度減弱致使個人增加骨折危險性的疾病」。骨骼強度（bone strength）則包含骨密度（bone density）及骨骼品質（bone quality）；涵蓋骨骼結構（architecture）、骨骼代謝轉換（turnover）、結構損傷堆積（damage accumulation）及礦物化程度（mineralization）。

診斷標準：

臨床上可依據三個條件：

(1) 骨密度T值（T-score）等於或小於-2.5時。

(2) 低創傷性骨折（low traumatic fracture）：低能量就造成骨折，以前臂手腕、髖部或脊柱壓迫性骨折較常見。

(3) 任何一節脊椎體高度變形超過20%時，即使骨密度T值大於-2.5也得以診斷爲骨質疏鬆症。

分類：

臨床上將骨質疏鬆症分爲原發型和續發型。

「原發型骨質疏鬆症」可再分爲停經後（第一型）和老年性骨質疏鬆症（第二型）兩類。

「續發型骨質疏鬆症」大都由其他疾病引起骨質流失所致，如服用類固醇、甲狀腺疾病、副甲狀腺機能亢進、性腺機能低下、類風溼性關節炎、腎臟疾病、肝臟疾病、糖尿病、臟器移植、骨折、腸道吸收不良、吸菸、酗酒等狀況所引起。

## 1.高齡者骨質疏鬆的特徵

- 停經後婦女約在停經後15～20年間發生，主要是停經後體內雌性素量急遽減少，破骨細胞活性增強而吸收骨小樑，令骨小樑變細、斷折、減弱骨強度。
- 老年性骨質疏鬆症常見於70歲以上女性或80歲以上男性，女性約爲男性的2倍，年老時造骨細胞功能衰退，鈣和維生素D攝取量不足，腸道吸收功能變差，導致骨合成減少，骨強度明顯減低。
- 高齡男性常見的前列腺癌一旦面臨去勢療法，導致雄性激素下降，骨質疏鬆和骨折風險增加。
- 根據我國在1999年和2009年的資料顯示，男性髖部骨折病患在一年內的死亡率爲22%和18%，女性則爲15%和11%，均高於同年之標準死亡率。而未死亡者常因未能完全自主生活而需長期照護，且常再度發生骨折。
- 脊椎骨折也會引起背痛、駝背、身高變矮，嚴重者影響肺功能和消化系統功能，甚至死亡。
- 腕部骨折也經常會造成局部變形，影響日常生活。
- 運動時需要考慮跌倒／骨折的情況，如果有心肺功能或膝關節損傷等，就要減少。
- 有必要根據病人的病情設定個人治療藥物和目標。

**小知識**

認識一分鐘骨鬆風險評估表

　　骨質疏鬆症預防與治療目的是減少骨折，防止併發症所造成的連鎖問題。骨質疏鬆症風險因子隨著生活習慣、家族史與個人疾病史與藥物史等諸多因素而有不同。107年中華民國骨質疏鬆症學會參考國際骨質疏鬆基金會（International Osteoporosis Foundation, IOF）內容編譯了中文版「一分鐘骨鬆風險評估表」作為疾病風險的初篩工具。

### 女性版骨質疏鬆症風險「一分鐘自我評量表」

| 檢測題目 | 是 | 否 |
|---|---|---|
| 1. 您的父母是否曾經因輕微的碰撞或跌倒而跌斷股骨（大腿骨）？ | | |
| 2. 您本人是否曾經因輕微的碰撞或跌倒而跌斷骨頭？ | | |
| 3. 您是否曾經服用類固醇超過3個月？ | | |
| 4. 您現在的年紀減掉您的體重是否超過或者是剛好等於20？<br>（例如：您現年60歲而體重為40公斤） | | |
| 5. 您的身高是否變矮超過3公分（大於1英吋）？<br>　年輕時的身高 = ＿＿＿＿＿cm<br>　現在的身高 = ＿＿＿＿＿cm | | |
| 6. 您是否經常性的飲酒過量（超過安全的飲酒範圍），或者您是否每天抽菸超過20支（約1包） | | |
| 7. 您是否有甲狀腺素過高或副甲狀腺素過高的情形？ | | |
| 8. 您是否在45歲或以前已停經？ | | |
| 9. 除了懷孕期間外，您是否曾經停經超過12個月？ | | |

### 男性版骨質疏鬆症風險「一分鐘自我評量表」

| 檢測題目 | 是 | 否 |
|---|---|---|
| 1. 您的父母是否曾經因輕微的碰撞或跌倒而跌斷股骨（大腿骨）？ | | |
| 2. 您本人是否曾經因輕微的碰撞或跌倒而跌斷骨頭？ | | |
| 3. 您是否曾經服用類固醇超過3個月？ | | |

| 檢測題目 | 是 | 否 |
|---|---|---|
| 4. 您的身高是否變矮超過3公分（大於1英吋）？<br>　年輕時的身高 = ＿＿＿＿cm<br>　現在的身高 = ＿＿＿＿cm | | |
| 5. 您是否經常性的飲酒過量（超過安全的飲酒範圍），或者您是否每天抽菸<br>　超過20支（約1包） | | |
| 6. 您是否有甲狀腺素過高或副甲狀腺素過高的情形？ | | |
| 7. 您是否因雄性激素過低而導致陽萎、性慾減低或其他相關症狀？ | | |

- 只要其中有任何一項問題回答「是」，則表示病人存在骨質疏鬆症的風險，應該建議進行骨密度檢查或FRAX（Fracture Risk Assessment Tool）風險評估。

---

**小知識**

睪固酮與骨質疏鬆的關係

　　睪固酮在經由5-α還原酶（5-alpha reductase）轉換成二氫睪固酮（dihydrotestosterone）後，能刺激造骨細胞（osteoblast）的活性及骨質增長，而在睪固酮濃度較低的男性骨質疏鬆的盛行率，相較於正常濃度的男性高出一倍。

---

### 2. 選擇骨質疏鬆藥物治療時需要考慮病人因素和藥物特異性

　　體內骨組織保持著動態平衡，伴隨著骨重塑（bone remodeling）的過程來維持定量的骨組織。造骨細胞（osteoblast）和破骨細胞（osteoclast）上具有雌激素、副甲狀腺素和維生素$D_3$的受器，對骨細胞的更迭有調節作用。其中雌激素可以藉由抑制骨細胞的膜蛋白「核因子-kB受體活化因子配體」（Receptor Activator of Nuclear Factor Kappa-B Ligand, RANKL）的表現，抑制破骨細胞生成，來調整破骨細胞的數量。

　　專科醫師皆認為，在進行藥物治療之前，病人要避免酗酒、抽菸，鈣與維生素D都需要補足，而後無論決定使用何種藥物治療時，仍應考慮實際的狀況，由醫師及病人共同決定。

　　下列表格包含治療藥物的分類、使用頻次、是否可以減少脊椎骨折和之外的影響、是否對類固醇造成的骨質疏鬆有治療效果。

**對於骨鬆治療藥物合併使用的效果如何？**

　　除了目前的臨床試驗中有證實骨穩（Forteo®）＋保骼麗（Prolia®），或是骨穩（Forteo®）＋骨力強（Aclasta®）可增加骨密度外（仍缺數據證實可有效降低骨折發生率），其他藥物的合併使用並無法增加治療效果，反而會引起拮抗作用、或是副作用的增加，故各國的骨質疏鬆防治指引，皆不建議合併兩種抗流失劑（抑制破骨細胞），或是合併使用抗流失劑與促造骨劑來治療。

| 骨質疏鬆症之治療藥物 | 使用頻次 | 減少脊椎骨折 | 減少脊椎以外骨折 | 對類固醇性骨鬆有效 |
|---|---|---|---|---|
| 破骨細胞抑制藥物 | | | | |
| 雙磷酸鹽類 | | | | |
| Alendronate（Fosamax®，福善美） | 每週口服一次 | ++ | ++ | ++ |
| Risedronate（Reosteo®，瑞骨卓） | 每週口服一次 | ++ | ++ | ++ |
| Zoledronate（Aclasta®，骨力強） | 一年一次 | ++ | ++ | ++ |
| Ibandronate（Bonviva®，骨維壯） | 三個月一次 | ++ | + | N/A |
| RANKL單株抗體 | | | | |
| Denosumab（Prolia®，保骼麗） | 6個月一次 | ++ | ++ | N/A |
| 雌激素、選擇性激素調節劑 | | | | |
| Estrogen | 每日口服一次 | ++ | ++ | 不宜 |
| Raloxifene（Evista®，鈣穩錠） | 每日口服一次 | ++ | + | N/A |
| Bazedoxifene（Viviant®，芬安） | 每日口服一次 | ++ | + | N/A |
| 造骨細胞刺激藥物 | | | | |
| Teriparatide（Forteo®，骨穩） | 每日皮下注射 | ++ | ++ | ++ |
| 混合型（抗破骨＋造骨） | | | | |
| Strontium（Protos®，補骨挺疏） | 每日睡前服用一包 | ++ | ++ | N/A |
| Romosozumab（EVENITY®，益穩挺） | 每月皮下注射一次 | ++ | ++ | N/A |

++：有足夠證據建議使用，+：有間接證據可建議使用，N/A：目前尚無足夠證據；Salmon Calcitonin（Miacalcic®，密鈣息）長期使用可能有增加發生癌症的風險，鼻噴劑用於骨質疏鬆症治療之適應症，臺灣已於2013年停止使用。

---

**小知識**

**喝酒會造成骨質疏鬆嗎？**

　　骨折風險評估工具（Fracture Risk Assessment Tool, FRAX）中有一項提問：每日是否飲用酒精3單位或以上。過量酒精確實會影響骨質疏鬆，它會直接毒殺造骨細胞，妨礙骨質生長，而且會改變維他命D和鈣的代謝。酗酒的人常會酒醉跌倒，也是造成骨折的原因。

---

# (二) 藥師訪視時的要點

## 1. 觀察服藥和剩餘藥物狀態，並思考如何管理

　　數數藥粒，根據剩餘天數和藥粒有無吻合，若無，要跟病人確認剩餘藥物的原因。倘若個案無法吞服或上半身無法保持30分鐘直立，根據其身體狀況與生活模式，建議醫師做處方調整。

## 2. 有關藥物，高齡病人和其家庭需要注意的地方

　　高齡病人出現副作用，有時很難自我察覺。訪視時要多多傾聽病人，當為改善抱怨而加藥時，考慮是否為藥物的副作用。若懷疑是藥物引起，應減少劑量或思考處方建議。

### (1) 雙磷酸鹽（Bisphosphonates）

　　目前的治療主流，可有效增加脊椎與髖骨密度。口服生體可用率極低，約1～3%，且吸收效果易受食物、鈣片、鐵劑、咖啡、茶類、柳橙汁影響。服用這類藥品要提供衛教告知病人，為了避免干擾吸收，在早餐至少30分鐘前，喝200ml左右白開水同時使用，服藥之後不可立即躺下，以免造成食道損傷。

　　高齡病人常有共病多藥的問題，本類藥品除了口服，評估腎功能，也可選用3個月1次，或1年1次的注射。

　　長期用藥之藥物不良反應事件（adverse events）：

　　• 顎骨壞死（Bisphosphonate-Related Osteonecrosis of Jaw, BRONJ），常見於下顎骨。

　　• 非典型股骨骨折（atypical femur fracture）。

顎骨壞死造成骨組織暴露，伴隨後續疼痛及局部感染。機率隨著服藥時間增加而增加，超過四年或更久，機率增加20倍。除此之外給藥途徑也會影響，根據2014年AAOMS，口服雙磷酸鹽發生顎骨壞死機率為0.00038～0.1%，而靜脈注射雙磷酸鹽治療癌症合併骨轉移病人，發生率為1.6～14.8%。預防之計，在藥物治療期間，應儘量避免拔牙或植牙等。若需手術，應儘量在術前停用藥物3個月，而且在治療全程中，病人應保持良好之口腔衛生。

## (2)核因子-kB受體活化因子配體抑制劑（RANKL inhibitor）

Denosumab（Prolia®）60mg，每6個月一次，皮下注射。它是一種人類單株抗體，身體可用率為61%，會於10天後達最高血中濃度，半衰期為26天。

近年陸續有文獻報告出現藥物相關之顎骨壞死。

## (3)**雌激素、選擇性激素調節劑**

有關停經期有所謂賀爾蒙治療的黃金良機（window of opportunity），也就是停經後十年或60歲以前。雌激素不論有無並用黃體素，都可預防停經後最初的骨流失（bone loss），又可加強停經後較晚期的骨量（bone mass）。此類藥品容易造成急性靜脈栓塞和肝炎，有禁忌者應避免。

## (4)副甲狀腺素（Parathyroid hormone）

Teriparatide（Forteo®，骨穩®），它是利用基因工程合成的人體副甲狀腺荷爾蒙，間歇性使用副甲狀腺素，有增進造骨細胞活化、促進骨質新生的作用。每日皮下注射大腿或腹壁等部位，每次20 μg。初次注射可能發生姿勢性低血壓，建議病人坐著注射來緩解。

## (5)鍶（Strontium）

Strontium ranelate是同時具有抑制骨質流失及增加骨質生成的藥物。

Strontium ranelate（Protos®，補骨挺疏），每日一次，一包2g，加水成懸液劑後口服使用。使用時必須與鈣、制酸劑、tetracycline、quinolone等抗生素或食物間隔2小時以上，以避免影響吸收。

避免使用於苯丙酮尿症者、靜脈血栓性栓塞（Venous Thromboembolism, VTE）之高危險群病人。

### (6)益穩挺（Romosozuma）

Romosozumab（EVENITY®，益穩挺，105 mg/1.17 mL一盒兩支預充式注射筆），它是一種人類IgG2單株抗體，屬硬化蛋白（Sclerostin, SOST）抑制劑，作用機轉為與SOST結合，抑制其活性，降低蝕骨細胞活動及骨質吸收作用，此外，亦能增加造骨細胞的骨質生成作用，是同時具有抑制骨質流失及增加骨質生成的藥物。

目前的適應症為用於治療有高風險骨折之停經後婦女的骨質疏鬆症，或其他有骨折高風險但對其他治療失敗或無法耐受的病人。

Romosozumab每月一次皮下注射210 mg（施打分兩次，每次105 mg），促骨質生成的作用在使用12個月（12次劑量）後會減弱，故治療期間建議不超過12個月，停藥後若仍需繼續治療骨質疏鬆症，可考慮其他的抗骨質吸收劑。

常見的副作用為關節痛、過敏反應、頭痛、注射部位疼痛不適、紅斑……等。

Romosozumab不建議用於心血管疾病高風險或最近曾發生心肌梗塞或中風病人。治療期間病人遇到心臟病發或中風均應中斷治療。

### 3. 目前服用的其他藥物有可能增加骨折風險嗎？幫病人留意！

訪視時可以幫病人留意是否有服用造成骨質疏鬆的藥物，下列圖表提供處置建議和替代藥物，可做為醫師處方調整時的參考。

常見引起骨質疏鬆的藥物之處置與建議

| 藥物 | 作用機轉 | 處置建議 | 替代藥物 |
|---|---|---|---|
| **Glucocorticoids (GCs)** | 降低鈣的再吸收，引起骨質流失。骨質再吸收（resorption）過度所造成。 | • 補充鈣及維生素D。<br>• 選擇雙磷酸鹽類治療。<br>• 每2年DXA檢查。 | • 限制類固醇的劑量及使用時間。<br>• 評估改用其他免抑制劑。 |
| **Proton pump inhibitors (PPIs)** | 目前仍未知。 | • 補充鈣及維生素D。<br>• 避免併用雙磷酸鹽類。 | 改為H2-blocker。 |

| 藥物 | 作用機轉 | 處置建議 | 替代藥物 |
|---|---|---|---|
| **Thiazolidinediones (TZDs)** | 降低骨質的合成。 | 避免使用於已知有骨質疏鬆的病人。 | 改用其他類降血糖藥物。 |
| **SSRIs與SNRIs** | 不明確。 | 補充鈣及維生素D。 | 改用其他類抗憂鬱症用藥。 |
| **Antiepileptic drugs (AEDs)** | 使Vit D分解成無活性代謝物，進而降低鈣質的吸收。 | • 非酵素誘導抗癲癇藥物的民眾，每天補充維生素D 1000〜1200 IU。<br>• 酵素誘導抗癲癇藥物的民眾，每天補充維生素D 2000〜4000 IU。 | 抗癲癇藥物改用Levetiracetam。 |
| **Medroxyprogesterone acetate (MPA)** | 降低estrogen生成。 | • 補充鈣及維生素D。<br>• 限制使用2〜3年。 | • 併用低劑量estrogen。<br>• 使用其他避孕方法。<br>• 停藥後即可恢復。 |
| **Aromatase inhibitors (AIs)** | 導致estrogen濃度下降。 | • 補充鈣及維生素D。<br>• 使用雙磷酸鹽治療中至高風險病人。<br>• 每2年DXA檢查。 | 無建議。 |
| **GnRHs agonists** | estrogen生成減少。 | • 使用雙磷酸鹽、deno-sumab、Teriparatid治療中至高風險病人。<br>• 每2年DXA檢查。 | 對於沒有骨轉移者，可改用第二線androgen receptor blocker。 |
| **Calcineurin inhibitors** | 間接地影響骨泌素及維生素D的代謝。 | • 補充鈣及維生素D。<br>• 每2年DXA檢查。 | 無建議。 |
| **Anticoagulants** | 降低骨形成及增加骨吸收。 | 無建議。 | Heparin的抗凝血劑可考慮用LMWH或fondaparinux取代。 |

## 4. 了解飲食和運動狀態，提供適合個別的關心

2007年統合研究分析顯示，服用鈣和維生素D可使骨折風險減少12%（RR 0.88, 95% CI 0.83～0.95; p = 0.0004），每日攝取足量鈣和維生素D，對預防骨質疏鬆和減少骨折風險非常有效。

## 5. 鈣質及乳製品

飲食中足夠的鈣質攝取，可抑制副甲狀腺（Parathyroid Hormone, PTH）分泌，以減少蝕骨作用過度進行，並提供骨再塑作用中構成新骨質的成分。

美國骨質疏鬆症基金會（National Osteoporosis Foundation, NOF）和國際骨質疏鬆症基金會（International Osteoporosis Foundation, IOF）建議：

**50歲以上成人，每日至少需要攝取鈣量1,200毫克（包括必要鈣劑量），維生素D$_3$ 800～1,000 IU。**

若每日攝取鈣量超過1,200～1,500毫克，並無更大益處，反而會增加腎結石或心血管疾病風險。

乳製品被認為是日常中含鈣量最多的食物類型，它的其他成分如乳糖和酪胺酸則可促進鈣質的吸收，而且可刺激肝臟合成，具有促進成骨作用的第一型類胰島素生長因子（IGF-I），因此被視為重要的飲食中鈣質來源。

其他黑芝麻、小魚乾、芥藍菜、山芹菜也是日常含鈣量大的食物。估計飲食含鈣量時，可諮詢營養師，必要時服用鈣片補充。

## 6. 常見口服鈣片之比較

選用鈣片要比較鈣離子含量和吸收率，另外研究發現胃酸在鈣離子吸收，扮演重要角色，碳酸鈣及磷酸鈣因受胃酸影響，建議於胃酸分泌較多時（飯後）服用，以增加鈣的溶解吸收。而檸檬酸鈣被證實溶解度不受pH值影響，可空腹使用，亦適合胃酸分泌較少或服用胃藥之病人。胺基酸螯合鈣吸收率最高（80%），但鈣離子含量不高，價錢較高。

每次服用鈣離子最大吸收量為500 mg，若欲攝取1000 mg鈣離子，則建議分成兩次以上服用。鈣錠一般都較大，不易吞服，可告知病人咬碎後服用，並且多喝水，幫助鈣片溶解，改善便秘或腸道不適。

| 鈣鹽 | 碳酸鈣 Calcium carbonate | 磷酸鈣 Tricalcium phosphate | 醋酸鈣 Calcium acetate | 檸檬酸鈣 Calcium citrate | 胺基酸螯合鈣 Calcium amino acid | 乳酸鈣 Calcium lactate | 葡萄酸鈣 Calcium gluconate |
|---|---|---|---|---|---|---|---|
| 鈣離子含量百分比 | 40% | 39% | 25% | 21% | 15-18% | 13% | 9% |
| 吸收率百分比 | 27% | 25% | 40%（饑餓） | 40% | 80% | 29% | 27% |
| 臨床用途及用法 | 飯後（補鈣）隨餐（降磷） | 飯後（補鈣） | 空腹（補鈣）隨餐（降磷） | 空腹或飯後（補鈣） | 補鈣 | 補鈣（非首選） | 補鈣（非首選） |

## 7. 留意可能影響鈣片的藥物、食物

　　病人服用的鈣片可能會減低效果或造成結石，可能與它併服的藥物和飲食有關。本文中治療骨質疏鬆的藥物alendronic acid（雙磷酸鹽類）和Strontium ranelate（鍶鹽）都要避免與鈣同時服用，應該要間隔2小時，才不會影響藥效。

| 影響鈣片的藥物 | 處理方式 |
|---|---|
| Ceftriaxone抗生素 | 禁止與含鈣注射液同時使用。<br>藥物與鈣可能會在肺或腎臟合成微晶體，有致命危險。 |
| Quinolone奎諾酮類抗生素，如ofloxacin、ciprofloxacin | 同時服用會減少兩者的吸收和作用。<br>考慮更換藥品或至少要間隔2小時（Ciprofloxacin更需間隔6小時）。 |
| Tetracycline四環黴素類抗生素，如doxycycline、tetracycline | 同時服用會減少兩者的吸收和作用。<br>考慮更換藥品或至少要間隔2小時。 |
| Levothyroxine甲狀腺素 | 同時服用會減少Levothyroxine的吸收和作用，至少要間隔4小時服用。 |
| Strontium ranelate（鍶鹽） | 降低藥物的「生體可用率」。<br>至少要間隔2小時服用。 |
| Alendronic acid（雙磷酸鹽類） | 降低藥物的「生體可用率」。<br>至少要間隔2小時服用。 |

| 影響鈣片的食物 | 處理方式 |
|---|---|
| 草酸含量高的食物，如茶葉、花生、地瓜、菠菜等 | 草酸會在腸道內跟鈣結合，形成不能被人體吸收的草酸鈣，進而從糞便排除。至少要間隔2小時。 |
| 磷酸含量高的食物，如糙米、米糠、小麥等 | 影響鈣的吸收，至少要間隔2小時。 |
| 鐵含量高的食物，如紫菜、鵝肝及髮菜等 | 在腸道內跟鈣競爭，互相抑制吸收，需要間隔4小時。 |

## 8. 補充維生素D

維生素$D_3$能促進鈣質吸收，維護正常骨代謝，肌肉功能，平衡功能可以防範跌倒。它的來源包括陽光照射10～20分鐘（紫外線對皮膚的照射後，人體皮膚自己產生的維生素$D_3$直接具有活性），食物或補充劑所含的維生素D，需要通過肝臟和腎臟的代謝才能轉化爲有活性的維生素$D_3$。

血液中維生素D測定〔25(OH)D〕是臨床上對維生素D含量最佳指標，美國內分泌學會把25(OH)D濃度在20 ng/ml以下，定義爲維生素D不足（Deficiency）；21～29 ng/ml，定義爲維生素D缺乏（Insufficiency）；30 ng/ml以上，定義爲維生素D充足（Sufficiency）。

當〔25(OH)D〕濃度大於30 ng/ml，因可有效抑制副甲狀腺（PTH）上升，可視爲體內有是否有足夠生理維生素D含量的指標。有研究建議骨鬆症病人應每日至少攝取800 IU維生素D。維生素D的安全上限值爲每日2000 IU，有些病人需補充此劑量，才能使血清25(OH)D濃度達正常值，此時應定期監測。

## 9. 骨質疏鬆病人能運動嗎？何者最合適？

骨質疏鬆會增加骨折風險，萬一運動中不小心跌倒怎麼辦？

根據沃爾夫定律（Wolff's law），若特定骨骼的負載增加了，骨骼會慢慢的變強壯，來承受該負載。骨小梁的內在結構會產生適應性的變化，而骨的外層皮層也會隨之變化，使骨骼變粗。因此運動可增加骨密度，而

且會增強肌力，改善平衡功能，減少跌倒和骨折。

　　如何讓病人走出這個迷失？骨質疏鬆學會教導病人如何運動。運動有分：

　　(1)平衡訓練，比如太極拳、瑜伽、八段錦等。

　　(2)有氧運動，比如游泳、散步、快步走等。

　　(3)阻抗運動，比如拉彈力帶、舉寶特瓶、負重踢腿等。

　　停經後婦女和老人可以先從平衡訓練、有氧運動開始，視個人狀態再逐步進展到阻抗運動，且採行規律運動，但要注意避免過量。

---

**小知識**

停止骨折發生，骨密度沒有具意義之減少，就是成功

　　使用藥物前及追蹤用藥時，應明確告知病人，不論任何藥物，治療需一年以上才真正可達到減少骨折之效果，不宜太早停藥，而且累積藥量若不及一半，就幾乎沒有效果。停經後及老年性骨鬆之治療，應有長期持續性執行規劃。醫師也宜告知病人治療之目標在於停止骨折發生，只要不再骨折，而骨密度沒有具意義之減少，就是成功。

---

# (三)輔具與健保醫療

　　臺灣目前在所有抗骨鬆藥物中，尚未通過鍶鹽（補骨挺疏；Protos®）的健保給付。男性可使用的健保藥物除了雌激素、選擇性激素調節劑不宜外，其他藥品與女性並沒有差別。

　　高劑量長期使用teriparatide會增加骨肉瘤（osteosarcoma），因此健保規定使用不得超過18支，並於二年內使用完畢，使用期間內不得併用其他骨鬆藥物。

■ 以DXA檢測骨質密度的健保規定：

　包含：

1. 內分泌失調可能加速骨質流失者（限副甲狀腺機能過高需接受治療者、腎上腺皮質過高者、腦下垂體機能不全影響鈣代謝者、甲狀腺機能亢進症、醫源性庫欣氏症候群者）。

2. 非創傷性的骨折。

3.五十歲以上婦女或停經後婦女接受骨質疏鬆症追蹤治療者。

4.攝護腺癌病患在接受男性荷爾蒙阻斷治療前與治療後，得因病情需要施行骨質密度檢查。

上述病人若因病情需要再次施行骨質密度檢查，間隔時間應為1年以上，且檢查以3次為限。

■ 骨質疏鬆可能造成骨折，依長照2.0，只要符合條件，個案可以申請輔具服務（詳細內容參考輔具需求與評估及現行輔具補助申請章節）及居家無障礙環境改善服務。

---

**小知識**

**骨質疏鬆的病人可以放心喝咖啡嗎？**

　　咖啡香很迷人，又能增加工作效力和生活樂趣，不喝它似乎有點困難。

　　咖啡造成骨質疏鬆的兩個主要成分：

1. 草酸：會和鈣質結合而減少鈣質吸收，每百克咖啡液的草酸含量僅有0.9毫克。

2. 咖啡因：具利尿作用，會促使水分大量排出體外，導致體內鈣質流失。

　　另外咖啡因會促進噬骨細胞的活性，將骨鈣釋放到血鈣中。且影響骨頭的維生素D結合蛋白的表現，而影響骨鈣沉積。

　　在許多研究中都有提到，攝取足夠的鈣質或是乳製品可以抵銷咖啡帶來的骨質風險！下次喝咖啡要記得補充鈣質喔！

---

## (四) 名詞解釋

| 名詞 | 說明 |
|---|---|
| 雙能量X光吸光式測定儀（Dual energy X-ray Absorptiometry, DXA） | 目前受到最廣泛認可骨質密度檢查的儀器 |
| 骨質密度（bone mineral density, BMD） | 評估骨質健康狀況 |
| 正常骨量（normal） | 骨密度測量結果用詞<br>T值大於或等於-1.0時 |

| 名詞 | 說明 |
|------|------|
| 骨缺乏（osteopenia） | T值介於-1.0及-2.5之間，又稱為低骨量（low bone mass）或低骨密度（low bone density） |
| 骨質疏鬆症（osteoporosis） | 當T值等於或小於-2.5時 |
| 嚴重性骨質疏鬆症<br>（severe osteoporosis） | T值小於-2.5，合併骨折稱之 |
| 十年骨折風險評估工具（Fracture Risk Assessment Tool, FRAX）<br>網站登錄臨床資料請先點選計算工具中亞洲臺灣，繁體中文。<br>參考網址：http://www.shef.ac.uk/FRAX/tool.jsp?lang=cht | 評估項目包括：個人的年齡、性別、體重、身高、骨折病史、是否抽菸、喝酒、相關疾病、是否使用類固醇藥物等，還需考量家族病史，例如：父母親是否曾骨折或骨質疏鬆。<br>主要骨鬆性骨折的風險或髖骨骨折風險：若分別超過10%或1.5%，屬於中度骨折風險，建議儘速接受骨密度檢查；一旦超過20%或3%，屬於高骨折風險，應考慮積極治療。 |
| TBS調整後的十年骨折風險<br>（FRAX adjusted for TBS） | 最新骨折風險評估工具，可同時另外計算骨小樑指數（Trabecular Bone Score, TBS），利用軟體（TBS iNsight）分析脊椎海綿骨DXA影像的紋理、骨小樑結構和骨折相關風險，可提供以TBS調整後的十年骨折風險。 |
| Z score | Z值是和同性別同齡人的平均骨質密度進行比較，等於或小於-2.0時為低於同齡的預期值。Z值有助於發現某種潛在疾病所導致的骨質流失。 |
| 類固醇引起的骨質疏鬆症<br>（Glucocorticoid Induced Osteoporosis, GIOP） | 每日服用劑量>7.5mg，使用類固醇六個月以上的病人，約50%會罹患不同程度之骨質疏鬆症。 |

* T值（T-score）計算的參考標準爲女性、白種人、年齡介於20-29歲之NHANES III資料庫

# (五)相關檢查

## 1.簡易的理學檢查用來自我評估

### (1)身高

目前身高比年輕時少於3公分以上。

### (2)體重

臺灣人骨質疏鬆症自我評量表（Osteoporosis Self-assessment Tool for Taiwanese, OSTAi）是一套簡易的婦女自我評估方法（如圖）。從體重與年齡變項發現，體重越輕或年紀愈大的人較常發生骨質疏鬆。

體質量指數BMI< 18.5 kg/m²時要相當注意。

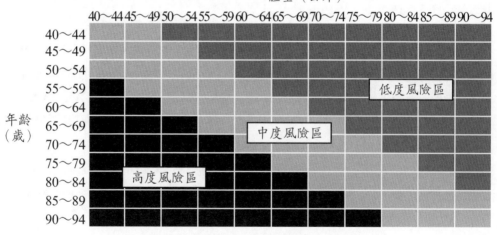

體重（公斤）

年齡（歲）

低度風險區

中度風險區

高度風險區

OSTAi公式 ＝〔年齡（歲）－體重（公斤）〕×0.2

■ 高度風險區（OSTAi ≥ 2）：罹患骨質疏鬆症的機會60%以上

■ 中度風險區（–1 ≤ OSTAi < 2）：罹患骨質疏鬆症的機會約15%

■ 低度風險區（OSTAi < –1）：罹患骨質疏鬆症的機會約3%

### (3)牆與頭枕部距離（Wall-Occiput Distance, WOD）（圖A）

請病人靠牆站立，肩膀、屁股與腳跟緊貼牆壁，兩眼自然平視，測量頭後枕部與牆壁的水平間距。正常幾乎沒有距離或小於1公分，距離超過3公分就算是異常。

(A)牆與頭枕部間距測試篩檢潛伏性胸　(B)肋骨下緣與骨盆間距測試篩檢潛伏性腰
　椎壓迫性骨折　　　　　　　　　　　椎壓迫性骨折

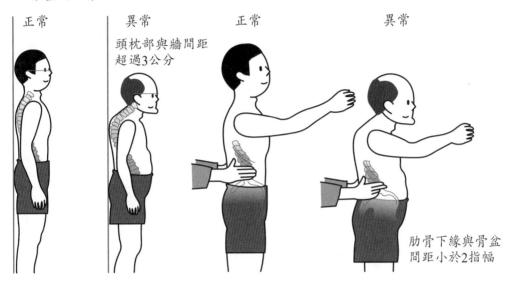

(4)肋骨下緣與骨盆距離（Rib-Pelvis Distance, RPD）（圖B）

　　請病人站立，兩手自然平舉，此時測量側面肋骨最下緣與骨盆上緣的垂直間距。正常人應當有2-3指寬或大於5公分，如果距離小於2公分，肯定脊椎一定有問題。

### 2. 骨密度檢測（目前的診斷依據）

　　骨密度（Bone Mineral Density, BMD）檢查是使用雙能量X光吸光式測定儀（Dual Energy X-ray Absorptiometry, DXA）進行，通常測量兩個部位，包括一側髖部或腰椎，萬一兩處都不能測定時，則使用非慣用手前臂橈骨的1/3處取代。有時會因為曾經開刀而有金屬在裡面，或骨刺增生太嚴重而造成較高骨密度的假象。

### 3. 單純X光影像

　　通常流失約超過30%以上的骨密度才能在一般的X光片上清楚顯示，並被診斷為骨質疏鬆症。因為脊椎的骨折並非必然具有明顯的臨床症狀而經常被忽略，有些病人骨密度T值雖然仍高於-2.5，但在胸腰椎（涵蓋T4至L5）側面X光攝影下，已經有明顯的椎體壓迫性骨折變形，依然可以確診為骨質疏鬆症，所以目前認為X光檢測在骨鬆篩檢方面，還是有它的一席之地。

　　脊椎的壓迫性骨折判讀採取Genant的semiquantitative technique分類如圖

Genant的X光片評估分級

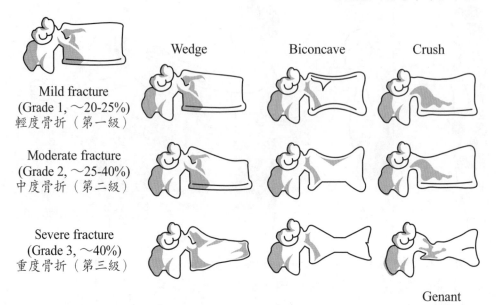

當同一脊椎前後（楔形wedge）或兩側與中央比較（雙凹biconcave）高度差距達4mm以上，或是變形（deformity）超過20%時即可判定為輕度（grade I）壓迫性骨折，也表示未來再次骨折機會將大幅提高，值得積極治療。

　　當發現T7以上的壓迫性骨折，應同時考慮是否有其他的疾病（如結核病、癌症骨轉移、多發性骨髓瘤等）。

### 4. 骨骼代謝指標（Bone Turnover Markers, BTMs）

　　代謝指標不能用於診斷依據，但可用於評估骨骼狀況的動態，並有效預測骨質流失和後續骨折的風險。使用抗骨鬆藥物3-6個月時進行抽血或尿液檢測，即可判讀骨密度流失是否有減緩，評估治療效果與治療依從性的。

- Osteocalcin（OC，骨鈣素）由造骨細胞（osteoblasts）製造，是骨質生成速率（formation rate）的指標，可用來監控造骨功能及評估骨質

替換速率。

- P1NP（Type 1 Procollagen N-terminal Propeptide，第一型前膠原蛋白氮端前肽鏈）：是真骨形成標記。

- CTx（C-Termianl Telopeptide，骨膠原蛋白碳末端肽鏈）

當要拔牙或需要進行骨侵入式牙科治療時，口服雙磷酸鹽藥物的病人術前的骨膠原蛋白碳末端肽鏈相對數值在150pg/ml以上，相對風險較低，可以做為體內藥物影響骨組織轉換程度的參考，也可以作為停藥（drug holiday）前的評估。曾經有研究報導，當停藥半年左右，能降低骨壞死的風險。

- β-CTx（Serum Beta-C-Termianl Telopeptides，beta骨膠原蛋白碳末端肽鏈）

是骨質中第一型膠原蛋白碳末端的片斷，為骨質分解的最後產物，可作為骨質流失的指標。雙磷酸鹽類藥物及荷爾蒙補充療法，治療後3到6個月此指標濃度會下降30%到50%。

## 5. 定量超音波（Quantitative Ultrasound, QUS）

　　足跟定量超音波儀器（QUS）或其它部位之周邊骨密度測定儀，在目前只適合做初步篩檢的工具，且不建議做為追蹤治療的檢查工具。

---

**小知識**

認識類風溼性關節和骨質疏鬆的關係

　　類風溼性關節炎時，由於T細胞活化產生的RANKL導致破骨細胞的活化，另外類風溼性關節炎常會使用類固醇來控制身體發炎反應，這樣也會導致骨質喪失及骨質疏鬆。

---

■ 我有骨質疏鬆，醫師要我戒菸，我該戒菸嗎？

　　抽菸會誘導肝酵素增強肝臟對維生素D的代謝。有研究發現抽菸者對鈣質的吸收比未抽菸者差，機轉是抽菸者的腸繫膜血流量受損，使腸道對鈣質的吸收減少。由此可知，抽菸者補充鈣或維生素D的效果比未抽菸者差，另外抽菸會增加雌激素的清除率。

　　抽菸在女性方面，股骨的流失特別明顯，進而造成髖部骨折。

抽菸在男性方面，發生髖部、脊椎和前臂骨折的比例較高。

戒菸後的10年骨折風險可降到一半，愈早戒菸愈好。

■ **幫病人打造一條平坦的路！**

改善居家及公共環境，使用防護設施，防範骨折。

光線不夠亮嗎？平日走的通道有障礙物嗎？浴室有提供扶手嗎？檢視病人的生活環境是否存在造成跌倒的因素。排除它，讓病人擁有一條平坦安全的路。

關懷病人，傾聽病人。藥師們，該是您展現本領的時候了！

## 參考資料

1. 2014骨質疏鬆症臨床治療指引。衛生福利部國民健康署

2. 2017臺灣成人骨質疏鬆症防治共識及指引。中華民國骨質疏鬆症學會

3. 2020臺灣成人骨質疏鬆症防治共識及指引。中華民國骨質疏鬆症學會

4. 楊南屏、楊榮森、周碧瑟。提早因應高齡化社會的特殊醫療保健需求：以骨質疏鬆症為例。臺灣衛誌2008；27(3)：181-197

5. 蘇碩偉、李奕德、許惠恒。男性睪固酮補充治療的新觀點與潛力。內科學誌2011；22：161-173

6. 余傑明、吳岱穎等。骨質疏鬆症的藥物治療。臺灣老年醫學暨老年學雜誌2012；7(2)：77-90

7. 羅佑珍、徐慶玶。抽菸習慣對骨骼健康的影響。家庭醫學與基層醫療2013；28(6)：167-171

8. 李世代、林香汶。老人用藥安全。2016

9. 彭姿蓉、吳大圩、王平宇。藥物引起骨質疏鬆症的機轉與治療。藥學雜誌2017；33(2)：30-36

10. 林敏雄。雙磷酸鹽類藥品之風險管理與顎骨壞死案例探討。臺灣醫界2017；60(11)：18-21

11. 施麗雅、朱美蓓、陳文雯。藥物相關顎骨壞死之藥害救濟案例分析Drug Safety Newsletter 2019；65:10-20

12 杜政耘。抗骨吸收藥物患者顎骨壞死之風險評估及拔牙決定。臺灣牙醫界 2020；39(3)：12-18

13. 陳佳慧。鈣片應何時服用。2018。http://www.taiwan-pharma.org.tw/weekly檢閱日期：2019/06/11

14. 林世航。喝咖啡怕骨質疏鬆嗎？營養師用科學證據跟你說怎樣喝「才不會」有問題！https://www.learneating.com/nutrition/rumor/檢閱日期：2020/02/11

15. 2019美國FDA骨質疏鬆治療藥物的非臨床評估指引。社團法人醫藥品查驗中心。檢閱日期：2020/02/20

16. 淺談骨質疏鬆檢測因子。社團法人臺灣醫事檢驗學會。檢閱日期：2020/02/20

17. Kopic S, Geibel JP. Gastric acid, calcium absorption, and their impact on bone health. Physiol Rev 2013; 93: 189-268

18. Emmett M. A comparison of clinically useful phosphorous binders for patients with chronic kidney failure. *Kidney Int Suppl* 2004;90:S25-32

19. Van Staa TP, Leufkens HG, Cooper C. The epidemiology of corticosteroid-induced osteoporosis: a meta-analysis. *Osteoporos Int* 2002;13:777-87

20. Canalis E, Mazziotti G, Giustina A, Bilezikian JP. Glucocorticoid-induced osteoporosis: pathophysiology and therapy. *Osteoporos Int* 2007;18:1319-28

# 五、造口

連嘉豪、李依甄

## (一)疾病的基本知識

### 1.何謂造口？

　　以手術的方式在腹壁上製造一個與身體內部相通的開口，簡稱造口（stoma），而這樣的手術方式則稱為造口術（ostomy），時常也簡稱為造口。如有必要，造口可操作在任何中空的器官。造口的種類有很多，根據位置分類可區分為：食道造口、胃造口、十二指腸造口、迴腸造口、結腸造口以及泌尿道造口等。前三者可提供營養，後三者為排便或排泄功能。而依造口留置的時間長短，則可分為暫時性造口及永久性造口。本章節主要著重在協助排便的腸道造口之說明。

　　造口本身不具感覺神經細胞，因此並不會感到任何疼痛，且由於為腸黏膜的緣故，表面始終是（粉）紅色與潮溼的。若造口發生異常狀況，周邊組織仍可能感到不適。造口並不像肛門和尿道口一樣具有可以控制大小便排除的括約肌，所以排泄物會不自主的排出，必須配戴一個袋子去收集排泄物。

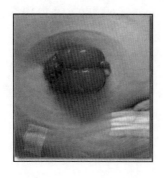

圖一　造口的型態

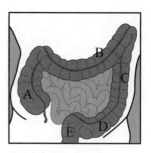

結腸各部分：
A：升結腸　　　D：乙狀結腸
B：橫結腸　　　E：直腸
C：降結腸

圖二　結腸各部位名稱

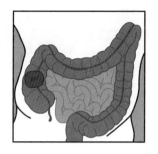

圖三　升結腸造口示意圖

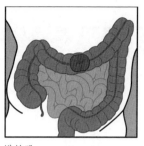

橫結腸

圖四　橫結腸造口示意圖

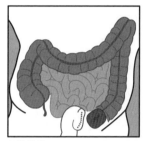

乙狀結腸

圖五　乙狀結腸造口示意圖

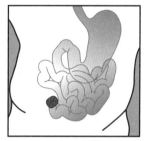

進行了迴腸造口術後，小腸會
被用作形成迴腸造口，而結腸
（大腸）會被切除或停用。

圖六　迴腸造口示意圖

## 2. 常見使用造口術的適應症（Indications）

### (1) 腸道造口

　　惡性腫瘤（大腸直腸癌、骨盆內腫瘤、轉移性腫瘤等），大腸憩室症引發腸穿孔的憩室炎，難治性全結腸疾病（潰瘍性結腸炎、克隆氏病），難治性痔瘡，腹部或肛門外傷，先天性疾病（肛門閉鎖、先天性巨結腸症等）或外傷引起。

### (2) 泌尿道造口

　　適合用於泌尿道的腎盂、輸尿管、膀胱或尿道之形態異常，或外傷而造成的泌尿道功能受損；或因癌症腫瘤阻塞或轉移的膀胱浸潤，或泌尿道壓迫。

## 3. 造口類型（分類）

(1) 造口按留置時間、器官部位、開口數等分類（如表一）。一般升結腸造口很少使用，因為當排出物為液體時，迴腸造口會是更好選擇。

表一　胃腸道造口類型與分類

| | 造口種類 | |
|---|---|---|
| 留置時間 | 永久性造口：因永久性損傷而造口不再關合，通常涉及部分結腸喪失，常用於低位直腸癌病人。<br>臨時性造口：無永久性損傷，可使結腸下部休息或癒合。通常於三個月～一年後關合，視病人狀況而定。 | |
| 造口部位 | 結腸造口<br>（Colostomy） | 升結腸造口（Ascendin，圖三）<br>橫結腸造口（Transverse，圖四）<br>降結腸造口（Descending）<br>乙狀結腸造口（Sigmoid，圖五） |
| | 小腸造口 | 十二指腸造口（Duodenostomy）、空腸造口（Jejunostomy）、迴腸造口（Ileostomy，圖六） |
| | 其他造口 | 食道造口（Esophagostomy）、胃造口（Gastrostomy） |
| 結腸造口的開口數量 | 單孔造口（End colostomy）<br> | |
| | 雙孔式造口：<br>環形造口（Loop colostomy）<br>離斷造口（Divided colostomy）：<br>-雙筒狀造口（Double-barreled colostomy）<br>-完全離斷造口（Completely divided stoma）<br><br>環形造口　　　　　雙筒狀造口　　　　完全離斷造口<br> | |

(2)造口袋類別：

造口袋由皮膚保護底座（板）與造口便袋所構成，依組成結構可分為兩種形式：

i.一件式造口袋

在一件式造口袋的結構中，皮膚保護底座已經跟造口便袋袋身連在一起，只需要撕開和貼上即可。一件式造口術袋產品預先裁切好尺寸大小，可以根據需要的尺寸選擇，但有時可能無法吻合所需大小。材質軟、薄，隱密性較好，較舒適，且使用步驟簡單。

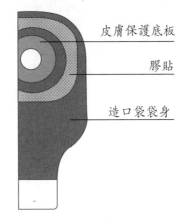

一件式造口袋

　　　皮膚保護底板

　　　膠貼

　　　造口袋袋身

圖七之一　造口袋類別：一件式

ii.兩件式造口袋

它的皮膚保護底座與造口便袋袋身分開，負責連接兩者的卡環看來像個塑料環。可自行依造口尺寸切割造口底座，更吻合造口大小。把造口便袋袋身從保護底座取下換掉並不困難，不需要每次都移除保護底座，可減少發生皮膚不適，且更換快速，方便依照不同的生活型態更換不同大小的便袋（如：游泳更換較小的袋子，睡眠期間使用較大的袋子），適合需要頻繁更換便袋的人。材質較硬，易清洗，便袋可重複使用，但體積較大。

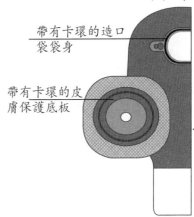

兩件式造口袋

帶有卡環的造口袋袋身

帶有卡環的皮膚保護底板

圖七之二　造口袋類別：兩件式

(3)造口用品配件種類與說明，如表二。

表二　造口用品配件種類與說明

| 配件種類 | 說明 |
|---|---|
| 皮膚保護劑 | 填充造口周圍的皮膚皺紋和凹痕，或在造口周圍的皮膚上塗一層薄膜，以避免排泄物和黏合劑刺激，防止滲液對皮膚造成損害。分為片狀、粉狀、膏狀、條狀、環狀或噴霧型。<br>片狀：直接以黏膠黏貼，若皮膚存有很深的皺褶和凹陷處時，可依大小裁切。 |

| 配件種類 | 說明 |
|---|---|
| 皮膚保護劑 | 粉狀：具吸收水分功能，功用為保持乾燥。使用時請注意勿殘留過多粉末。<br>膏狀（填補膠）：適用於填補較淺皮膚皺褶處，或黏貼部位的縫隙。<br>條狀：似補土功能，可用於填平較深的縫隙和皺褶，形成平整的肌膚表面。<br>環狀保護劑：可輕易以雙手塑型，應用於處理皺褶和凹陷處。<br>噴霧狀保護膜：為特殊科技聚合物，可皮膚上形成防水、透氣的保膚膜，可有效保護醫療黏性產品造成的皮膚損傷。 |
| 殘膠去除劑 | 使皮膚上附著的黏著劑更容易脫落，以除去多餘的殘膠。可減輕除膠時造成的刺激，或是減低撕除黏膠所造成的傷害發生率。使用後應充分清洗，皮膚上殘留的殘膠去除劑會使得造口袋黏著力降低。分為噴霧、拭片和瓶裝形式，可選擇含酒精或不含酒精的產品。 |
| 皮膚清潔劑 | 清潔造口周圍的皮膚並保持清潔。若選擇免沖洗產品，可於乾燥後立即放置造口袋。 |
| 除臭劑 | 減輕排泄物引起的異味。 |
| 固定用具（如圖八～十） | 用來固定造口袋之用品。<br>腰帶：為底板提供額外支撐，以支持造口袋。<br>黏著膠帶：防止底板（保護皮）外緣外翻，或避免保護皮在洗澡時溶解，可在其邊緣使用黏著膠帶。可用的膠帶不僅限造口用膠帶，市售膠帶也可使用。<br>造口束腹帶：防止腸造口旁疝氣產生。按腰圍尺寸（疝氣部位）判定。 |

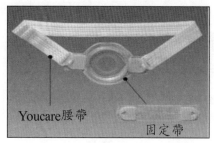

圖八　腰帶、底板（保護皮）

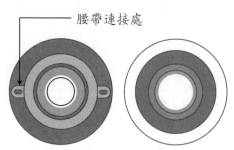

圖九　腰帶與連接處的結構

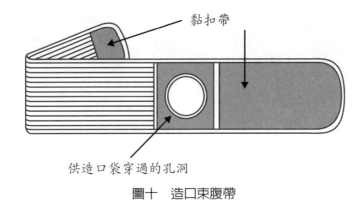

黏扣帶

供造口袋穿過的孔洞

圖十　造口束腹帶

(4) 大便在大腸停留的時間與質地變化，如圖十一～十二及表三。

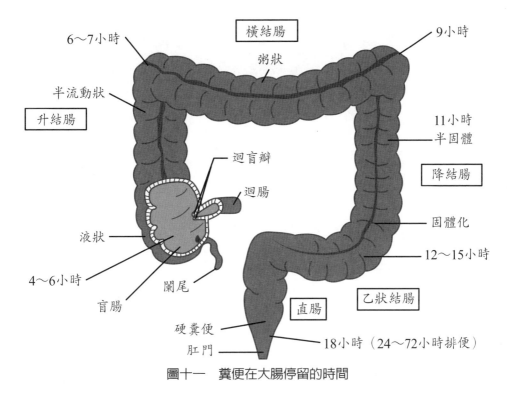

橫結腸
6～7小時
粥狀
9小時

半流動狀
升結腸

11小時
半固體

降結腸

迴盲瓣
迴腸

液狀
固體化

4～6小時
12～15小時

盲腸
闌尾
乙狀結腸

直腸

硬糞便
肛門
18小時（24～72小時排便）

圖十一　糞便在大腸停留的時間

人體的右側：升結腸、橫結腸；人體的左側：降結腸、乙狀結腸。
左側結腸造口的排出物已是固狀，性質與正常糞便相似。

圖十二　大便的型態（布里斯托大便分類法）

表三　排出物在不同造口的狀況與特徵

| | 質地 | 酸鹼值<br>（pH值） | 皮膚<br>刺激性 | 一日排出量<br>（含水分） | 排出物<br>電解質含量 | 排出<br>時間間隔 |
|---|---|---|---|---|---|---|
| 迴腸<br>造口 | 水樣～<br>糊狀 | 7.0～8.0<br>（含消化酶） | 強 | 500～1,300ml | 較大便中之<br>鈉多約2～3<br>倍 | 斷斷續續<br>的 |
| 結腸<br>造口 | 糊狀～<br>固態 | 6.0～7.0<br>（右側：含消化<br>酶；<br>左側：不含消化<br>酶） | 右側：<br>強～中<br>左側：<br>弱 | 200～600ml | 右側：較大<br>便中之鈉多<br>左側：與術<br>前大便相似 | 每日2～3<br>次 |

**小知識**

　　經由消化腸道消化後的剩餘物稱之為排便或排遺（defecation），一般俗稱大便、糞便。正常人的糞便的pH值為6.64，接近中性，且大部分是水分組成，其含水量約74.6%。

# (二)生活指導

## 1.日常生活與飲食

### (1)餐點選擇

在手術後三週內，採清流到低渣飲食，以免刺激腸道蠕動過劇。在可以正常飲食後，病人可自己選擇合適的飲食，無需特殊餐食，以均衡飲食為主。除非有需要飲食上限制的慢性疾病，如高血壓或糖尿病等，則依所需調整。水分的攝取要充足，以避免便秘發生。飲酒無需特別限制，但應適量。病人並需注意排便型態，降低排便異常情形產生。

> **重點**
>
> 1.啤酒與碳酸飲料容易產生氣體而造成脹氣。
>
> 2.具有脫水作用的咖啡、茶等的攝取不宜過多。

### (2)生活上遇到的困擾

由於腸道是負責消化吸收與排便的器官，日常生活中有以下問題可能造成病人生活上的困擾，包含：大便的型態、造口產生異味、造口產生氣體、造口異常、合併症等，以下就各種問題的飲食禁忌簡介之。

i. 排便問題：次數和型態會改變

在迴腸造口的病人，與過去的排便習慣相比，平均在餐後4小時就會有解便的情形；而結腸造口的病人則比較接近一般人，通常於隔天上午產生大便。可根據大便的型態來選擇食物類型，以幫助病人解決排便的困擾。

a.若大便太稀或腹瀉時：

大便太稀時可嘗試攝取具有天然的黏性、膠質以及膳食纖維，能夠吸附水分幫助糞便成形，並可攝取延長停留在腸胃時間之食物，如：香蕉、白米飯、菇類、花生、粗麥粉等。

腹瀉發生時，請與傷造口護理師或醫師聯繫，可補充運動飲料，有助於改善脫水和電解質不平衡之情況。

b.若大便太硬或有排便困難：

大便太硬或有排便困難時需要適當補充水分，選擇有刺激腸道蠕動功能的食物，如：豆類、捲心菜、綠葉蔬菜、莓果汁、瓜類水果、桃子、李子。其中水果水分含量比較豐富，對於糞便的軟化及排出有幫助。

若是發生便秘，請與傷造口護理師或醫師聯繫，以避免嚴重併發症。若是結腸造口者發生一般便秘，處置與一般人一樣，可依據醫師指示使用瀉劑或是大腸灌洗。有些藥物亦會引起便秘（參見第五章與排泄相關的主題），藥師需要多加注意。

ii. 異味問題

由造口產生的異味與產生氣體是病人最在意的問題之一，可以透過調整飲食來預防。含有硫或胺類較豐富的食物，經過胃腸消化後會產生特殊的氣味；蛋白質容易被腸內細菌作用而產生有異味的氣體；較油膩的食物，油脂經過氧化後也可能在腸道產生氣味。易產生異味的食物如：蛋、魚類、洋蔥、大蒜、蘆筍、豆類等。

欲降低腸道的異味可以嘗試在餐後食用具有天然香氣的水果，亦可攝取含有活菌的食物，以維持腸道菌叢的平衡，幫助維持好菌的生長，降低壞菌的產生，如：蘋果、香芹、橙汁、蔓越莓汁、優格、乳酸飲料。

iii. 產氣問題

造口排氣與異味相同，都容易造成生活的困擾，這些氣體除了有些是吃飯時，由口進入外，大部分是經由大腸細菌所產生。食物入口經過消化後，一些不能被消化的部分像是纖維質、寡糖類等等，就會被大腸細菌分解並做為腸道細菌的益生質，而在分解的過程就會產生氣體，這些食物如：高麗菜、青花菜、洋蔥、玉米、小黃瓜、豆類、瓜類、所有奶類與其製品等。

另外，吃飯的時候要細嚼慢嚥，避免一邊說話一邊飲食，就能夠減少氣體進入體內，減少造口的排氣問題。

iv. 水分的吸收

迴腸造口者需注意水分的補充，因為水分一般由大腸吸收，在迴腸做造口，由於腸道內的物質並不經過大腸，造成排出的水分會相當多，因此需要記錄水分的攝取與排出量，理想的狀況是維持攝取體重（公斤）×30～35mL，若有腹瀉的問題，則需要視情況加上500～1000mL的水分補充。水分包含了所有飲食中的湯汁、飲料，除了攝取白開水之外，含有

電解質的運動飲料也是很好的選擇。

---

**重點**

高輸出量（High-Output Stoma, HOS）指在24小時內，從造口排出大於2公升的液體稱之。在此情況下，容易引起脫水和電解質異常。第一線的處置應包括給予膨脹性緩瀉劑（Bulk-forming laxatives），如可溶性纖維補充劑。無效者，則必須使用藥物治療，如loperamide、diphenoxylate和atropine等。

另外，食物殘渣很可能在腸道內滯留，並阻礙消化液和糞便的流動，難以消化的食物必須仔細咀嚼。避免攝取大量粗纖維的食物，以防腸道阻塞。

迴腸造口術後，常因水分損失而導致尿量減少，易導致草酸鈣結石的生產，除了大量飲水外，還要限制攝取草酸含量高的食物，如菠菜、咖啡、茶、可可、巧克力等。

---

**小知識**

**氣味也是一個重要標誌**

許多人擔心大便氣味。最新的造口袋的設計使其即使有大便也幾乎不會聞到。如果希望外出時能避免因為氣味的麻煩，亦可以使用除臭劑。然而，觀察大便狀態是一種身體狀況的管理，氣味是其中之一。如果輕易使用除臭劑，則可能會錯過發現體內異狀的時機。

大便的氣味通常是由於身體狀況不佳，腸道環境惡化或藥物引起的，因此建議避免食用會增加氣味的食物，並且緩慢進食。

---

## 2.運動

可以維持適度的運動，避免過於激烈接觸性或重撞擊之類的運動。開始運動之前，應丟棄糞便。佩戴造口腰帶，以免造口袋被汗水剝落或被人體移動。游泳時，更換膚色、小型的造口袋，可著深色或連身泳衣，以免造口袋在泳衣濡溼後顯現而尷尬，造口環四周以防水紙膠黏貼住。當強烈施加腹部壓力（例如咳嗽、打噴嚏或蹲下）時要小心。

### 3. 災害對策

建議準備2週的耗材備用，然後將一部分的耗材放入緊急避難包中。於緊急避難包中記下產品的聯繫方式，例如產品名稱、供應商、製造商名稱、尺寸、訂單號以及供應商／設備製造商諮詢台之緊急聯繫電話。

## (三)藥師訪視時需注意

藥物的吸收和排泄可能會受到造口的部位影響。因此藥師需了解每種藥物的特點，並考慮藥物治療中應注意的情況。

---

**重點**

一般而言，結腸造口對於藥品的吸收幾乎沒有影響；而迴腸造口，緩釋製劑和腸溶製劑的吸收會有影響。此外，有造口留存的腫瘤病患，應考慮是否有進行化學治療或是放射線治療。

---

### 1. 跨專業聯繫

傷造口護理師為專門受訓協助照護皮膚及造口的護理師，具有與造口相關的所有專業知識和技術，並且在執行造口手術之前，將參與病人的衛教工作，例如講解造口並在手術時諮詢醫生。接受造口手術後，將提供造口周圍的皮膚管理、造口裝置的選擇、日常生活和心理支持的建議、門診時皮膚的定期觀察以及護理方法的指導。當藥師收到有關造口管理的諮詢時，請與傷造口護理師討論相關的照顧事宜。

若遇以下情況，需立刻向造口護理師查詢或帶病人到急診室就醫：排泄物有血或血從造口內部流出；造口顏色轉了藍色或黑色；便秘或腹瀉；造口周邊皮膚嚴重受損或過敏；出現各種造口併發症：凹陷、回縮、脫垂、出血、造口周圍疝氣（小腸氣）。

### 2. 確認藥品的有效性與安全性

在使用控制崩解和溶解之製劑（例如緩釋製劑和腸溶製劑）的情況下，應考慮膜衣的厚度，包衣基礎特性和對於胃腸道pH依賴性，同時根

據藥品是否具有控釋機制及其吸收代謝部位，評估消化道是否有未被吸收的藥品。

---

小知識

關於栓劑的應用，有報導說，與直接給藥相比，從造口處投藥時血中藥品濃度約為1/2至1/3，因此基本上不建議這樣做。但是，當難以口服時，可通過造口栓劑。造口處由於沒有括約肌，因此很容易將栓劑排出，需觀察是否有被排出，直到栓劑溶解為止。

---

## 3. 確認病人服藥是否有疑慮

當有使用基質型緩釋錠時，需事先向民眾解釋，可能於糞便中會觀察到的殘留物。另外，可預先說明影響大便顏色和氣味的物質以及改變排便的物質，並經常傾聽民眾身體狀況，如果有問題，可以通過改變處方來解決。

## 4. 服用抗癌藥的注意事項

對於接受抗癌藥治療的患者，大便可能含抗癌藥及其代謝產物，提供有關排泄物正確管理和處置的信息，讓使用者與照顧者和醫療人員不會因接觸抗癌藥物而受到傷害。

---

小知識

大多數抗癌危害性藥品會殘留於病人的體液48～72小時，包含尿液、糞便、嘔吐物、唾液、陰道分泌物、精液以及體液等。腸造口的病人於化學治療後48小時內建議使用拋棄式造口袋。

---

# 參考資料

1. https://www.kango-roo.com/sn/k/view/3079

2. https://www.aiko-hifuka-clinic.net

3. 許世祥、楊榮森醫師，臨床傷口醫學（2010）

4. Ileostomy Guide, A Publication of United Ostomy Associations of America, Inc. (2017)

5. Colostomy Guide, A Publication of United Ostomy Associations of America, Inc. (2017)

6. https://www.cancer.org/

7. Bilal Gondal, MD, MRCSI, Meghna C. Trivedi, MD, An Overview of Ostomies and the High-Output Ostomy (2013)

8. Ileostomy or colostomy care and complications (UpToDate)

9. C. Rose, A. Parker, B. Jefferson, E. Cartmall, The Characterization of Feces and Urine: A Review of the Literature to Inform Advanced Treatment Technology (2015)

10. https://www.canceraway.org.tw/

11. https://www.coloplast.tw/

# 六、壓瘡

陳世銘

## (一)壓瘡的基礎知識

### 1.壓瘡的發生

➤ 直接的原因

壓瘡是同一處皮膚受到持續性的垂直壓力，導致血流無法通過而缺氧，並造成皮膚壞死的狀態。壓瘡通常在骨頭突出處容易發生。

平躺時常發生在薦骨處，側躺則好發於大轉子處，而坐姿則通常發生在尾底骨。

➤ 次發的原因

不論是身體局部的原因、全身性的原因或是社會因素，都可能增加壓瘡發生的風險。

(1)身體局部

- 皮脂腺分泌低下，皮膚乾燥、皮膚表皮屏障功能降低。
- 由於移位時的擠壓或拉扯可能導致皮膚的移位（口袋POCKET的形成）。
- 多汗或失禁造成潮溼悶熱的環境。

(2)全身性的原因

- 營養不良：低白蛋白可能導致水腫，並降低皮膚彈性進一步發展成皮下脂肪減少、骨突出。
- 疾病因素：糖尿病、心衰竭或阻塞性血管病變。
- 藥物引起：使用抗癌藥物或類固醇增加感染機會。

(3)社會因素

- 由於臥床的狀態，照護的負擔較大，不易進行充分的護理。
- 照護者不知如何使用社會資源，使個案得到適當的照護。
- 因為經濟的因素無法取得輔具使用。

因此，居家照護的課題，由跨專業領域的人員來共同合作解決是很重要的。

仰臥位

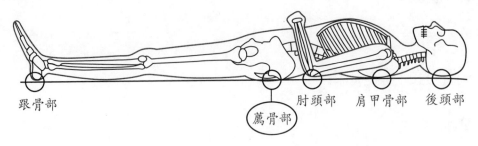

跟骨部　　　　　　　　　　　薦骨部　　肘頭部　　肩甲骨部　　後頭部

側臥位

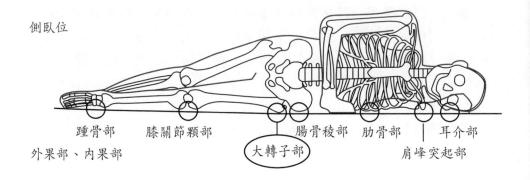

踵骨部　　　膝關節顆部　　　　　　腸骨稜部　肋骨部　　耳介部
外果部、內果部　　　　大轉子部　　　　　　肩峰突起部

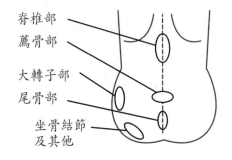

脊椎部
薦骨部
大轉子部
尾骨部
坐骨結節
及其他

## 壓瘡的評估

　　有各種客觀的量表可用來評估壓瘡傷口的等級，而以下則以日本壓瘡學會所建立的DESIGN評分表來介紹。這個評估表目前已被各種醫療人員（包含醫師及居家護理師）用來評估醫療處置。

　　日本壓瘡學會（Japanese Society of Pressure Ulcers, JSPU）為滿足治療的需要，於2002年發展出DESIGN評估表，用來評估壓瘡嚴重度及癒合的程度。

➤ 輕度：以小寫（d.e.s.i.g.n）來表示

　嚴重：以大寫（D.E.S.I.G.N）來表示

　若有POCKET則以-P做紀錄

　例如：深的、大的、有壞死組織及有POCKET→DeSigN-P

### 表一　DESIGN評估表文字意涵

| D | Depth | 深度 |
|---|---|---|
| E | Exudate | 滲出液 |
| S | Size | 尺寸 |
| I | Inflammation/infection | 發炎／感染程度 |
| G | Granulation tissue | 肉芽組織 |
| N | Nacrotic tissue | 壞死組織 |
| P | Pocket | 口袋 |

### 表二　DESIGN壓瘡嚴重度分類

| 患者姓名 | | | | | / | / | / | / | / | / |
|---|---|---|---|---|---|---|---|---|---|---|
| Depth深度 | | | | | | | | | | |
| d | 真皮層損傷 | D | 從皮下組織到深層 | | | | | | | |
| Exudate滲出液（換藥次數） | | | | | | | | | | |
| e | 每天1次 | E | 每天2次或以上 | | | | | | | |
| Size大小〔長（cm）×寬（cm）〕（根據持續發紅組織的評估） | | | | | | | | | | |
| s | <100 | S | >100 | | | | | | | |
| Inflammation/infection發炎／感染 | | | | | | | | | | |
| i | 無局部感染的現象 | I | 有局部感染的現象 | | | | | | | |
| Granulation tissue肉芽組織 | | | | | | | | | | |
| g | >50% | G | <50% | | | | | | | |
| Necrotic tissue壞死組織有無 | | | | | | | | | | |
| n | 無 | N | 有 | | | | | | | |
| pocket有無 | | -P | 有 | | | | | | | |

部位〔薦骨、坐骨、大轉子部、腫股部、其他＿＿＿＿＿＿〕

表三　DESIGN-R壓瘡進展評估（2008年版）

| Death深度（D） | | | |
|---|---|---|---|
| 0 | 沒有皮膚病兆 | 3 | 深及皮下組織，如三度壓瘡 |
| 1 | 皮膚發紅，如一度壓瘡 | 4 | 侵犯肌肉、韌帶、骨頭，如四度壓瘡 |
| 2 | 深及皮層，如二度壓瘡 | 5 | 侵犯關節或腹腔內 |
| | | U | 無法測量深度 |

| Exudate滲出液（E） | | | |
|---|---|---|---|
| 0 | 無滲液 | 6 | 大量，一天換藥至少二次 |
| 1 | 少量，可不需每天換藥 | | |
| 3 | 中量，需每天換藥 | | |

| Size傷口大小（S） | | | |
|---|---|---|---|
| 0 | 無傷口 | 15 | $\geq 100 \text{ cm}^2$ |
| 3 | $< 4 \text{ cm}^2$（2的平方） | | |
| 6 | $\geq 4 \text{ cm}^2$，$<16 \text{ cm}^2$（4的平方） | | |
| 8 | $\geq 16 \text{ cm}^2$，$<36 \text{ cm}^2$（6的平方） | | |
| 9 | $\geq 36 \text{ cm}^2$，$<64 \text{ cm}^2$（8的平方） | | |
| 12 | $\geq 64 \text{ cm}^2$，$<100 \text{ cm}^2$（10的平方） | | |

| Infection/Inflammation感染／發炎（I） | | | |
|---|---|---|---|
| 0 | 無 | 3 | 明顯有感染現象，如發炎、有膿、有臭味 |
| 1 | 有紅腫熱痛等發炎現象 | 9 | 有全身症狀，如發燒 |

| Granulation tissue肉芽組織（G） | | | |
|---|---|---|---|
| 0 | 已癒合或傷口很淺 | 4 | 肉芽組織占傷口面積≥10%，<50% |
| 1 | 肉芽組織占傷口面積≥90% | 5 | 肉芽組織占傷口面積<10% |
| 3 | 肉芽組織占傷口面積≥50%，<90% | 6 | 無任何的肉芽組織 |

| Necrotic tissue壞死組織（N） | | | |
|---|---|---|---|
| 0 | 無 | 3 | 軟的壞死組織，如：wet slough、wet eschar，可以在床邊清瘡 |
| | | 6 | 硬且厚的壞死組織，如：dry slough、dry eschar，不易於床邊清瘡 |

| Pocket口袋（傷口長×寬） | | | |
|---|---|---|---|
| | +P | 6 | $< 4\ cm^2$ |
| | | 9 | $\geqq 4\ cm^2$ , $<16\ cm^2$ |
| | | 12 | $\geqq 16\ cm^2$ , $<36\ cm^2$ |
| | | 24 | $\geqq 36\ cm^2$ |
| 分數：D____　E____　S____　I____　G____　N____　P____ | | | |
| 總分： | | | |

➢ DESIGN-R是用於壓瘡的進展評估（2008年的修訂版，R指的是評估或進展，Rating的縮寫）。

➢ 改良版之後的DESIGN，使壓瘡的評估更爲客觀，目前也廣泛使用於各大醫院中。

➢ 不僅可以評估各種治療是否有效或是惡化，也可以比較不同患者間的嚴重程度。

➢ 除了深度以外的6個項目（滲出液、傷口大小、感染／發炎、肉芽組織、壞死組織、口袋）也加入評估壓瘡嚴重的評值。

　　臺灣目前臨床上則是常使用歐洲壓瘡諮詢委員會（European Pressure Ulcer Advisory Panel, EPUAP, 2009）所發表的壓瘡分級系統（Staging System for pressure Ulcers），依照傷口的深度將壓瘡分爲四級，來評估壓瘡的嚴重程度：

➢ 第一級（分類）／下壓不會反白的紅斑：指皮膚完整但出現下壓不會反白的發紅區，發紅的區域通常出現於在骨突處，顏色較深的皮膚可能不易分辨，但該區域皮膚顏色可能與周圍皮膚顏色不同；與周圍皮膚比較，可能呈現較痛、硬、脆弱、較熱或較冷的現象。需須注意膚色黝黑病人，可能因不易察覺而遺漏，需加強檢視。

➢ 第二級（分類）／淺皮層：指皮膚損傷在表皮或眞皮層，潰瘍呈表淺性及開放性粉紅色的傷口床，沒有腐肉，呈現完整或破損含有血清的水泡。傷口底部呈現發亮或乾的狀態，沒有腐肉或瘀傷（瘀傷可能是深層組織損傷）。此級不可用來描述皮膚撕除傷、燒傷、便失禁皮膚炎、浸潤、皮膚擦傷。

➢ 第三級（分類）／全皮層缺損：全皮層缺損，可能見到皮下脂肪，但骨

頭、韌帶或肌肉未被暴露出來。可能會出現腐肉，但不會妨礙傷口深度的觀察。可能呈現坑道或隧道式傷口。第三級壓瘡隨解剖的位置而深淺度不一，鼻、耳後、枕部和內踝沒有皮下脂肪，其三級壓瘡可能是淺的。相較之下，顯著脂肪多的地方可能會發生深度的三級壓瘡，骨頭及韌帶是不可見的或不可觸摸到的。

➤ 第四級（分類）／全皮層組織缺損：全皮層組織缺損，並暴露出骨頭、韌帶或肌肉。可能出現腐肉或痂皮，通常合併有坑道或隧道式傷口。第四級壓瘡隨解剖的位置而深淺度不一，鼻樑、耳後、枕部和內踝沒有皮下脂肪，其四級壓瘡可能是淺的。四級壓瘡的組織損傷，已延伸到肌肉或支持性結構（如筋膜、韌帶或關節囊等），而導致發生骨炎或骨髓炎，骨頭及韌帶是可見的或觸摸到的。

➤ 不可分級（分類）／不知深度的全皮層或組織缺損：全皮層組織缺損，傷口基部被腐肉（黃色、棕褐色、灰色、綠色或褐色）或焦痂（棕褐色、棕色或黑色）遮蔽而無法確認潰瘍的深度。直到足夠的腐肉或痂皮被清除，露出傷口的基部及真正的深度，就可確認傷口級數。在足跟的穩定痂皮（乾的、緊密的、完整的、沒有紅斑或浮動的），可提供「身體自然的生物屏障」，不應該清除。

➤ 疑似深部組織損傷／深度未知：由於潛在的壓力或剪力，導致軟組織損傷，局部的完整皮膚出現紫色或紫褐色的，或出現充血的水泡。與周圍皮膚比較，可能呈現疼痛、硬、糊稠、鬆軟、溫暖或冰冷的的感覺。膚色黝黑的病人，可能不易被察覺。傷口的進展可包括在黑的傷口床上有一薄的水泡，傷口可能進一步發展，並變爲由薄痂覆蓋，即使有適當的治療，亦可能快速地進展侵犯到其他組織。

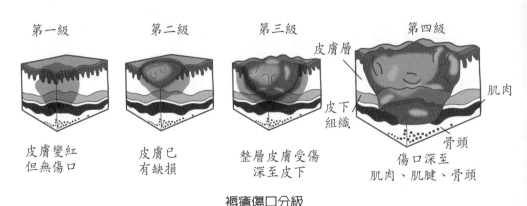

褥瘡傷口分級

# (二)藥師訪視時的重點

### 1.壓瘡的預防-早期發現、早期治療

　　藥師至個案家中訪問時，重點在於能夠早期發現、早期治療。即使在沒有壓瘡的個案，因為長期臥床的關係且有多重疾病，本身就是壓瘡發生的高危險群，因此家訪時需特別留意。

　　壓瘡可能一個晚上就可能發生且惡化，藥師在家訪時若發現有初期症狀（發紅）應立即告知家屬，並與主治醫師及相關醫療照護人員聯繫。

### 2.利用家訪時確認與壓瘡的相關的事項

➢ 病患原有的疾病
　(1) 是否存在糖尿病等高危險因子
　(2) 是否有任何可能導致感染的疾病
➢ 治療狀況
　(1) 對於原有的疾病是否有接受治療
　(2) 原有疾病的治療藥物是否有服用
➢ 營養狀態
　(1) 胃口好嗎
　(2) 營養攝取是否足夠
　(3) 和前次訪問相比，是否有變瘦呢

---

**重點**

　　壓瘡主要會與低蛋白、貧血、維他命C不足及微量元素（鋅）的缺乏有關。可利用食物中營養成分的含量及使用者的食量搭配，並均衡攝取蔬菜等維生素以及三大營養素（糖、蛋白質、脂質）。

---

**小知識**

　　壓瘡的發生與「鋅」有密切的關係。人體中有超過50種以上的蛋白質需要鋅作為輔酶來參與合成，因此如果鋅不足，則蛋白質合成就不足，容易導致壓瘡的發生。

壓瘡營養管理的指導原則，建議每日需補充15毫克的鋅。一般來說，從正常飲食中就可以攝取基本的鋅，但根據年長者的飲食習慣則往往可能無法攝取到足夠的鋅，因此必要時需給予額外含鋅的營養品。

> 傷口和皮膚的狀況
  (1) 有無滲出或出血
  (2) 滲出液是否增加
  (3) 傷口的大小或深度是否有變化
  (4) 是否有新的傷口出現

**重點**

必須依照傷口的狀況考慮使用不同的外用藥膏或藥物、敷料，但是只有藥師在場，可能不容易判斷傷口狀況，必須會同醫師及護理師，因此需事前確認一同家訪的時間。

> 醫療環境
  (1) 室內的溫溼度是否適當
  (2) 衣服是否合宜
> 照護情況
  (1) 主要照護者的身心是否健康
  (2) 誰在進行傷口照護

**重點**

有熱心的居家照護者在這樣的個案族群扮演很重要的角色。因為壓瘡的發生與照護的程度有關，皮膚顏色變化也需要照護者去覺察，因此跨專業領域的人員共同來照護是很重要的。

家訪的過程中，藉由談話內容來了解病況也是很重要的一部份。

7. 輔具的使用

是否有使用床或氣墊床之類的減壓設備？

---

重點

　　長照2.0中，四錢包之一的「輔具及居家與障礙環境改善服務」中，有居家用照顧床及壓瘡的預防輔具補助項目的品項。

　　確認個案是否有申請，並善用長期照顧服務的資源。詳細內容請參見第九章「輔具需求與評估及現行輔具補助申請」。

　　家訪的作用之一是建立起個案與社會資源的聯繫。

---

## (三) 愼選藥物與醫療敷料

　　藥師較少機會可以看到壓瘡，對於壓瘡的評估也較少接觸，但在家訪時則可能可以獲得此經驗。若和醫師及護理師一同訪問時，可以藉機會學習觀察。作爲藥師，我們可以做的是：早期發現壓瘡、早期介入協助轉介，並針對藥物的治療及敷料的選擇提出建議。

### 1. 局部傷口的治療原則

➢ 淺層傷口

　　重點是保護傷口並保持傷口的溼潤。

➢ 深層傷口

　　將重點放在DESIGN嚴重度分級表中深度以外的項目中，治療目標首要在將項目中的大寫變爲小寫（嚴重程度降低）。

(1) 去除壞死組織（N→n）

(2) 促進肉芽組織的形成（G→g）

(3) 傷口的縮小或癒合（S→s）

　　另外，在任何時期若有感染、滲出液過多或口袋（pocket）的形成，抑制或消除上述問題是治療的首要目標（I→i　E→e　P→p）

## 2.外用藥物與敷料

　　壓瘡的治療目標需依其不同的分期給予治療，其處置包括減少危險因子，適時地更換病人的姿勢，給與良好的支撐減壓，適時提供輔具減壓，如氣墊床、減壓坐墊等。依潰瘍的程度作局部傷口照護或清瘡處理，若傷口乾淨，則以乾淨取代無菌原則，以生理食鹽水來清理傷口，而避免使用消毒劑，如優碘阻礙肉芽組織的新生；傷口合併有感染的狀況時，可配合給予局部抗生素，若感染惡化成蜂窩性組織炎、骨髓炎、菌血症等，需考慮使用全身性抗生素治療，另外可嘗試其他輔助治療（傷口減壓治療、高壓氧治療等），由於傷口癒合需要較長時間，於治療期間需監測傷口癒合情況，以調整臨床的處置。

➢ 第一期：若發現局部皮膚發紅時，須加強預防措施，如更換病人姿勢以及局部減壓，以免傷口進一步惡化。

➢ 第二期：一般需要封閉性或半滲透性的敷料，以增加傷口的保溼度，此時應避免溼至乾的敷料（wet-to-dry dressings），因為此時傷口不需要清瘡。所謂溼至乾的敷料是指生理食鹽水浸溼紗布後擰乾、打散，再填塞進有深度的傷口，接下來再覆蓋乾的紗布。

➢ 第三期或第四期：治療傷口的感染且適時地清瘡，並給予敷料幫助傷口的癒合。

　　壓瘡是一種慢性的傷口，很多原因都可能導致傷口難以癒合。例如：個案如為脊髓損傷者，則無法長期脫離坐臥狀態；肥胖個案脂肪較多導致血液供應較少，且翻身移位時容易被拖拉；糖尿病個案因組織糖分高，導致傷口難以癒合；無法進食或食慾不佳者則可能有營養不良的問題等，以上狀況皆可能導致壓瘡反覆發生且癒合緩慢。下圖為壓瘡的臨床處置流程圖。

　　傷口的外觀若呈現黃色或滲出液呈現黃白色、黃綠色，則表示可能為感染性的傷口，若傷口呈現黑色，則可能有壞死組織存在，此時則需進行清創手術，並作細菌培養，以作為口服或注射抗生素的選擇。

　　目前臨床上經常使用的局部外用藥膏成分大多為抗菌成分，包含Bacitracin、Fusidic acid、Gentamicin、Mupirocin、Neomycin、Polymixin B、Silver sulfadiazine及better iodine或三合一抗菌藥膏（Bacitracin、Neomycin、Polymixin B）等，另外，也有一些文獻指出，以凡士林：氧化鋅（ZnO）= 6：1配成護臀膏，可阻隔大小便，避免刺激皮膚。

　　而由於壓瘡傷口癒合不易，臨床上也有文獻指出，在第三期及第四期的壓瘡可使用抗癲癇藥物phenytoin來促進傷口的癒合，其臨床機轉與副

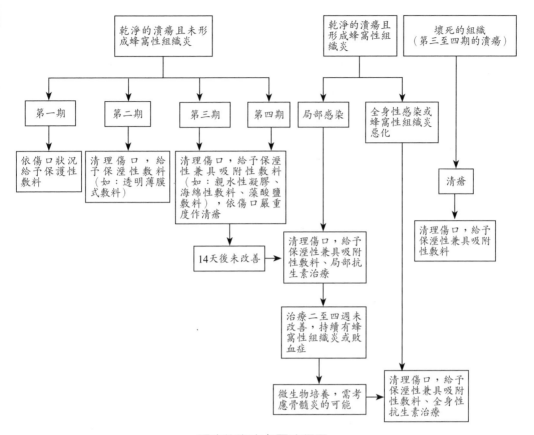

**壓瘡的臨床處置流程圖**

作用牙齦增生的機轉類似，可增加膠原蛋白量促進傷口縮合，誘導生長因子促進血管新生。外敷phenytoin除了可改變傷口pH值來降低細菌量外，亦能減少滲出液的產生。一般用法為：每日換藥時將phenytoin 100mg以5～20mL 0.9%NaCl稀釋，再以紗布浸泡敷到傷口上使用。

　　敷料的使用主要功能為保護傷口、避免傷口汙染、調整傷口的乾溼度，進而促進傷口的癒合。若傷口太乾，可能使角質細胞、纖維原細胞（fibroblasts）、其他生長因子無法覆蓋在傷口上而影響癒合，因此可藉由敷料達到保溼的效果；若傷口太溼，可能使傷口腐爛惡化。市面上的敷料琳瑯滿目，主要依傷口的滲出物及狀況來選擇。

**(1)親水性敷料（人工皮）**
- **適用範圍**：輕度傷口滲出液（選用薄片人工皮）；中度傷口滲出液（選用厚片人工皮），壓瘡第二期平面式乾淨傷口。

- **缺點**：大量分泌物傷口不適用。

**(2)泡棉敷料**

- **適用範圍**：針對中、大量滲出液的傷口及周邊皮膚脆弱的傷口（第三、第四級壓瘡），能快速吸收傷口滲液，並鎖住滲液，降低傷口周圍皮膚浸潤的風險。疼痛傷口，對親水性敷料過敏者，若傷口滲出液過多，可搭配藻膠敷料使用。
- **缺點**：不透明，無法直接觀察傷口狀況。

**(3)親水性凝膠（清創凝膠）**

- **適用範圍**：提供傷口床適當的溼潤環境，促進壞死組織分解，達到自體清創的效果，主要用於清除黃、黑色乾燥或壞死、壞疽的傷口、窄小死腔或肉眼可見肌肉的傷口。經由醫師判斷，亦可用於感染的傷口。
- **缺點**：需要第二層敷料包紮、有多量滲出液的傷口不可使用，會造成傷口周圍皮膚浸潤。

**(4)藻酸鹽敷料（藻膠）**

- **適用範圍**：具有吸收大量滲液的能力，並形成凝膠狀，提供最適合傷口癒合的微潤環境。適用於中、重度滲出液的傷口（第三、第四級壓瘡、有瘻管的傷口）。
- **缺點**：乾燥性傷口不適用，需要第二層敷料包紮。

**(5)抗菌性敷料**

- **適用範圍**：經醫師評估，可直接覆蓋於感染傷口上，當細菌感染所造成的滲液越多，敷料中的銀離子釋放量也相對上升，以維持抑菌濃度。殺菌範圍包括革蘭氏陽性菌及陰性菌、MRSA及VRE。
- **缺點**：不透明，無法直接觀察傷口狀況。

## (四)輔具用品

「預防壓瘡的發生」目前一致被認為是最經濟且最重要的做法，除了前述個案本身的營養狀態、照顧者的護理行為（固定時間翻變換姿勢、保持皮膚清潔等）、醫療環境等因素外，適時加入適當的輔具協助，可以減少壓瘡的發生，因此家訪時可以運用我國長照2.0的資源，或是身心障礙者輔具的相關辦法，早期就導入輔具以達到預防壓瘡的目的。關於輔具的詳細介紹請見「第九章輔具需求與評估及現行輔具補助申請」。以下介紹照護個案上可能使用到的輔具：

## 1. 輪椅

**一般鐵輪椅**
- 在醫院最常見的輪椅，比較重，舒適度稍低，適合短期使用，不建議長時間乘坐。

**鋁合金輪椅**
- 比較輕，搬運方便，適合還可以走，但走不穩的使用者。市面上較舒適的鋁輪椅，坐墊上會有S曲面的設計，平均分配臀部上的壓力。

**移位輪椅**
- 適合手腳比較不靈活，需要別人幫忙才能上下輪椅的使用者。扶手跟踏板可以旋開或拆掉，減少輪椅的阻礙，讓移位更安全！

**高活動型輪椅**
- 適合雖然不能走，但上半身非常有活力，想自己推著輪椅到處跑的使用者。通常會量身訂製的很合身，推行起來非常靈活。

**仰躺輪椅**
- 患者可以在輪椅上躺下來休息。適合上半身較無力，但是自己坐得穩，頭頸也有力氣的患者。*

**空中傾倒輪椅**
- 適合坐都坐不穩的患者。當頭開始往東倒西歪時，可以用空中傾倒功能，一面減壓休息，一面矯正姿勢，避免身體前滑。

**仰躺+空中傾倒輪椅**
- 這種輪椅是又可以躺又可以傾倒的「超人級輪椅」，適合所有需要在輪椅上休息減壓的患者。*

*仰躺與空中傾倒輪椅，通常也都具備有移位輪椅的功能喔

karma 康揚

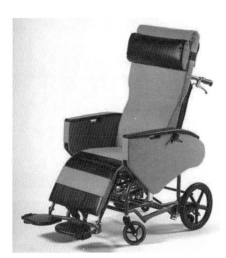

## 2. 坐墊

放於輪椅上 - 可維持坐姿及減壓。

| 填充式氣囊（輪椅座墊E款） | 連通管氣墊座（輪椅座墊B款） |
| --- | --- |

## 3.居家照護床

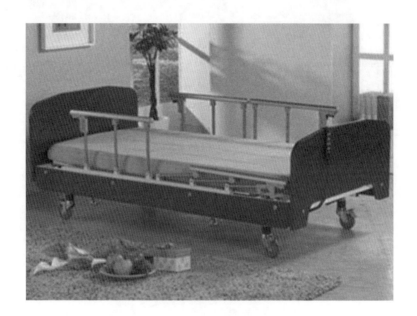

單馬達：抬起床頭或床頭連動床尾升降

雙馬達：床頭與床尾可分開調整

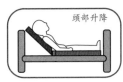  

三馬達：床頭與床尾可分開調整，也可一起調整，還可調整整張床的高低

   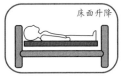

## 4.氣墊床

利用間歇充氣方式，讓床墊維持1/2～2/3的床管有氣，1/3～1/2的床管沒氣的方式來降低病人與床墊接觸面的壓力（即所謂零壓理論），達到減壓效果，避免壓瘡的產生。

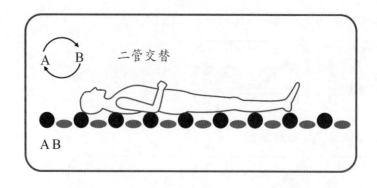

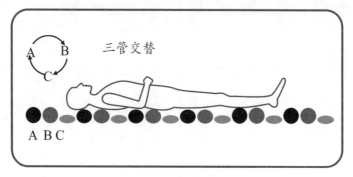

交替式氣墊床原理

## 5. 山形翻身腳墊

　　預防垂足，避免傷口直接接觸棉被跟皮膚，防止兩膝內縮，可協助翻身、清理排泄物。

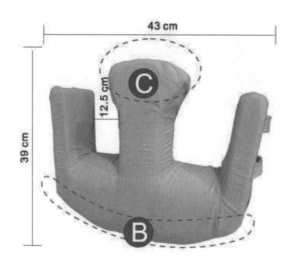

## 6.減壓坐墊

一般用於輪椅座墊上使用。

連通管氣囊-氣墊座（B款）

氣囊式坐墊（E款）

液態凝膠坐墊（C款）

固態凝膠坐墊（D款）

跨專業領域合作：

➢ 輔具的樣式有很多種，款式也隨時都在開發更新，依據壓瘡的預防和病人狀態來選擇適當的輔具就相當重要。

➢ 配合長期2.0的醫療器材行都聘有「長期照顧輔具供應人員」，選擇適當的輔具設備。

➢ 家訪也可和協助復能的物理治療師討論合宜的輔具。（長期照顧補助則由甲類輔具評估人員評估後始得購買）

**小知識**

使用護理床時的建議事項

　　通常離床的角度應小於或等於30度為原則。在45度時有50%、70度時有85%上半身體重量集中在薦骨至坐骨之間。

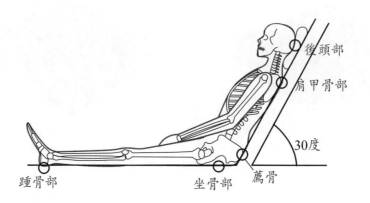

使用輪椅時，髖關節、膝關節和踝關節也都要維持在90度的姿勢，才能將壓瘡風險降至最低，但實際上操作卻是有困難的，因此可以使用坐墊（cushion）來協助維持固定姿勢。

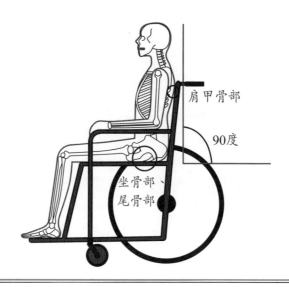

## (五) 名詞解釋

| 名詞 | 說明 |
|------|------|
| DEC | 壓瘡的意思，德語Decubitus的縮寫。 |
| POSITION定位 | 如果難以保持身體的姿勢，可以使用坐墊（CUSHION）來保持坐姿的安全及舒適。 |
| 廢用性症候群 | 指長期臥床或因身體的疾病導致日常生活活動受限，致使肌肉流失萎縮和關節攣縮等，這容易使人變成長期臥床狀態。 |
| 好發部位 | 容易發生壓瘡的位置，常見於骨頭突出處。 |
| 清創手術 | Debride的意思。<br>手術切除感染或壞死的組織以清潔傷口。 |

## (六) 相關的檢查數值

| 檢查項目 | 說明 | 標準值 |
|----------|------|--------|
| 血中albumin | 營養狀態指標<br>影響血液滲透壓的物質，與水腫或皮膚脆弱有關。<br>長者albumin<3.0g/dL發生壓瘡的機會就會大大提高。 | 3.5～5.5g/dL |
| TP | 營養狀態指標，血中總蛋白 | 6.8～8.5 g/dL |
| 血紅素Hb | 貧血指標<br>Hb低下時細胞的供氧量會不足，當Hb<11g/dL時，發生壓瘡的機會就會增加。 | 男性：14～17 g/dL<br>女性：12～15 g/dL |
| CRP | C反應蛋白，發炎感染的指標。 | <0.2 mg/dL<br>（高敏感免疫測定法） |
| WBC | 白血球數<br>體內有發炎反應時會增加。 | 4000～9000/μL |

# 參考資料

1. 日本壓瘡學會

2. 淺談褥瘡相關治療，林口長庚紀念醫院藥劑部藥師，黃雅蓮。藥學雜誌，117冊，vol 29 No 4., Dec. 31, 2013

3. 傷口大師，游朝慶https://woundmaster.blogspot.com/

4. 外用phenytoin治療壓瘡之探討。藥學雜誌138冊，vol.35 No.1, Mar.31, 2019

5. 提升某加護中心壓瘡癒合率之專案，許雪貞，莊素完，李順倫。護理雜誌53卷5期，中華民國95年10月

6. 林新醫院／衛教園地／一般外科／如何正確選擇敷料

# 七、癌症疼痛

林家宇

## (一)疾病的基本知識

### 1.癌症疼痛

　　隨著人類壽命延長，人口增加，癌症已成爲非常普遍的疾病。在臺灣，癌症早在民國71年即躍升十大死因之首。根據中華民國108年癌症登記報告，該年臺灣有超過13萬人被診斷出罹患癌症。

　　癌症治療除了殺滅癌細胞、治癒疾病之外，病人的生活品質的支持需求越來越受重視。而伴隨癌症發生的疼痛，會大幅剝奪病人社、心、靈的安定，連帶影響病人及家屬的生活品質。因此緩和照護（palliative care）及安寧療護（hospice care）被視爲癌症照護中重要的一環，而疼痛控制在其中扮演相當重要的角色。

### 2.緩和照護（Palliative care）

　　癌症相關的疼痛除了疾病本身之外，各種治療也會引起疼痛，如手術、化學治療、放射線治療等。因此在診斷出罹患癌症，擬定治療計畫的同時，緩和照護也應該要適時加入。

### 3.安寧療護（Hospice care）

　　依據世界衛生組織（WHO）的定義，安寧療護是指在病人臨終前提供積極且全人化的照顧，以維護病人和家屬的生活品質，甚至是社、心、靈的關懷。

## (二)藥師訪視的重點

### 1.確認病人／家屬的意願

　　理想的照護關係，是病人了解病情，且在家人支持下進行居家照護。若照護者的照護能力較弱（如：不能適當地掌握醫療狀況），可能會縮短居家照護的時間。居家緩和或安寧的目標是讓病人及家屬在家中舒適地生

活，因此必須先了解情況以提供最適當的照護。

---

重點

居家緩和照護確認

• 病人和家屬對於居家緩和照護意見相左之處。

• 病人和家屬對癌症疼痛控制的理解。

• 藥物管理能力，對服藥方法的理解。

• 對鴉片類止痛藥的理解程度（正確使用可以改善疼痛）。

• 疼痛的程度和狀況。

• 急救藥品的存放位置。

• 病家的疑問或不安。

• 緊急連絡人。

---

## 2. 跨職類合作

　　如前所述，癌末居家照護的時間很短，因此各職類人員的合作非常重要。讓病人在出院前參加團隊會議，可以提供完整的醫療資訊。

　　在某些情況下，醫師會提供居家照護的病家衛教或照護資訊，因此，藥師在訪視時也能掌握一般的醫療狀況，但訪視之初期可能會有一段摸索期。

　　在癌末時期，通常抗癌的療程都已結束，且只有在醫療院所才能繼續治療。在大多數情況下，預期餘命很短。當醫師或護理師提出用藥衛教的轉介建議，藥師就成為照護的一員，為了能夠順利運作，藥師可主動收集資訊，逐步建立與病家之間的信任關係。

---

重點

　　居家照護會有各職類人員參與，例如醫師、護理師。由於所有人員不太可能同時訪問，因此需要有一份交流紀錄以進行資訊交換。如果沒有聯繫紀

錄，請製作一份並嘗試填寫該紀錄，包括一般的細項（排便時間、副作用、身體狀況等）。藥師可從中追蹤用藥情況，並檢查剩餘藥量，包括急救藥品。

# (三) 藥師在病人家中進行的檢查

## 1. 檢視服藥狀況和剩餘藥物狀態，協助管理藥物

居家照護時常見的用藥問題：藥物儲存、忘記服藥、副作用、對藥品不了解和其他（如重複服藥或劑量過高）。

當病人和家屬首次進行居家照護時，容易對以下情況感到焦慮：是否有劇烈疼痛、身體狀況突然改變、家人該怎麼辦。因此，藥師有必要與各職類人員合作，掌握病人及家屬的狀況，並提供最大程度的照護。

當病人病況改變時，醫師的處方不一定仍舊適合病人狀況。聆聽病人和家屬的抱怨，並評估處方適當性是藥師的工作。將藥品去蕪存菁，可改善病家的生活品質。

重點

藥師進行訪視時應該先確認的事
- 居家周邊環境（可以問護理師或照護員）。
- 病人自己或家人的想法（如自己管理藥品）（尊重意見很重要）。
- 是否有剩藥或多餘的藥物。
- 觀察病人（可與各職類合作交換訊息）。

## 2. 了解藥物並根據情況制定處方建議

除了用藥情況及藥品儲存，確認癌末病人使用中的止痛藥Opioid、NSAIDs等，有無服用過量或發生副作用，是非常重要的項目。這些問題對病人、家庭而言都很重要，可以經由觀察及交談之間找到線索。如果病人有吞嚥困難，則可建議醫師調整給藥途徑，由口服改為栓劑、貼片或靜

脈輸注給藥。然而，靜脈輸注可能為病家帶來照護負擔及行動的不便，因此確認病家的需求很重要。本章節介紹用於癌症緩和治療的藥品。以下為功能性的處方建議。

(1)非鴉片類止痛劑

i. Acetaminophen：胃腸道和腎臟的副作用少，老年人也可使用，但應注意肝臟疾病。每日最大劑量為4,000mg，當單次劑量超過1,000mg時，止痛效果不再隨劑量增強。

ii.NSAIDs：Diclofenac、Ibuprofen：可能發生胃腸道和腎臟的副作用。止痛效果有限，增加劑量只會增加副作用的發生率。

iii.抗憂鬱藥：Amitriptyline、Duloxetine、Mirtazapine：用於灼痛，異常感覺（夾緊、擠壓、麻木）。

iv. 抗癲癇藥：Clonazepam、Carbamazepine；其他止痛藥：Pregabalin：用於電擊感（電擊、刺痛）。

---

重點

關於非鴉片類止痛藥

• 在WHO三階止痛指引中列為第一階藥物。

• 抗抑鬱藥和抗癲癇藥，可做為止痛輔助藥。

• 病人如有腎、肝臟疾病時需特別留意。

• 使用NSAIDs需併服足夠的水，以避免食道潰瘍。

---

(2)鴉片類止痛藥

i. Codeine phosphate：包括非處方藥中的止咳藥，經肝臟代謝可轉化為嗎啡。

ii.Tramadol：Tramadol 37.5mg /Acetaminophen 325 mg：弱效鴉片類藥物，屬於第四級管制藥品。副作用比嗎啡少。

iii.Oxycodone：緩釋劑，不可咀嚼，作用時間長，常規劑量下每天服用兩次即可有效止痛。此外，由於配方的特性，排便時可能看到殘留的藥錠。
散劑，為粉末狀，快速釋放，可迅速緩解疼痛。

iv. Fantanyl：注射劑，用於全身麻醉，靜脈注射的止痛效力是嗎啡的
50～100倍，作用時間很快。

貼片，皮膚吸收良好。

舌下片，緩解突發性疼痛，可用於腎功能不全的患者。

v. Morphine：最常見的鴉片類藥物，但目前使用較少。有速效、緩效、
栓劑等劑型。

---

**重點**

鴉片類止痛藥的特性

- 在WHO的三階止痛指引中，列為第二、三階藥物。
- 強效的鴉片類止痛藥，劑量沒有上限。
- 病人有腎、肝臟疾病時需特別留意。Fantanyl可用於腎臟疾病，但需謹慎使
用。

---

**(3) 速效鴉片類藥物**（Rapid-onset Opioid, ROO; Short-acting Opioid,
SAO）

i. 速效劑型：約30分鐘產生效果，約60分鐘後能達到最大效果。

ii. 舌下劑型：生效時間縮短約10～15分鐘，作用時間為1～2小時，改善
了SAO的缺點。可有效緩解突發性疼痛，但不應常規使用。

**(4) 鴉片類藥物的副作用**

三種典型的副作用：噁心、嘔吐、便秘和嗜睡。

必須從一開始就對噁心和便秘擬定對策。如果沒有妥善處理副作用，
病人生活品質會下降，甚至會拒絕服藥。

i. 噁心、嘔吐：通常發生在鴉片類藥品使用初期或劑量增加時，可
能持續數天至兩週。可使用抗多巴胺藥物（Novamin、Nauzelin、
Primperan、Zyprexa等）、抗組織胺（Diphenhydramine/
Dyphylline、Polaramine）

ii. 嗜睡：發生在鴉片類藥品的使用初期或劑量增加時，可能持續數天至兩
週，必要時可視情況調整劑量。

iii. 便秘：噁心和嗜睡可逐漸被病人耐受，但便秘不會，病人需持續服用

軟便劑（氧化鎂）及緩瀉劑。

> **重點**
>
> - 過度提醒或詢問副作用可能會導致病人拒絕服藥。
> - 疼痛會表現在臉上，不要忽略它或反應過度。
> - 確認緩解副作用的藥品是否正確使用。
> - 確認是否可以將SAO更改為ROO以改善突發性疼痛。
> - 確認病人的吞嚥能力，藥品能否剝半、磨粉。
> - 持續觀察病人，掌握每種藥物的特性，並提出處方建議。

## 3.疼痛評估

　　由於強效鴉片類藥物沒有劑量上限，重要的是用藥的最佳劑量，在使用單一口服藥品的情況下，服用的錠片數量過多將給病人帶來負擔。建議醫師調整處方（如配合大劑量劑型）使其易於服用也是藥師的工作。

　　若疼痛持續未緩解，病人會有各種不適，如食慾不振、失眠、無法洗澡、發炎和精神不穩定。檢查疼痛是醫師的工作，但藥師及各職類人員都可以收集資訊，在團隊中共享，及早因應，更快減輕病人的痛苦。

### (1)疼痛的性質

　　銳痛、鈍痛、穿刺、跳動等，讓病人用自己的話說。病人使用的詞彙非常重要，可以從中評估需要何種止痛劑及輔助治療。如果比病人先表達，會有誘導病人回答而造成誤判的可能。

### (2)疼痛情況

　　持續疼痛、間歇疼痛、身體姿勢改變時疼痛、休息時疼痛。根據這些主訴評估何時應增加劑量和使用急救藥物。

### (3)痛的經過

　　何時開始的？根據部位的不同，可能與癌症的病程有關，難以判斷，最好同時對照過去病史與醫師的診斷。

### (4)痛的地方

　　每個部位疼痛程度有個人差異，根據位置的不同，疼痛可能因改變姿

勢或按摩而緩解，可提供資訊給照護員和護理師。

### (5)疼痛的影響

無法入睡、無法進食、無法下床。嚴重影響生活品質，應立即考慮增加鴉片類藥物的劑量。

### 4.止痛藥的作用

服藥是否容易？會立即失效？完全沒效？病人可能會因為不想麻煩照護人員而強忍疼痛。因此持續確認處方是否適合當前情況非常重要，與病人建立關係可提高對方傾訴的意願，即使只有些微的疼痛而已。

### (1)使用NRS，VRS，VAS，FPS進行疼痛評估

疼痛程度的評估方法：數字疼痛量表（Numerical Rating Scale, NRS），口述疼痛量表（Verbal Rating Scale, VRS），視覺類比量表（Visual Analogue Scale, VAS），臉譜量表（Faces Pain Rating Scale, FPS）。可單獨使用一種，或根據它們的特性組合使用。臨床上有些病人可能會覺得煩，但只有病人知道實際的疼痛程度，此時可採用和病人一起合作的氛圍進行評估。

i. 數字疼痛量表NRS：將疼痛強度量化為0～10分

0無痛；10最痛；1～3輕度；4～6中度；7～10高度

ii.口述疼痛量表VRS：以語言詞彙表達來評估疼痛強度

通常分為4～6級，6級的分類是比較適當的

iii.視覺類比量表VAS：在10公分的直線上標記疼痛的程度

左端為不痛、右端為最痛

iv. 臉譜量表FPS：選擇與當下表情最接近的圖片來進行評分

3歲以上兒童也適用。但若病人同時有不安、憂鬱等其他情緒，可能會影響評估的結果。

### (2)失智症病人的疼痛評估

由於疼痛評估基於病人主訴，因此難以評估認知能力下降的老年人，可使用晚期失智症疼痛評估量表（Pain Assessment in Advanced Dementia, PAINAD），對呼吸、聲音、表情、肢體、情緒及可安撫性進行整體評估（見下表）。

晚期失智症疼痛評估量表

| 項目 | 0分 | 1分 | 2分 |
|---|---|---|---|
| 呼吸 | 正常 | 偶爾費力，短時間過度換氣 | 持續費力呼吸且聲音吵雜，長時間過度換氣，潮式呼吸* |
| 負向發聲 | 無 | 偶爾呻吟，負向或不雅言詞 | 反覆大喊，大聲呻吟，哭泣 |
| 表情 | 無或微笑 | 悲傷，害怕，皺眉 | 表情痛苦 |
| 肢體 | 放鬆 | 緊張，痛苦，踱步，坐立不安 | 僵硬，握拳，揮拳，屈膝，推人 |
| 可安撫性 | 不需安撫 | 可被聲音或觸碰安撫 | 無法被安撫或分散注意，無法使其安心 |

* 又稱陳施氏呼吸（Cheyne-Stokes respiration）：呼吸由淺漸深，由慢漸快，達高點後，再由深漸淺，由會漸慢，暫停數秒之後，又重複出現，周而復始如潮水漲退。

# (四) 深入了解鴉片類止痛劑

## 1. 鴉片類止痛劑、麻醉藥和麻藥的區別

　　俗稱的麻藥一詞可泛指所有麻醉藥品，而其中鴉片類止痛劑被歸類為成癮性麻醉藥品。晚期癌症疼痛的治療以鴉片類藥品為主，以鴉片類藥品的稱呼，取代麻醉藥是較為精準的用法。

---

**小知識**

　　使用鴉片類止痛劑會上癮嗎？會加速死亡？會逐漸失效嗎？這是常被問到的問題，需要向病家說明並非如此，藥物劑量增加通常是因為疼痛加重而不是療效減弱。

---

## 2. WHO三階止痛指引

　　止痛藥可緩解疼痛，使用時宜遵循5項使用原則和三階止痛指引。其中包含了鴉片及非鴉片類止痛劑的使用、副作用、耐受性以及社會心理支持。

　　80%以上的病人可以經由WHO癌症疼痛治療指引完全緩解疼痛。正確的治療方法可以減輕許多患者的疼痛。

**(1)使用止痛藥的5項原則**

i. 口服（by mouth）：最簡便的途徑。如果有副作用，則考慮其它給藥途徑。

ii. 定時（by the clock）：癌症疼痛通常持續存在，定時服藥可減少因血中濃度不穩而發生的疼痛。另外，應有備援藥物以緩解突發性疼痛。

iii. 依序（by the ladder）：依照三階用藥指引，選擇更高階的止痛劑或配合疼痛程度使用。

iv. 個人化（for the individual）：選擇適合病人的處方，應為每個病人調整止痛的最佳劑量。

v. 注意細節（with attention to detail）：根據病人作息，調整藥物的劑量及頻次。同時必須讓病家了解可能的副作用。

**(2)WHO三階疼痛治療**

　　依疼痛階梯進行治療照護，若一開始就出現中、重度疼痛，也可從第二、三階治療開始。

　　近年有許多研究報告指出，第二階的弱效鴉片類藥物效果並不理想，提高劑量還會增加副作用，此時宜使用低劑量強效鴉片類藥物。未來的指引可能會將現有第二階的弱效鴉片類藥物刪除，或以低劑量強效鴉片類藥物取代。

---

**小知識**

無成癮症狀的原因

　　嗎啡的成癮來自心理和身體依賴性，因此有許多人對這類藥品抱持恐懼與抵抗。但是接受癌症疼痛緩解照護的病人並不會出現這些症狀。

　　在大腦中，當多巴胺被釋放時，會有興奮，欣快和愉悅感。GABA能抑制並調節多巴胺的釋放，GABA神經有4個受體，當與嗎啡結合時，它失去了抑制多巴胺釋放的功能，使多巴胺大量釋放，引起精神依賴性。

　　然而，內源性鴉片類藥物（內啡肽、腦啡肽、強啡肽）在患有慢性疼痛的病人大腦中產生，並發生生理反應以抑制自身疼痛。其中，強啡肽具有抑制多巴胺神經的作用，內啡肽具有與GABA神經的μ受體結合的作用。由於嗎啡不能與病人大腦中的μ受體結合，因此不會引起精神依賴性。

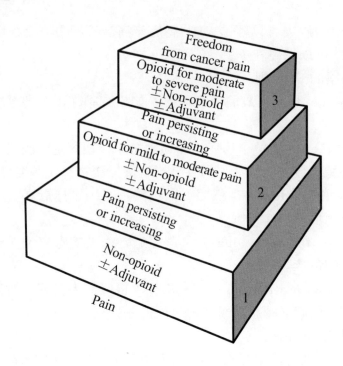

Freedom from cancer pain

Opioid for moderate to severe pain ±Non-opiold ±Adjuvant　3

Pain persisting or increasing

Opioid for mild to moderate pain ±Non-opioid ±Adjuvant　2

Pain persisting or increasing

Non-opioid ±Adjuvant　1

Pain

### 3. 管制藥品相關規定

(1) 領有使用執照號碼的醫師、牙醫師才能開立處方。

(2) 開立第一至三級管制藥品時，需使用管制藥品專用處方箋。

(3) 醫師、牙醫師、藥師或藥劑生必須依照管制藥品專用處方箋，調劑第一級至第三級管制藥品。

(4) 領受人憑身分證明簽名領受。第一級、第二級管制藥品專用處方箋，以調劑一次為限。

### 4. 病人自控式止痛法（Patient Controlled Analgesia, PCA）

(1) 簡介：PCA是一種由病人依自身疼痛情形來調整止痛劑量的給藥方式。首選藥品為嗎啡，可合併其他止痛藥品或其他輔助劑來強化止痛效果。術後止痛，每次處方以3日為限；癌症等慢性疼痛，每次處方以7日為限，居家使用亦同，但末期病人不在此限。

(2) 使用禁忌

　　i. 絕對禁忌：過敏、病人拒絕、嚴重認知障礙、肢體或精神殘疾，而無法操作控制器。

ii.相對禁忌：妊娠或哺乳、具藥物濫用史、睡眠呼吸中止症、呼吸功
能異常、病態型肥胖、肝腎功能異常、惡病質或極度虛弱。

(3) 注意事項

i. 確認病人了解操作方法，病家知悉可能發生之副作用。

ii.限病人本人操作給藥，不得由他人代行。

iii.下列情況醫護人員需及早介入，必要時給予納洛酮（Naloxone）。

- 嚴重呼吸抑制（不易喚醒或呼吸頻率小於8次／min）
- 意識混亂或躁動
- 血氧飽和度低於90%
- 止痛效果不佳
- 嘔吐

(4) 相關設備

i. PCA幫浦：結合微電腦記憶功能的輸液幫浦，可設定安全給藥模
式。常用於住院病人之自控止痛，居家病人可向醫院租用。

ii.攜帶式輸液器：以壓力爲輸注動力的醫療器材，不需電力即可使
用。配合攜帶型疼痛自控按鈕，即可符合居家或外出時，自控止痛
的需求。

## (五) 生命徵象確認

接受居家癌症疼痛控制的病人，身體會有劇烈變化，各職類人員必須
儘快察覺。以下介紹藥師可以觀察的生命徵象及評估方式。

### 1.體溫

體溫是當下的生命徵象。感染是癌症病人發燒最常見的原因，約占
60%。另外40%是非感染性發燒，其中tumor fever的發生率很高，特別
是合併遠端轉移的晚期癌症。病人對於tumor fever的主訴可能不會伴有
發冷，因此每天檢查和記錄體溫很重要。病人臨終前可能已經精疲力盡，
如果發現發燒，應立即連絡醫師。如果診斷出tumor fever，可使用退燒
藥，乙醯氨酚的半衰期短且效果不佳，建議使用萘普生（Naproxen）。
如果效果不足，可考慮加上倍他米松（Betamethasone），長期使用時必
須小心。

## 2.脈搏

脈搏是重要信號。正常的休息心率是每分鐘60到80次，但心律不整時，每分鐘超過100次為心搏過速，少於60次為心搏過緩。

特別是肺癌病人，腫瘤會壓迫心臟引起心律不整。主訴為呼吸困難和胸痛，可能會被視為癌痛而忽略了心律不整。如果與護理師共同訪視，應合作掌握脈搏。為防止誤判，可測量多個部位的脈搏：手腕處、腹股溝和腳後跟。有些儀器只需將其包裹在手腕上即可自動測量。

## 3.呼吸頻率和SpO$_2$（動脈血氧飽和度）

用於治療癌痛的中樞神經藥物（例如鴉片類止痛藥、安眠藥、鎮定劑和抗精神病藥），可能會引起呼吸抑制的副作用，而意識障礙和強烈嗜睡等症狀會先出現。劑量維持不變卻出現副作用症狀時，可能是由於腎功能下降。此時建議使用芬坦尼取代嗎啡。此外，在脫水過程中，服用非類固醇消炎藥對腎臟非常危險，需要小心。

正常呼吸速率為每分鐘14～20次左右。如果可能的話，用脈搏血氧儀測量SpO$_2$是有幫助的。

## 4.便秘和腹瀉

使用鴉片類止痛藥，便秘幾乎100%發生，可服用氧化鎂和番瀉苷加以預防，指示病人在觀察糞便形態時調整劑量。

當病家表示常規服藥卻觀察到水便，則應該停藥，確認腹瀉前的硬度、當前的便量和次數、是否有不適感、近期食慾和進食量。而宿便可能會導致「溢流性肛門失禁」，如果置之不理，則有出血和穿孔的風險。灌腸可以緩解症狀，恢復食慾，但仍要持續觀察。另外，頻繁地腹瀉也可能是因為便秘而過度使用瀉劑，建議病人服用適當的劑量也是很重要的。

## 5.排尿次數

癌症病人在居家照護時，當伴隨著疼痛之類的嚴重症狀時，上廁所排尿的次數越多，他們感到的疼痛就越多。通常一天排尿超過10次即可視為頻尿，但存在個體差異，是否感到不適或困擾是重要的。抗膽鹼藥物會引起排尿問題，尤其是前列腺肥大的男性合併夜間失眠時，可以藉由停藥或減少劑量來改善。也可以選擇放置導尿管，但有感染的風險，根據病人

當前情況考慮適當的處理方法是必要的。

　　可能引起排尿障礙的藥品（例）：

- 抗精神病藥：Chlorpromazine, Risperidone, Levomepromazine
- 抗憂鬱劑：Amitriptyline hydrochloride, Imipramine hydrochloride, Milnacipran hydrochloride
- Benzodiazepines：Quazebam, Triazolam等
- 鴉片類：Oxycodone hydrochloride hydrate, Morphine hydrochloride hydrate, Fentanyl等

### 6. 精神症狀

　　不僅在晚期，癌症病人的精神狀態常常不穩定，人很自然會從癌症想到「死亡」。抱怨、憂鬱、焦慮和失眠是正常的身體心理反應。專業醫療人員需要堅守崗位，以減輕病人的精神困擾。譫妄和憂鬱通常可通過消除身體不適來改善，而隨意使用抗焦慮藥或鎮靜劑，則可能使症狀惡化。此外，服用干擾素、皮質類固醇、抗組織胺、鈣離子通道阻斷劑等，可能會導致憂鬱症狀，因此有必要時需建議停藥。

　　儘早發現精神症狀非常重要。另外，評估藥物引起之可能性，收集完整資訊，供各職類之間資訊交流，可以事半功倍。

### 7. 口腔症狀

　　吞嚥困難的老年人可能不適合吞服藥錠。如果病人有失智症，則可能是因為失智而無法服藥。如果病人胃口好但吞嚥困難，藉由調節假牙，可改善咀嚼和吞嚥問題。如果是針對藥物的吞嚥困難，可將藥品改為粉劑，但仍可能造成其他問題，諮詢牙醫師確認狀況也很重要。

　　另外，如果口腔有傷口或疾病，則必須優先進行治療，假牙的清洗和刷牙是重要的護理。儘可能維持沒有疼痛的時間，讓病人可以經口進食和服藥是非常重要的。

## 參考資料

1. 臺灣安寧緩和醫學會，臺灣疼痛醫學會：癌症疼痛之藥物治療指引，第七版

2.  World Health Organization. (1996). Cancer pain relief: with a guide to opioid availability, 2nd ed

3.  Monroe, T. B., & Mion, L. C. (2012). Patients with Advanced Dementia: How Do We Know If They are in Pain? Geriatric Nursing, 33 (3), 226-228

4.  中華民國行政院衛生福利部：管制藥品管理條例

5.  中華民國行政院衛生福利部食品藥物管理署：病人自控式止痛法（PCA）使用成癮性麻醉藥品指引暨管理注意事項（衛生福利部食品藥物管理署107年12月4日FDA管字第1071800821號函修訂）

6.  中華民國行政院衛生福利部食品藥物管理署：病患自控式止痛法（PCA）使用麻醉藥品注意事項（行政院衛生署84年10月16日衛署麻處字第84065436號公告）

7.  中華民國行政院衛生福利部國民健康署：中華民國108年癌症登記年報

# 第七章　營養評估

劉曉澤、張庭瑄

　　伴隨長者年齡的增加、活動量下降、生理機能衰退（如牙口咀嚼功能、吞嚥功能障礙等）、食慾不佳的問題，導致長者每日攝取熱量及蛋白質不足，逐漸造成肌肉量流失、體脂肪比例增加等營養不良現象，使得長者罹患肌少症（sarcopenia）的比例日漸增加。

　　家庭照護患者中若未適當進行完整營養評估、營養建議與營養支持，罹患肌少症的機會是非常高的。而長者在接受營養評估時，時常會反映：「我年紀太大了或是我沒有胃口，所以無法達成營養建議。」因此需充分理解個案的生活環境及飲食習慣與問題後，提供個案可接受並執行的營養建議。在本章節中，會說明營養不良的基本概念及實際家庭醫療照護處理原則。

## 一、老年人生理之變化

　　65歲以上老年人因器官生理功能日漸退化，進食及吸收能力也會下降，因此影響其飲食狀況，以下以四個面向說明：

1. 口腔
   (1) 牙齒動搖、缺牙或假牙咬合不正。咀嚼時假牙摩擦造成牙床疼痛，無法咬碎食物導致不願進食。
   (2) 唾液腺異常，造成口乾而無法分泌足夠的唾液來消化食物。
   (3) 味蕾數目減少及味覺、嗅覺神經的衰退，使得口味變重或食慾下降。
2. 腸胃道：腸胃道內的酵素、消化液分泌減少，腸胃蠕動變慢，吸收功能變差，造成腸胃不適，容易有消化不良、脹氣、便秘等問題。
3. 肌肉量：因肌少症導致咀嚼能力下降，導致進食意願低。
4. 骨骼：隨著年齡的增加，骨密度下降、骨質流失，造成骨質疏鬆並增加

　　骨折的風險。

5. 其他

　　(1) 獨居長者容易在進餐時，感到孤單而減低胃口。

　　(2) 疾病因素引起進食量下降，如失智症容易造成忘記吞嚥或進食。

　　(3) 因藥物引起味覺的改變，亦容易減低食慾。

## 二、營養不良的定義

　　在2012年，美國營養學會和美國靜脈暨腸道營養醫學會（ASPEN）聯合發表聲明，將「營養不良」定義為以下三種類型：（表一說明不同原因造成的營養不良狀況）

1. 長期飢餓因素：主要因社會環境支持低，或生理機能衰退，造成無法攝取足夠營養素而導致。

2. 由慢性疾病引起：慢性炎症（如惡性腫瘤）和慢性疾病（例如慢性腎臟病、慢性阻塞性肺病）引起的代謝異常使得營養需求增加，卻又容易因疾病造成食慾減低，總合上述兩點造成的營養不良。

3. 急性疾病或傷害：肺炎、創傷等急性傷害造成體內異化作用，導致營養不良。

　　在家庭照護中常見的營養不良是由長期飢餓與慢性疾病導致，若有適當的營養支持，可顯著改善長期飢餓引起的營養不良；另一方面，慢性疾病引起的營養不良在早期較容易改善，但隨著疾病末期引發其他併發症，導致更嚴重的營養不良問題產生。至於急性疾病或傷害引起的營養不良的患者，應由醫療團隊共同介入治療。

表一　營養不良的分類

| 營養不良的類型 | 發炎反應 | 主要原因 | 改善可能性之高低 | 白蛋白生化數值 | 體重變化 |
|---|---|---|---|---|---|
| 長期飢餓引起的營養不良 | 無 | 社會因素導致食物攝取量減少 | 可以透過增加營養攝取量，輕鬆改善。 | 在初期不會減少，但在嚴重情況下會減少。 | 顯著變瘦。 |
| | | 吞嚥困難致食物攝取量減少 | | | |
| | | 上消化道狹窄 | | | |

| 營養不良的類型 | 發炎反應 | 主要原因 | 改善可能性之高低 | 白蛋白生化數值 | 體重變化 |
|---|---|---|---|---|---|
| 慢性疾病引起的營養不良 | 弱 | 惡性腫瘤<br>慢性阻塞性肺病<br>慢性發炎（如類風溼性關節炎）<br>慢性感染症（如結核病） | 因為潛在疾病難以改善，到了晚期通常難以改善。營養介入的效果越早越好。 | 逐漸下降。 | 初期並不顯見，最終會變得顯著變瘦。 |
| 急性疾病或傷害引起的營養不良 | 強 | 肺炎、外傷、熱傷、急性感染症 | 隨著潛在急性原因的改善，營養狀況會隨之改善。 | 早期會出現低下。 | 幾乎不會引起注意。 |

# 三、營養不良的篩檢評估工具

在家居醫療或首次就診時，利用簡易的篩檢工具進行的篩選，可以初步並快速篩檢出營養不良高風險群個案，並立即提供營養介入，避免因營養不良引發疾病惡化。

## 1. Nutritional Risk Screening（NRS 2002）

主要透過以下兩階段，評估住院病人因營養因素而導致併發症的可能風險，第一階段初步評估營養狀態及疾病嚴重度，若其中一個選項爲是，則進行第二階段評估；若第二階段評估超過3分，則爲高營養不良風險，需立即給予病人營養介入，若非高營養不良風險者，則於每週重新評估病人營養不良風險，若患者欲進行重大手術者，則必須執行預防性的營養治療計畫。

### (1) 第一階段評估

| 篩檢項目 | 是 | 否 |
|---|---|---|
| 1. BMI是否小於20.5 kg/m$^2$ | | |
| 2. 最近三個月體重是否有減輕 | | |

| 篩檢項目 | 是 | 否 |
|---|---|---|
| 3. 最近一星期進食量是否減少 | | |
| 4. 疾病是否嚴重 | | |
| 以上若有任何一項答案為是,應進行第二階段評估;若答案皆為否,則每周重新評估一次。<br>如患者欲進行重大手術,必須進行預防性的營養治療計畫。 | | |

## (2)第二階段評估

| 營養不良嚴重度 | | 疾病嚴重度 | |
|---|---|---|---|
| 分數 | 狀態 | 分數 | 狀態 |
| 0 | 正常營養狀態 | 0 | 正常營養需求 |
| 1 | 三個月內體重減輕>5%或<br>最近一星期進食量少於需求量的50%-75% | 1 | 骨盆骨折或慢性阻塞性肺病;慢性病患合併急性合併症,如肝硬化、洗腎、糖尿病、腫瘤 |
| 2 | 二個月內體重減輕>5%或BMI=18.5-20 kg/m²或<br>最近一星期進食量少於需求量的25%-50% | 2 | 腹部重大手術、中風、重症肺炎、血液系統腫瘤 |
| 3 | 一個月內體重減輕>5%或<br>BMI < 18.5 kg/m²或<br>最近一星期進食量少於需求量的25% | 3 | 顱部創傷、骨髓移植、加護病患(APACHE>10分) |
| 年齡因素:>70歲病患+1分 | | | |
| 總分=A部分+ B部分+年齡因素 | | | |
| ≥3分容易出現營養相關併發症 | | | |

## 2. Malnutrition Universal Screening Tool(MUST)

　　主要以三項目評估成人營養不良的風險,包含身體質量指數(BMI)、過去3～6個月是否無計畫性減重的體重喪失及急性疾病的影響,若總得分數0分屬低危險群,進行一般臨床營養照護、1分為中危險

群、2分或以上則為高危險群，需立即進行營養介入。

| 評估項目 | | 分數 | 項目得分 |
|---|---|---|---|
| BMI（kg/m²） | >20 | 0 | |
| | 18.5-20 | 1 | |
| | <18.5 | 2 | |
| 過去3-6個月的非計畫性體重減少 | ≤5% | 0 | |
| | 5-10% | 1 | |
| | ≥100% | 2 | |
| 急性疾病的影響 | 重症病患且>5天沒進食 | 2 | |
| 總得分： | | | |
| 營養不良總體風險 | | | |
| 0分 | 1分 | ≥2分 | |
| 低度風險 | 中度風險 | 高度風險 | |

## 3. Subjective Global Assessment（SGA）

　　此表常用於評估住院癌症病人或長照機構住民，評估項目分為病史紀錄、體位紀錄兩部分，並再由臨床營養師進行主觀評判，將病患之營養狀況分為A：營養良好；B：輕、中度營養不良及C：重度營養不良。

| A.生活史 | 1. 體重變化：<br>過去六個月體重總減輕量_____公斤、減輕比率_____%<br>過去兩週內體重變化：□增加　□沒有變化　□減輕 |
|---|---|
| | 2. 飲食變化（與平常飲食比較）<br>□沒有變化<br>□有變化　期間_____週（方式：軟質、全流質、低熱量流質、飢餓） |
| | 3. 腸胃症狀（持續兩週以上）<br>□無症狀　□噁心　□嘔吐　□腹瀉　□厭食 |

| A.生活史 | 4. 活動機能：□無症狀　□功能受損：期間_____週_____月 |
| | 　　　　　（型態：工作能力受損、可走動、臥床不起） |
| | 5. 疾病與營養需求關係：主要診斷：_____ |
| | 代謝壓力：□無壓力　□輕度壓力　□中度壓力　□高度壓力 |
| B.生理狀況<br>0=正常、1=輕微<br>2=適度、3=嚴重 | _____皮下脂肪喪失<br>_____肌肉耗損<br>_____腳踝水腫<br>_____薦骨水腫<br>_____腹水 |
| C.主觀性整體營養評估等級（單選） | □A=營養良好<br>□B=中等營養不良或懷疑有可能是營養不良<br>□C=嚴重營養不良 |

#### 4.迷你營養評估表（Mini-Nutritional Assessment, MNA）

迷你營養評估表常用於長照機構住民，此表將營養評估分為營養篩檢與一般評估，針對病人過去三個月的飲食、行動力、上臂圍、小腿圍等指標做調查，當總分介於17至23.5則具營養不良危險性、低於17分則可評估為營養不良患者。

## 四、營養不良的診斷與分級

如果篩檢的結果是懷疑營養不良的時候，則要評估以下6個項目（能量攝取量、體重減少、肌肉量、脂肪量、水腫、握力），其中要符合兩個以上才會被診斷為營養不良。

| 營養篩檢 | 分數 |
|---|---|
| 1. 過去三個月之中，是否因食慾不佳消化問題、咀嚼或吞嚥困難以致進食量越來越少？<br>0分=嚴重食慾不佳　1分=中度食慾不佳<br>2分=食慾無變化 | ☐ |
| 2. 近三個月體重變化<br>0分=體重減輕>3公斤　　1分=不知道<br>2分=體重減輕1～3公斤　3分=體重無改變 | ☐ |
| 3. 行動力<br>0分=臥床或輪椅<br>1分=可以下床活動或離開輪椅但無法自由走動<br>2分=可以自由走動 | ☐ |
| 4. 過去三個月內曾有精神性壓力或急性疾病發作<br>0分=是　2分=否 | ☐ |
| 5. 神經精神問題<br>0分=嚴重痴呆或抑鬱　1分=輕度痴呆<br>2分=無精神問題 | ☐ |
| 6. 身體質量指數（BMI）體重（公斤）／身高（公尺）$^2$<br>0分=BMI<19<br>1分=19≦BMI<21<br>2分=21≦BMI<23<br>3分=BMI≧23 | ☐ |
| 篩檢分數（小計滿分14）<br>☐大於或等於12分：表示正常<br>（無營養不良危險性），不需完成完整評估<br>☐小於或等於11分：表示可能營養不良請繼續完成下列評估表。 | ☐☐ |

| 一般評估 | 分數 |
|---|---|
| 7. 可以獨立生活（非住在護理之家或醫院）<br>0分=否；1分=是 | ☐ |
| 8. 每天需服用三種以上的處方藥物<br>0分=是；1分=否 | ☐ |
| 9. 褥瘡或皮膚潰瘍<br>0分=是；1分=否 | ☐ |
| 10. 一天中可以吃幾餐完整的餐食<br>0分=1餐；1分=2餐；2分=3餐 | ☐ |

| 一般評估 | 分數 |
|---|---|
| 11. 蛋白質攝取量<br>• 每天至少攝取一份乳製品<br>　（牛奶、乳酪、優酪乳）　　　是☐ 否☐<br>• 每週攝取兩份以上的豆類或蛋類　是☐ 否☐<br>• 每天均吃些肉、魚、雞鴨類　　　是☐ 否☐<br>　0.0分=0或1個是<br>　0.5分=2個是<br>　1.0分=3個是 | ☐.☐ |
| 12. 每天至少攝取二份或二份以上的蔬菜或水果<br>0分=否；1分=是 | ☐ |
| 13. 每天攝取多少液體（包括開水、果汁、咖啡、茶、牛奶）（一杯=240c.c.）<br>0.0分=少於三杯　0.5分=3～5杯<br>1.0分=大於5杯 | ☐.☐ |
| 14. 進食的形式<br>0分=無人協助則無法進食<br>1分=可以自己進食但較吃力<br>2分=可以自己進食 | ☐ |
| 15. 他們覺得自己營養方面有沒有問題？<br>0分=覺得自己營養非常不好<br>1分=不太清楚或營養不太好<br>2分=覺得自己沒有營養問題 | ☐ |
| 16. 與其他同年齡的人比較，他們認為自己的健康狀況如何？<br>0.0分=不如同年齡的人<br>0.5分=不知道<br>1.0分=和同年齡的人差不多<br>2.0分=比同年齡的人好 | ☐.☐ |
| 17. 臂中圍MAC（公分）<br>0.0分=MAC<21<br>0.5分=MAC21～21.9<br>1.0分=MAC≧22 | ☐.☐ |
| 18. 小腿圍C.C.（公分）<br>0分=C.C.<31　1分=C.C.≧31 | ☐ |
| 一般評估（小計滿分16分）<br>篩檢分數（小計滿分14分）<br>MNA合計分數（滿分30分） | ☐☐.☐<br>☐☐<br>☐☐.☐ |
| 營養不良指標分數<br>＊MNA＜17-23.5具營養不良危險性☐<br>＊MNA＜17營養不良　　　　　　☐ | |

注意事項：

1.因中風等等導致昏迷者，不算精神問題，可給2分。

　　另外，還需評估是否存在發炎反應、潛在疾病、生活環境、飲食環境等，用於確定病患最符合哪一種類型的營養不良（長期飢餓、慢性疾病、急性疾病或傷害），如圖一。

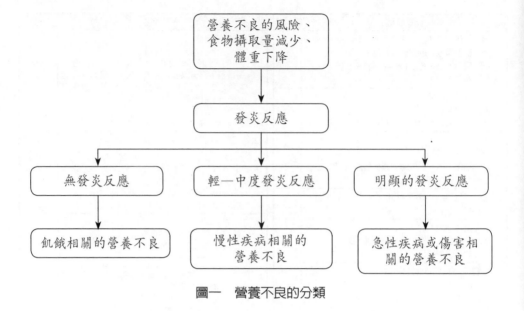

圖一　營養不良的分類

表二爲六個診斷各種營養不良嚴重程度的判斷標準：能量攝取不足、體重減少、肌肉量減少、脂肪量減少、局部或全身性水腫（需注意有掩蓋體重減少的可能性）、全身機能低下（通過測量握力強度來確定）。

表二　營養不良嚴重程度的診斷

|  | 長期飢餓引起的營養不良 | | 慢性疾病引起的營養不良 | | 急性疾病或傷害引起的營養不良 | |
|---|---|---|---|---|---|---|
|  | 中度 | 重度 | 中度 | 重度 | 中度 | 重度 |
| 能量攝取量 | 未滿必要量75%，連續3個月以上 | 未滿必要量50%，連續1個月以上 | 未滿必要量75%，連續1個月以上 | 未滿必要量50%，連續1個月以上 | 未滿必要量75%，連續7日以上 | 未滿必要量50%，連續5日以上 |
| 體重減少 | 1個月5% | 1個月5%以上 | 1個月5% | 1個月5%以上 | 一週內1-2% | 一週內2%以上 |
|  | 3個月7.5% | 3個月7.5%以上 | 3個月7.5% | 3個月7.5%以上 | 1個月5% | 1個月5%以上 |
|  | 6個月10% | 6個月10%以上 | 6個月10% | 6個月10%以上 | 3個月7.5% | 3個月7.5%以上 |

| | 長期飢餓引起的營養不良 | | 慢性疾病引起的營養不良 | | 急性疾病或傷害引起的營養不良 | |
|---|---|---|---|---|---|---|
| | 中度 | 重度 | 中度 | 重度 | 中度 | 重度 |
| 體重減少 | 1年20% | 1年20%以上 | 1年20% | 1年20%以上 | | |
| 肌肉量 | 輕度減少 | 重度減少 | 輕度減少 | 重度減少 | 輕度減少 | 中度減少 |
| 脂肪量 | 輕度減少 | 重度減少 | 輕度減少 | 重度減少 | 輕度減少 | 中度減少 |
| 水腫 | 輕度 | 重度 | 輕度 | 重度 | 輕度 | 輕到中度 |
| 握力 | N/A | 減弱 | N/A | 減弱 | N/A | 減弱 |

# 五、營養診斷

營養診斷是為了聚焦化營養評估後的問題點，需要明確的依嚴重度列出營養問題，而此營養問題需由營養專業人員進行營養介入及改善。

在家庭醫療的臨床實踐中，通常不容易區分長期飢餓和慢性疾病引起之間的營養不良。即使患有慢性疾病，有時候營養不良不一定由於疾病引起，有可能是來自生活環境和食物攝取量不足，進而引起營養不良的情況並不少見。

診斷營養不良時，根據是否存在炎症反應、白蛋白等生化值，疾病進程以及社會和飲食狀況等狀態，確定營養不良是由於慢性疾病還是長期飢餓引起。還有，如果沒有已知的疾病，但該人的營養不良，則應在考慮到有隱藏的慢性疾病的情況下進行評估。但必須注意，偶爾會發生家庭成員隱藏病人被診斷出，例如惡性腫瘤、結核病和心臟病晚期等嚴重疾病的狀況。

# 六、營養評估

營養評估中可分為五個面向：

## 1.飲食與營養相關史（Food and nutrition-related history）

了解病患過去的飲食及營養相關史為營養評估的重要環節，對個案有更深的理解才能以個案為中心的評估，並給予適切的營養介入目標。

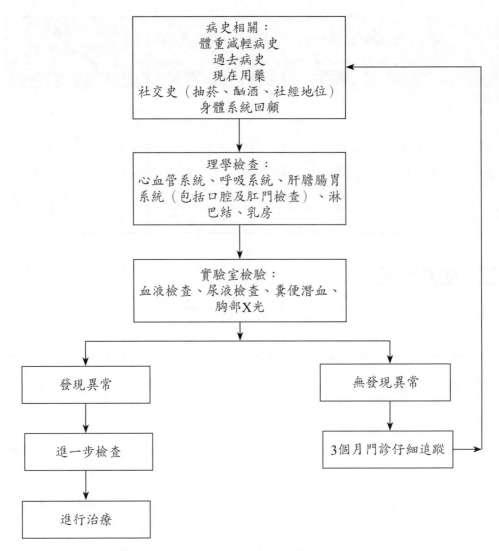

圖三　老年人非計畫性體重減輕評估流程

## 2. 體位測量（Anthropometric measures）

　　透過身高與體重可計算出身體質量指數（BMI, Body Mass Index）
（BMI=體重除以身高（公尺）的平方），經由BMI可初步評估病患的體
位是否正常，一般定義為體位過輕BMI < 18.5kg/$m^2$、正常BMI = 18.5
（含）– 24 kg/$m^2$、過重BMI24（含）– 27 kg/$m^2$、輕度肥胖BMI27

（含）－ 30 kg/m²、中度肥胖BMI30（含）－ 35 kg/m²、重度肥胖BMI ＞ 35（含）kg/m²。但針對65以上的長者族群建議BMI應介於26～28 kg/m²，可以降低死亡風險。此外，當今天病患長期臥床而直接測量身高體重時，可藉由以下的幾個公式來推估：

(1)手臂估測身高

公式1：身高（cm）＝ 單手平開與肩齊，中指指尖至鎖骨中心的長度×2

公式2：身高（cm）＝ 雙手平開與肩齊，一手中指指尖至另一手中指指尖的長度

(2)膝長估測身高

男性身高（cm）：85.1 ＋（1.73×膝長（cm））－（0.11×年齡（age））

女性身高（cm）：91.45 ＋（1.53×膝長（cm））－（0.16×年齡（age））

(3)臥床者的人體學測量

上臂中圍：手肘與前臂成90度，量尖峰突到鷹嘴突中點的臂圍。

小腿圍：足底平置，膝蓋彎曲，量小腿最粗的腿圍。

臀圍：測量臀部最寬的位置。

體重：

男性：－33.42 ＋ 0.793×臀圍（cm）＋ 0.791×上臂中圍（cm）

女性：－37.187 ＋ 0.745×臀圍（cm）＋ 0.831×上臂中圍（cm）

### 3. 生化及醫療檢測（Biochemical data, medical tests and procedures）

透過生化數值及醫療檢測報告，可最明確的理解病患的身體健康狀況及疾病問題所在。

### 4. 營養相關理學檢查（Nutrition-focused physical findings）

透過由頭到腳的理學檢查，初步評估病患是否有營養不良、水腫、脫水、壓力性損傷等問題，並依照理學檢查結果做為營養診斷的依據。

### 5. 個人史（Client history）

理解病患過去個人病史及生活歷史也是很重要的環節。

# 七、營養介入

## 1.巨量營養素需求

### (1)熱量

可利用以下簡易的計算公式來計算病患每公斤體重所需熱量：

| 活動量／體位 | 體位過輕 | 體位正常 | 體位過重 |
|---|---|---|---|
| 臥床 | 30 | 25 | 20 |
| 輕度活動 | 35 | 30 | 25 |
| 中度活動 | 40 | 35 | 30 |
| 重度活動 | 45 | 40 | 35 |

例：正常體位的臥床長者，經過評估後體重爲60公斤，則建議每天熱量需求爲60×25 = 1500大卡。

另外也可透過常用Harris Benedict Equation計算基礎熱量消耗量（BEE），計算後的BEE需再乘上活動因子及壓力因子，最後可得每日熱量需求。

BEE公式：

男性BEE = 66 + 13.7×體重（kg）+ 5×身高（cm）– 6.8×年齡（age）

女性BEE = 655 + 9.6×體重（kg）+ 1.8×身高（cm）– 4.7×年齡（age）

相關係數：

| 活動因子 | 壓力因子 | |
|---|---|---|
| 臥床1.2 | 正常壓力1.0 | 骨折、骨骼創傷1.3 |
| 輕度活動1.3 | 癌症惡病質1.2-1.4 | 敗血1.4-1.8 |
| 中度活動1.4 | 小手術或癌症1.2 | 發燒1℃　1.13 |
| | 懷孕1.1 | 生長1.4 |
| | 腹膜炎1.05-1.25 | 燒傷面積： |
| | 哺乳1.4 | 30%-1.7 |
| | | 50%-2.0 |
| | | 70%-2.2 |

## (2)蛋白質

以下為通用每公斤體重係數，係數與體重相乘後即為一天建議蛋白質克數，但仍需綜合所有營養評估後，方能給予病患最適切的需求量。

| | | |
|---|---|---|
| 一般成人0.8～1.0g<br>70歲以上1.0～1.2g<br>體位過輕1.2～1.5g | 疾病期（褥瘡）1.5～2.5g<br>重症1.2～2g | 肝臟疾病1.2～1.5g<br>肝腦病變0.8～1g<br>慢性腎臟病0.6～0.8g<br>血液透析洗腎患者1.2～1.3g<br>腹膜透析洗腎患者1.2～1.5g |

## 2. 飲食原則

依照長者過去病史給予適切的飲食原則，若無特別疾病症狀，則依上述所評估後的熱量及蛋白質，搭配衛生福利部國民健康署提出的國民飲食指南。以下為107年國民飲食指南建議的每日攝取量及各食物的營養素說明：

| 食物<br>六大類 | 每日建議<br>攝取量 | 主要營養素 |
|---|---|---|
| 全穀雜糧類 | 1.5～4碗 | 提供熱量，未精製全穀雜糧類含較多維生素、礦物質和膳食纖維；建議應包括至少1/3以上的未精製全穀雜糧，如糙米、燕麥等。 |
| 豆魚蛋肉類 | 3～8份 | 提供蛋白質，選擇的優先順序為豆類、魚類與海鮮、蛋類、禽肉、畜肉。 |
| 蔬菜類 | 3～5份 | 提供膳食纖維，協助腸道蠕動，也富含維生素、礦物質及植化素。 |
| 水果類 | 2～4份 | 含大量維生素，如維生素C，具抗氧化的功能。 |
| 乳品類 | 1.5～2杯 | 提供鈣質、蛋白質、乳糖、脂肪、多種維生素、礦物質。 |
| 油脂與<br>堅果<br>種子類 | 油脂3～7茶匙<br>及堅果種子類<br>1份 | 提供脂肪及體內必需脂肪酸；動物油含較多飽和脂肪和膽固醇，不利於心血管疾病，建議應選擇富含不飽和脂肪酸的植物油。 |

※份量說明：1碗為240毫升、豆魚蛋肉類1份為1兩，約女生半個手心大、蔬菜1份煮熟後約半碗量、乳品1份為240毫升、油脂1茶匙為5公克、堅果種子類1份為1塑膠湯匙量約10～15公克。

## 3.微量營養素功能與建議量

| 營養素 | 維生素A（μg） | | 維生素D（μg） | 維生素E（mg） | 維生素K（μg） | | 維生素C（mg） | |
|---|---|---|---|---|---|---|---|---|
| | 男 | 女 | | | 男 | 女 | | |
| 51-70歲 | 600 | 500 | 15 | 12 | 120 | 90 | 100 | |
| 71歲以上 | 600 | 500 | 15 | 12 | 120 | 90 | 100 | |
| 營養素 | 維生素B1（mg） | | 維生素B2（mg） | | 菸鹼素（mg） | | 維生素B6（mg） | |
| | 男 | 女 | 男 | 女 | 男 | 女 | 男 | 女 |
| 51-70歲 | 1.2 | 0.9 | 1.3 | 1.0 | 16 | 14 | 1.6 | 1.6 |
| 71歲以上 | 1.2 | 0.9 | 1.3 | 1.0 | 16 | 14 | 1.6 | 1.6 |
| 營養素 | 維生素B12（μg） | 葉酸（μg） | 膽素（mg） | | 生物素（μg） | 泛酸（mg） | 鈣（mg） | 磷（mg） |
| | | | 男 | 女 | | | | |
| 51-70歲 | 2.4 | 400 | 450 | 390 | 30.0 | 5.0 | 1000 | 800 |
| 71歲以上 | 2.4 | 400 | 450 | 390 | 30.0 | 5.0 | 1000 | 800 |
| 營養素 | 鎂（mg） | | 鐵（mg） | 鋅（mg） | | 碘（μg） | 硒（μg） | 氟（mg） |
| | 男 | 女 | | 男 | 女 | | | |
| 51-70歲 | 360 | 310 | 10 | 15 | 12 | 150 | 55 | 3.0 |
| 71歲以上 | 350 | 300 | 10 | 15 | 12 | 150 | 55 | 3.0 |

　　若能均衡的攝取上述六大類食物，方能攝取足量的營養素，達到國民健康署（2020）所制定的第八版「國人膳食營養素參考攝取量」（Dietary Reference Intakes, DRIs），有足夠的巨量與微量營養素攝取，便可提供身體足量的代謝之需求，避免因營養攝取不足造成體內代謝增加、異化程度提升。

## 4.如何攝取達到營養介入目標

　　經評估後得知長者需攝取的熱量與蛋白質建議後，仍需整體由營養評估的結果來給予適切的營養介入目標。依據ASPEN 2016及ESPEN 2017的臨床營養指引中提到，以下再餵食症候群（refeedind syndrome）的高風險群：

| 符合以下條件一項者 | 符合以下兩項者 |
|---|---|
| BMI<16 | BMI<18.5 |
| 3-6個月非計畫性體重減輕>15% | 3-6個月非計畫性體重減輕>10% |
| 極低進食量及禁食超過10天 | 極低進食量及禁食超過5天 |
| 進食前血中鉀、鎂及磷濃度低者 | 長期酗酒或使用藥物（胰島素、化療等）病史者 |

　　再餵食症候群主要症狀爲三低一高：低血磷（hypophosphatemia）、低血鉀（hypokalemia）、低血鎂（hypomagnesemia）與高血糖（hyperglycemia）。若屬高危險群個案，則需拉長至3～5天的時間來逐步達成營養目標。

# 八、營養監測

　　透過營養監測可了解營養的介入是否有達到目標，因此營養監測是十分重要的。需要監測的項目包括：體重的變化、營養攝取量、生化值檢測、肌肉量變化和日常生活活動功能量表（ADL）的變化。在介入的早期階段，監測營養攝取量相當重要。長期則可在2週到1個月後，監測體重及生化數值變化。

巴氏量表（Barthel Index）

| 項目 | 分數 | 內容 |
|---|---|---|
| 一、進食 | 10 | □自己在合理的時間內（約10秒鐘吃一口），可用筷子取食眼前食物，若須使用進食輔具，會自行取用穿脫，不須協助。 |
| | 5 | □須別人協助取用或切好食物或穿脫進食輔具。 |
| | 0 | □無法自行取食。 |
| 二、移位（包含由床上平躺到坐起，並可由床移位至輪椅） | 15 | □可自行坐起，且由床移位至椅子或輪椅，不須協助，包括輪椅煞車及移開腳踏板，且沒有安全上的顧慮。 |
| | 10 | □在上述移位過程中，須些微協助（例如：予以輕扶以保持平衡）或提醒，或有安全上的顧慮。 |
| | 5 | □可自行坐起但須別人協助才能移位至椅子。 |
| | 0 | □須別人協助才能坐起，或須兩人幫忙方可移位。 |

| 項目 | 分數 | 內容 |
|---|---|---|
| 三、個人衛生<br>（包含刷牙、<br>洗臉、洗手及<br>梳頭髮和刮鬍<br>子） | 5 | □可自行刷牙、洗臉、洗手及梳頭髮和刮鬍子。 |
| | 0 | □須別人協助才能完成上述盥洗項目。 |
| 四、如廁<br>（包含穿脫衣<br>物、擦拭、沖<br>水） | 10 | □可自行上下馬桶，便後清潔，不會弄髒衣褲，且沒有安全上的<br>顧慮。倘使用便盆，可自行取放並清洗乾淨。 |
| | 5 | □在上述如廁過程中須協助保持平衡，整理衣物或使用衛生紙。 |
| | 0 | □無法自行完成如廁過程。 |
| 五、洗澡 | 5 | □可自行完成盆浴或淋浴。 |
| | 0 | □須別人協助才能完成盆浴或淋浴。 |
| 六、平地走動 | 15 | □使用或不使用輔具（包括穿支架義肢或無輪子之助行器）皆可<br>獨立行走50公尺以上。 |
| | 10 | □需要稍微扶持或口頭教導方向可行走50公尺以上。 |
| | 5 | □雖無法行走，但可獨立操作輪椅或電動輪椅（包含轉彎、進門<br>及接近桌子、床沿）並可推行50公尺以上。 |
| | 0 | □需要別人幫忙。 |
| 七、上下樓梯 | 10 | □可自行上下樓梯（可抓扶手或用拐杖）。 |
| | 5 | □需要稍微扶持或口頭指導。 |
| | 0 | □無法上下樓梯。 |
| 八、穿脫衣褲<br>　　鞋襪 | 10 | □可自行穿脫衣褲鞋襪，必要時使用輔具。 |
| | 5 | □在別人幫忙下，可自行完成一半以上動作。 |
| | 0 | □需要別人完全幫忙。 |
| 九、大便控制 | 10 | □不會失禁，必要時會自行使用塞劑。 |
| | 5 | □偶而會失禁（每週不超過一次），使用塞劑時需要別人幫忙。 |
| | 0 | □失禁或需要灌腸。 |
| 十、小便控制 | 10 | □日夜皆不會尿失禁，必要時會自行使用並清理尿布尿套。 |
| | 5 | □偶而會失禁（每週不超過一次），使用尿布尿套時需要別人幫<br>忙。 |
| | 0 | □失禁或需要導尿。 |
| 總分 | | 　　　　分（總分須大寫並不得有塗改情形，否則無效） |

# 九、慢性阻塞性肺病（COPD）與營養介入重點

　　慢性阻塞性肺病（COPD）的發生率正逐漸在增加，而治療上除了著重在肺功能的改善，同時由於COPD病人是營養不良的高風險群，亦應注意營養狀態和生活品質的提升。因此在照護過程應密切監控其營養狀態，提供足夠的營養，可維持理想體重、瘦肉組織與脂肪組織之適當比例，並改善呼吸肌肉的功能（包括強度及耐力），避免肌肉異化及免疫功能下降，另外也應避免過度進食而增加病人的心肺負擔。

　　COPD病人發生營養不良的主因是能量失衡，熱量代謝效率和肌肉工作效率會下降，進而增加每日總能量消耗；但熱量攝取會受病情、心理、腸胃不適或體力不支等因素影響而下降，造成能量平衡失調。而獨居或年邁病人的風險更高，這群病人通常缺乏足夠的體力採買或烹調，也可能因為無人陪伴而食慾減退或飲食不正常。營養不良對COPD病人的身體組織、功能、症狀、和預後與死亡率均有嚴重的負面影響，除了加劇症狀和促進病情進展之外，也可能提高急性發作的發生率和全因死亡率。

　　COPD病人的營養補充建議如下：

1. 營養補充可改善營養不良的COPD病人之體重、肌肉強度和生活品質。多數COPD診療指引建議對營養不良或體重過輕的COPD病人進行營養補充，其補充原則是在不增加額外代謝負荷下，提供最能改善呼吸肌肉功能的營養。

2. 口服營養補充品可改善COPD病人的營養狀態、體重、和生活品質，但能量的提供必須適中，建議採取少量多次的方式提供，並適度結合運動。若無法採取口服營養補充，可考慮採用管灌餵食補充營養。

3. 蛋白質的攝取對COPD病人維持肌肉質量相當重要，搭配適度運動則有助於增進食慾。2014年ESPEN建議65歲以上老年人，每日蛋白質總攝取量應為$1.0\sim1.2$ g/ kg body weight，但是患有急、慢性疾病而造成營養不良，或有營養不良風險之老年人，每日蛋白質總攝取量應為$1.2\sim1.5$ g/kg body weight。

4. 脂質比例過高或過低均可能造成不良反應，應視病人臨床狀況選擇配方並適時調整。不過n-3脂肪酸含量較多的營養補充品或食物，可能有助於緩和COPD的慢性發炎。

5. 鈣質和維生素D的補充對COPD病人尤其重要，以預防骨質疏鬆症；奶

製品是鈣質攝取的重要來源，亦可於日常飲食添加奶粉，以增加鈣質和蛋白質的攝取，適度的戶外活動有助於維生素D的合成。

6. COPD病人應適度補充水分以防脫水或排痰困難，建議每日攝取量在18～60歲的病人應為35 mL/kg，60歲以上的病人則為30 mL/kg。

7. 膳食纖維有助維持腸胃正常運作，目前的膳食纖維攝取建議為每日20～35 g，補充時需確保水分攝取量足夠以防止便秘，攝取過多則可能引起脹氣，而造成呼吸困難，故應適量攝取。

## 十、針對吞嚥功能障礙應如何介入

中風、帕金森氏症、重症肌無力、多發性硬化、頭頸部癌症、頭部外傷、大腦麻痺、食道阻塞、食道功能不全、阿茲海默症等疾病都很有可能會引起吞嚥困難障礙的問題，若沒有即時協助製備合適的食物時，容易因為進食量低而造成營養不良問題。

1. 飲食原則：

(1) 增加食物的濃稠度：

　i. 適當濃稠度的食物有助於刺激唾液分泌和吞嚥反應，可促進咀嚼及舌頭移動和肌肉強度。

　ii. 食物製成較滑潤的型態，如：蒸蛋、豆腐、碎肉泥、果泥等。

　iii. 避免太稀的液體，可利用太白粉或食物增稠劑來增加食物稠度。

　iv. 以小湯匙餵食，以免嗆到。

(2) 避免嗆到及不易吞嚥的食物：

　i. 乾而易鬆散的食物，如餅乾、洋芋片、綠豆糕、炒飯等。

　ii. 黏度太高的食物，如年糕、米糕、麻糬、麻荖、花生醬等。

　iii. 小圓形食物，如鵪鶉蛋、湯圓、毛豆仁、豌豆仁、花生、玉米粒、通心粉等。

　iv. 避免帶皮及有子有核的食物，如：番茄、橘子。

　v. 避免質地不同的食物混合，如含有水果丁的優格、湯裡同時有菜及麵。

(3) 少量多餐

　i. 增加餐次的攝取，可維持足夠熱量及營養素攝取。

ii.如有需求也可使用商業配方營養品，以補充至足夠熱量及蛋白質。

2.調整食物質地的七個等級：

| 分級 | 名稱 | 適合對象 | 食物舉例 |
|------|------|----------|----------|
| 第七級 | 容易咬普通食 | 非計畫性體重下降者 | 糙米飯（米水比1:1.2）、紅蘿蔔塊、大黑豆干、水煮花生 |
| 第六級 | 牙齦碎軟質食 | 有部分牙齒可以碎食、舌頭功能正常者 | 糙米飯（米水比1:1.5）、紅蘿蔔丁、板豆腐、牛奶花生 |
| 第五級 | 舌頭壓碎軟質 | 無牙齒可碎食、舌頭功能正常者 | 糙米粥、紅蘿蔔粒、嫩豆腐、花生醬 |
| 第四級 | 不需咬細泥食 | 無牙齒可碎食、舌頭功能差者 | 糙米飯泥、紅蘿蔔泥、豆花、奶酪 |
| | 均質化糊狀食 | 吞嚥能力差、吃細碎食會產生嗆咳者 | 糙米麩糊、紅蘿蔔糊、豆漿糊、牛奶糊、杏仁茶糊 |
| 第三級 | 高濃稠流動食 | 吞嚥能力差、吃高含水量食物產生嗆咳者 | 濃稠的糊狀食物 |
| 第二級 | 微濃稠流動食 | 吞嚥能力差、喝稀薄液體時會產生嗆咳者 | 微稠的糊狀食物 |
| 第一級 | 低濃稠流動食 | 吞嚥能力差、喝白開水會產生嗆咳但其他液體不會者 | 低稠的糊狀食物 |

# 十一、壓瘡的營養介入重點

在臨床照護壓瘡所造成的營養不良診斷，常以血清白蛋白、血清前白蛋白、運鐵蛋白、膽固醇等生化指數較低，再加上飲食中熱量、蛋白質、維生素攝取量不足，造成產生負氮素平衡。應隨時注意營養狀態並適時補充包含精胺酸、亞麻油酸或w-3脂肪酸及其他重要維生素及礦物質。

### 1.壓瘡的支持性照護及預防

　　每天補充足夠的之熱量、蛋白質、維生素、礦物質及水分等，方能提供足量營養，使得體內呈正氮平衡時，有助於傷口的癒合。每天必須攝取30～35 kcal/kg以上的熱量以及1.2～2 g/kg以上的蛋白質，另外不同分期有不同的需求量。詳細之營養攝取建議詳見下表：

表四　壓瘡不同分期之每日營養建議量

| 營養成份 | 目標 | 不同分期之每日建議量 | | | |
|---|---|---|---|---|---|
| | | 第一期 | 第二期 | 第三期 | 第四期 |
| 熱量 | 能量來源、防止消耗蛋白質轉化成能量 | 25～35 Kcal/kg | 25～30 Kcal/kg | 30～35 Kcal/kg | 30～40 Kcal/kg |
| 蛋白質 | 維持和修復組織、加速傷口癒合及有助維持正氮平衡 | 1～1.2 g/kg | 1.2～1.4 g/kg | 1.4～1.7 g/kg | 1.7～2.0 g/kg |
| 精胺酸 | 有助傷口癒合及有助維持正氮平衡、提高免疫力 | 若傷口癒合較差者，可補充每日每公斤體重0.2克的精胺酸。 | | | |
| 維生素A | 具抗氧化、抗發炎作用 | 如有不足要補充，依照DRIs建議補充量為500～600微克／天。 | | | |
| 維生素C | 促進膠原蛋白合成 | 如有不足要補充，依照DRIs建議補充量為100毫克；若傷口癒合較差者，可每日補充1000～2000毫克，但高劑量的維生素C需注意是否有身體不適的副作用產生。 | | | |
| 鋅 | 修補組織及免疫功能所必須 | 如有不足要補充，每日約25～50毫克。 | | | |
| 水分 | 維持正常細胞功能 | 25～30 cc/kg | 25～35 cc/kg | 30～35 cc/kg | 30～40 cc/kg |

# 十二、結語

　　對於家庭醫療中營養不良的支援中，可以透過介紹菜單讓病人知道可以吃的食物，但病人有時候會以「我無法達成營養建議」爲由拒絕建議，因此需要十分的耐心來鼓勵病人。

　　針對長期飢餓引起的營養不良病患，提供營養支持時，應積極提高病人生活的願望，透過設定適當且可達成的目標，並持續追蹤且改善。

　　針對慢性疾病引起的營養不良的支持，在某些情況下，病人或家屬可能會出現「沒有辦法做到」的想法，因此清楚解釋營養介入的原因是很重要的，另外也可以和病人共同設定下次追蹤目標，但是切記不要過度要求病人完成目標，增加病人動機與自信心。

# 參考資料

1.　衛生福利部國民健康署老年期營養手冊

2.　Kondrup J, Rasmussen HH, Hamberg O, et al: Nutritional risk screening (NRS 2002): new method based on an analysis of controlled clinical trials. Clin Nutr 2003; 22:321

3.　謝美玲，石明煌，楊福麟：營養篩檢工具在臨床護理的應用。志為護理 2009：8：65-72

4.　Ferguson M: Patient generated subjective global assessment. Oncology 2003; suppl, 13-4

5.　Vellas B, Villars H, Abellan G, et al: Overview of MNA Its History and Challenges. J Nut Health Aging 2006; 10: 456-65

6.　McMinn J, Steel C, Bowman A: Investigation and management of unintentional weight loss in older adults. BMJ. 2011; 342:d1732

7.　TJD 2010; 2(2): 1-8 Taiwan Journal of Dietetics

8.　臨床營養學（2005）

9.　國人膳食營養素參考攝取量修訂第七版

10. Mahoney, F. I., & Barthel, D. W. (1965). Functional evaluation: The barthel index. Maryland State Medical Journal, 14, 61-65

11. 臺灣慢性阻塞性肺病臨床營養照護準則

12. 國民健康署，臺灣飲食質地製備指引流程圖

13. 衛生福利部——進食、吞嚥困難照護及指導方案指引手冊

14. 老年病症候群，臺灣老年學暨老年醫學會（2012）

15. 衛生福利部，長期照顧（來源網址：https://www.mohw.gov.tw/cp-189-208-1.
html）

# 第八章　輔助與替代療法：漢方與芳香精油

林嘉恩、陳泓翔

## 一、輔助與替代療法

　　根據美國輔助與替代醫學國家中心（National Center for Complementary and Alternative Medicine, NCCAM）的定義，輔助與替代醫療（Complementary and Alternative Medicine, CAM）是指替代常規醫學治療或與其併行的一種補充或替代醫療，包含了許多類別的治療：替代醫學、身心療法（包括靜坐、芳香療法、花精療法等）、生物療法（包括天然／健康食品、草藥、益生菌、維生素等）、操作及身體療法（包括整骨、整脊療法、按摩等）及能量療法（包括氣功、經絡醫學等）。其中替代醫學指的是本身具有完整理論基礎與臨床治療實務的治療，如中醫學、日本漢方、韓醫學、歐洲草藥學、印度阿育吠陀醫學（Ayurveda）、順勢醫學（Homeopathic Medicine）及自然療法（Naturopathic Medicine）等。

　　本章將針對輔助與替代療法中的漢方與芳香精油兩種來做介紹。需注意的是，輔助與替代療法雖然具有一定的科學依據，但是無法對於每位病人都能確保安全性及療效，建議在施行前務必與相關醫療人員進行討論。當同時使用化學藥品和漢方時，藥師提供用藥指導還需要包含藥物間的交互作用，這部分可以參考衛生福利部藥物交互作用查詢網頁。因生藥、漢方方劑、化學藥品及生物製劑併用的資料仍在逐漸擴充中，而這些知識的應對都需要靠相當經驗的累積，如果目前尚未有充足的參考資料，在使用上需謹慎或避免同時服用。

# 二、各種疾病治療

## (一) 高血壓

當血液於體內流動時，其衝擊血管壁所產生的壓力稱為血壓，參照 2022台灣高血壓治療指引，血壓的正常值為小於120/80mmHg，當血壓大於130/90mmHg時，則符合高血壓的定義。若長期處於高血壓狀態且未經適當治療時，可能會造成相關的併發症，如中風、腎衰竭等，因此建議高血壓患者應及早諮詢醫師並採取適當的處置來控制血壓。高血壓依其致病原因又可以分為原發性和續發性，多數的高血壓其發生原因未知，可能與遺傳或生活形態有關，輕微者可以透過降低飲食中鹽分的攝取和運動來控制，若調整生活型態仍無法控制，則需要進一步的藥物治療。而續發性高血壓則需要治療致病原因。在化學藥品中用來治療高血壓的藥物包含利尿劑（diuretics）、鈣離子阻斷劑（calcium channel blockers）、血管收縮素受體阻斷劑（angiotensin receptor blockers）、乙型交感神經接受體阻斷劑（beta-blockers）等。

### 漢方療法

多數會尋求漢方療法的病人，可能是因為無法耐受化學藥品治療產生的副作用，認為漢方較安全。必須注意的是，雖然漢方對高血壓有一定的療效，可以用來治療輕度高血壓，但是不應單獨使用來治療重度高血壓。

漢方處方選擇的依據主要依照患者的體力與腸胃道的症狀，也就是虛證或實證，另外也需考慮是否為陰證或陽證。高血壓患者正確使用漢方取決於病人的體力以及症狀（圖一）。若寒證的患者使用黃連解毒湯或者三黃瀉心湯會使得症狀惡化，體力及腸胃功能不良者服用大柴胡湯或者防風通聖散會造成腹瀉下痢，使其病症惡化。

1. 沒有體力且腸胃虛弱者（虛證），自律神經失調伴隨有心悸症狀者服用桂枝加龍骨牡蠣湯，老人夜間排尿增加或腰痛加劇可輔以八味地黃丸。
2. 體力良好者（中間證），冷證寒顫或貧血可選擇七物降下湯，臉潮熱泛紅者可服用黃連解毒湯，早起頭痛耳鳴者可使用鉤藤散。
3. 體力佳腸胃狀態良好者（實證），有神經症狀或者失眠、便秘、煩躁不安者可用柴胡加龍骨牡蠣湯，胃部不適、肩膀僵硬、耳鳴等症狀可用大柴胡湯，如果是腹脹、便秘、潮熱者可考慮防風通聖散，若是自律神經興奮伴有潮熱者可使用三黃瀉心湯。

## (二) 下肢水腫

下肢水腫是許多照護機構的老人會遇到的問題，可能由多種疾病引發，如心臟衰竭、慢性靜脈機能不全、肝硬化、淋巴水腫等，除了可使用化學藥品的利尿劑外，還可以佐以精油按摩來改善，下表提供常用的精油配方。注意如果是深層靜脈栓塞引起的水腫，應避免按摩，以免血栓脫落進入血液循環。

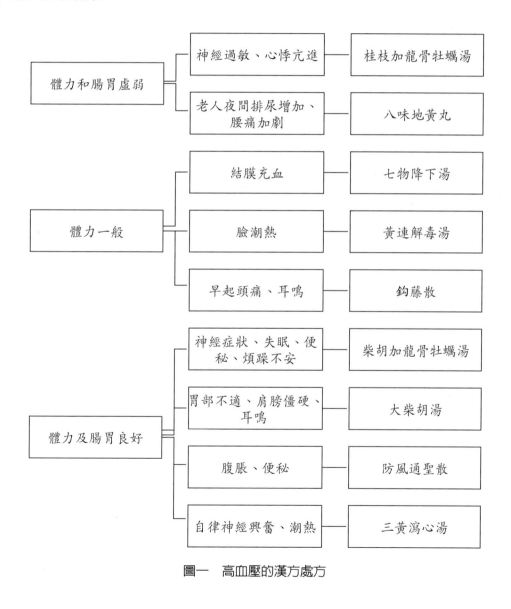

圖一　高血壓的漢方處方

表一 用於下肢水腫的精油

| 疾病用途 | 精油 |
|---|---|
| 下肢水腫 | 絲柏、杜松果、檸檬 |

表二 足部水腫的精油配方

| 精油 | 基底油 | 使用方式 |
|---|---|---|
| 絲柏2滴<br>杜松果1滴<br>檸檬1滴 | 甜杏仁油10ml | 從腳踝到大腿進行按摩,嚴重水腫每週3次,預防只需每週1次 |

# (三) 糖尿病

糖尿病是一種代謝性疾病,主要是因為體內的胰島素缺乏或阻抗產生的慢性高血糖。初期的糖尿病通常是沒有症狀的,隨著血糖逐漸上升可能會產生口乾、多尿、體重減輕等症狀。血糖控制不良會容易產生視網膜病變、神經病變、腎病變等併發症,甚至會增加腦血管疾病和缺血性心臟病的風險。化學藥品中用於糖尿病的藥物包含胰島素、硫醯尿素類(sulfonylureas)、雙胍類(biguanides)、胰島素增敏劑(insulin sensitizers)、α-葡萄糖苷酶抑制劑(α-glucosidase inhibitors)、雙基胜肽酶抑制劑(dipeptidyl peptidase-4 inhibitors)等。

動物實驗中曾經指出一些特定的生藥具有降血糖的功能,但並沒有臨床上顯著的效果,較理想還是以降血糖的化學藥物治療為優先,再根據自身主觀的症狀,或者併發症考慮輔以漢方治療。以下討論漢方作為糖尿病併發症的輔助治療。

## 1. 神經病變

對於腸胃狀態正常的病人,牛車腎氣丸與八味地黃丸相比,適合四肢循環不良的人;對於腸胃正常至虛弱者,感受麻木或覺得寒冷以及疼痛加劇,可使用桂枝加苓朮附湯;排尿困難或性功能異常者可用清心蓮子飲;疲倦感可服用十全大補湯或補中益氣湯,而十全大補湯對於皮膚有滋潤的效果,也能在貧血時有幫助(圖二)。

## 2. 腎病變、視網膜病變

　　漢方中的瘀血是有相當程度的微血管循環不良，可使用祛瘀血藥。對於體力良好者，通導散或桂枝茯苓丸兩者併服，通導散對於便秘緩解較佳；而體質虛弱者可用芎歸調血飲（圖三）。

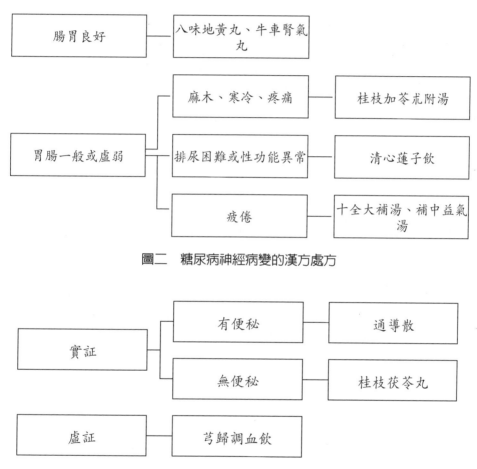

圖二　糖尿病神經病變的漢方處方

圖三　糖尿病腎病變及視網膜病變的漢方處方

## 3. 皮膚搔癢

　　皮膚搔癢是糖尿病常見的症狀之一，易發生於血糖控制不良的病人，秋冬時節搔癢感加劇。除了積極的血糖控制外，加強皮膚保溼與適當的外用止癢藥品也有幫助，必要時可以再加上抗組織胺等化學藥品治療。抗組織胺用於老年人必須要謹慎小心，可能會增加跌倒與意識混亂的風險。

### 漢方療法

在漢方的觀點中，皮膚乾燥脫屑的狀態爲「血虛」的表現，因此可以用四物湯等補血漢方作爲治療。當歸爲四物湯的基本方劑，適用於皮膚乾燥的治療。芍藥、地黃、當歸、何首烏具有皮膚滋養作用；當歸、川芎有血流改善的效果；黃耆可以增強皮膚保護功能；防風、荊芥和蒺藜子有止癢的作用。

如果沒有血虛的狀況而有熱性症狀時，可以使用黃連解毒湯、白虎加人參湯、消風散；如果有水滯的情況，可以考慮用茵陳蒿湯、茵陳五苓散或越婢加朮湯；針對有腎虛且乾燥的病人，八味地黃丸或牛車腎氣丸、滋陰降火湯是可以考慮的。

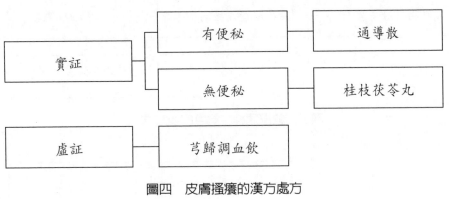

圖四　皮膚搔癢的漢方處方

### 芳香精油療法

有些精油具有抗發炎與止癢的效果，可以使用在皮膚搔癢的輔助治療。

表三　用於皮膚搔癢的精油

| 疾病用途 | 精油 |
| --- | --- |
| 皮膚搔癢 | 真正薰衣草、德國洋甘菊、羅馬洋甘菊 |

## (四) 疼痛

疼痛是許多疾病常見的症狀，又可以分爲急性和慢性疼痛（如下表所示）。急性疼痛是身體發出的警訊，可以保護免於進一步身體的損傷和

疾病的惡化；慢性疼痛則不限於身體的反應，也牽涉到精神方面，因此長期處於慢性疼痛對於身體有很大的影響。根據疼痛成因與強度的不同，用於改善疼痛的化學藥品包含非類固醇類消炎藥（Non-Steroidal Anti-Inflammatory Drugs, NSAIDs）、乙醯胺酚（acetaminophen）、鴉片類止痛藥（opiord analgesics）、抗癲癇藥（anti-epileptic drugs）等。

表四　急性和慢性疼痛比較

|  | 急性疼痛 | 慢性疼痛 |
|---|---|---|
| 時間 | 短期 | 長期（持續或間歇） |
| 來源 | 受傷之組織 | 神經系統可塑性，產生間歇性異常 |
| 作為警告 | 是 | 否 |
| 其他影響因素 | 有 | 顯著 |
| 鴉片類藥物 | 有效 | 常常無效（抗憂鬱和抗癲癇藥較有效） |
| 非藥物治療 | - | 非常重要 |

表五　用於疼痛的精油

| 疾病用途 | 精油 |
|---|---|
| 疼痛 | 沒藥、檸檬香茅、乳香、迷迭香、杜松果、玫瑰、薑、甜馬鬱蘭、胡椒薄荷、真正薰衣草、丁香、依蘭依蘭、黑胡椒 |

## 1.腰痛、坐骨神經痛

腰痛和坐骨神經痛可能由多種原因引起：肌肉過度疲勞、缺乏運動、老化等，在少數的情況下也可能由內臟疾病、骨質疏鬆或骨頭感染發炎所導致。坐骨神經痛通常為椎間盤突出所引起的腰背痛，好發於中老年人。化學藥品中的非類固醇類消炎藥（NSAIDs）和肌肉鬆弛劑有助於症狀的改善，同時也需要治療根本的病因，有時可能會需要外科手術的介入。

### 漢方療法

漢方治療不僅在於疼痛症狀的緩解，而是要改善造成身體不適的疾病，例如疲勞可使用補劑，消化不良使用健胃藥，月經週期不順就使用活血藥品。當身體不適時，疼痛感覺就會越敏感，換句話說也就是疼痛的閾

值比以往還低。在慢性疼痛的治療當中，改善整體狀況是必要的，因此漢方的治療有預期的成效。慶幸的是，對症治療都能緩解一定程度的疼痛，但短時間很可能無法看出效果，必須長期堅持。

腰痛可歸因於腎虛、溼熱疝氣、氣滯、瘀血、溼痰、風痺等，選擇漢方治療時需要考慮陰陽、虛實、氣血水等原則。

對於老年人的腰痛或坐骨神經痛，可以選用八味地黃丸，尤其是下半身無力、全身發冷、口乾、夜間頻尿等症狀，或是伴有腳底發熱、便秘等。若是腸胃狀態良好，八味地黃丸是最典型適當的選擇。六味地黃丸加入牛膝和車前子有利尿的效果，可組合爲牛車腎氣丸，適用於排尿困難的病人。然而此兩種處方中都有地黃的成分，可能會造成胃部不適和食慾不振的問題，此時可以併用六君子湯或四君子湯，也可轉而選擇桂枝加（苓）朮附湯。

青年或中年男子除了疼痛的表現僅少有其他不適的症狀，可選用疏經活血湯，可以緩解下背和下肢疼痛，及改善過度勞累。

中年婦女腰痛的表現常常是上半身潮熱，下半身寒冷，五積散對其有緩解效果；而平胃散適合胃部有疾患的病人。如果有便秘的問題，則可以使用大黃甘草湯、麻子仁丸。有四肢冰冷症狀及寒症體質的病人，對於外界氣溫的變化較爲敏感，可選擇當歸四逆加吳茱萸生薑湯。體質強壯且有面色潮紅和便秘女性，可選用桃核承氣湯治療肩膀僵硬與婦科問題所引起的腰痛。如果是容易失眠焦慮的人，則可以考慮使用通導散。

腰部以下容易冰冷，嚴重疼痛頻尿的病人可選用苓薑朮甘湯，上述的處方合併使用是相當有效的，麻杏薏甘湯對於風寒造成的腰痛有效，而慢性疼痛合併體力及腸胃功能虛弱者可改用薏苡仁湯。急性疼痛和抽筋的肌肉關節疼痛則選用芍藥甘草湯。

### 芳香精油療法

精油按摩的方式有助於緩解腰痛和坐骨神經痛。

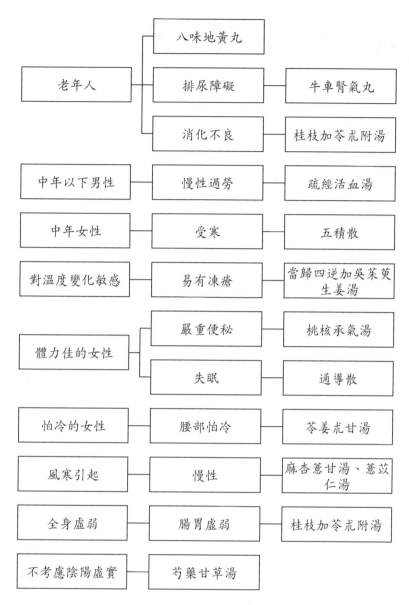

圖五 腰痛、坐骨神經痛的漢方處方

表六　腰痛的精油配方

| 精油 | 基底油 | 使用方式 |
|---|---|---|
| 檸檬尤加利1滴<br>檸檬1滴<br>白樺1滴<br>樟腦迷迭香1滴<br>絲柏1滴 | 荷荷芭油10ml | 塗抹於患部並輕輕按摩。 |
| 檸檬1滴<br>樟腦迷迭香1滴<br>檸檬香茅1滴 | 沐浴油5ml | 全身沐浴，浸泡在38～40度熱水中。<br>至少20分鐘。 |

表七　坐骨神經痛的精油配方

| 精油 | 基底油 | 使用方式 |
|---|---|---|
| 樟腦迷迭香2滴<br>檸檬尤加利2滴<br>羅勒1滴<br>絲柏1滴<br>醒目薰衣草1滴 | 荷荷芭油15ml | 塗在患部，每天5～6次。 |

## 2.肩頸痠痛、五十肩

　　肩頸痠痛是一種令人不適的肌肉張力，為主觀的症狀。主要造成的原因有：(1)肌肉發育不良、姿勢不良、頸椎的肌肉過度使用；(2)高血壓、低血壓、消化系統等內在疾病；(3)自律神經失調等。而五十肩是沾黏性肩關節囊炎的通稱，導致肩部疼痛及肩關節活動角度受限，可能會在夜間加劇。化學藥品的治療以肌肉鬆弛劑和消炎止痛藥為主。

### 漢方療法

　　由於肩頸痠痛可能由許多疾病所引起，與腰痛的漢方治療原則相同，必須要考慮陰陽、虛實、氣血水等方面來對症下藥，如以溫藥或熱藥來治療寒症、用補劑來改善消化功能和體力。對於肌肉過度緊張的肩膀僵硬，含有柴胡、葛根、芍藥的漢方可以放鬆肌肉。葛根湯可用於短時間因工作

緊張而導致的肩膀僵硬，也可以用於五十肩，但最好僅在疼痛較強烈時使用。如果是慢性鼻炎導致的，可使用葛根湯加川芎辛夷。

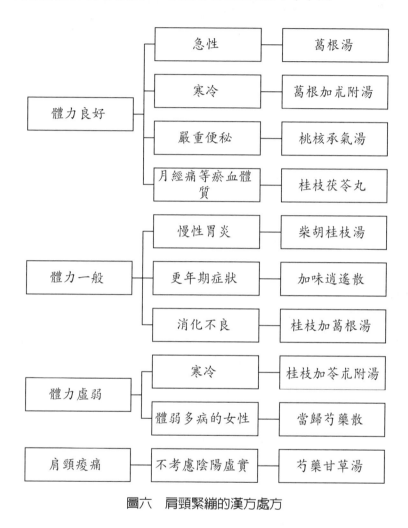

圖六　肩頸緊繃的漢方處方

對於實證熱證的五十肩，建議使用越婢加朮湯，然而此藥爲較強烈的漢方處方，不宜長期使用。如果是體液滯留過多的水毒體質，用二朮湯同時可增強腸胃功能。

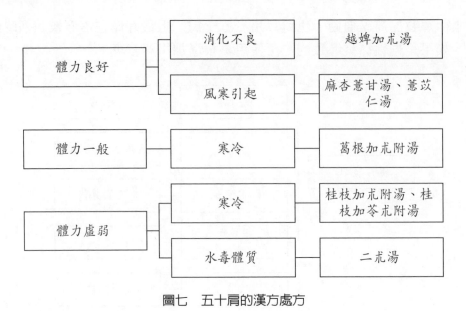

圖七　五十肩的漢方處方

## 芳香精油療法

芳香精油療法應用在緩解疼痛，主要來自以下機轉：精油本身的鎮痛和抗癲癇效果、促進血液循環、緩解不安和憂鬱的情緒。使用方式包含按摩、敷、塗敷、精油泡澡，其中又以按摩的效果最佳。沒藥精油因為含有酚類，從古代便廣泛地應用在疼痛控制上。

表八　肩頸緊繃的精油配方

| 精油 | 基底油 | 使用方式 |
|---|---|---|
| 樟腦迷迭香1滴<br>羅勒2滴<br>胡椒薄荷1滴 | 荷荷芭油10ml | 塗抹在感覺緊繃的區域。 |
| 甜橙1滴<br>真正薰衣草2滴 | 沐浴油5ml | 置於熱水中，用毛巾敷於患部。 |

表九　五十肩的精油配方

| 精油 | 基底油 | 使用方式 |
|---|---|---|
| 白樺1滴<br>歐洲赤松1滴<br>檸檬尤加利2滴<br>胡椒薄荷2滴<br>香茅1滴 | 荷荷芭油15ml | 塗在患部，每天5～6次。 |

## 3. 其他肌肉關節疼痛

### 漢方療法

　　可使用芍藥甘草湯、疏經活血湯或柴胡桂枝湯，治療肌肉關節的疼痛。

### 芳香精油療法

### (1)肌肉疼痛

表十　肌肉疼痛的精油配方

| 精油 | 基底油 | 使用方式 |
|---|---|---|
| 德國洋甘菊5滴 | 水500ml | 毛巾浸溼後擰乾冷敷，使用一段時間後，可以改用溫水浴或按摩的方式。 |
| 甜馬鬱蘭2滴<br>芫荽籽1滴 | 聖約翰草油5ml | 肌肉按摩，每天1～2次。 |
| 快樂鼠尾草1滴<br>葡萄柚1滴 | 葵花籽油7ml | 肌肉按摩，每天2～3次。 |
| 德國洋甘菊1滴<br>迷迭香1滴<br>檸檬1滴 | 初榨橄欖油25ml | 肌肉按摩，每天2～3次。 |

### (2)關節痛、關節炎、變形性關節疾病

　　關節痛是最能夠應用芳香精油療法的疾病之一，可以利用泡澡、按摩和貼敷來進行。

表十一　關節疼痛的精油配方

| 精油 | 基底油 | 使用方式 |
|---|---|---|
| 大西洋雪松2滴<br>芫荽籽2滴<br>檸檬2滴 | 沐浴油5ml | 全身沐浴。 |
| | 甜杏仁油15ml | 局部按摩。 |
| | 水600ml | 關節周圍有腫脹或發炎，用冷敷；鈍痛則用溫敷。每天2～3次，直到症狀消失。 |
| 杜松果2滴<br>真正薰衣草2滴<br>迷迭香2滴<br>乳香2滴 | 沐浴油5ml | 全身沐浴。 |
| | 甜杏仁油15ml | 局部按摩。 |
| | 水600ml | 關節周圍有腫脹或發炎，用冷敷；鈍痛則用熱敷。每天2～3次，直到症狀消失。 |
| 杜松果1滴<br>絲柏1滴<br>永久花1滴<br>檸檬尤加利2滴<br>羅勒1滴<br>白樺木1滴<br>胡椒薄荷2滴 | 荷荷芭油20ml | 塗在患部，每天數次。 |

## (3) 抽筋

表十二　抽筋的精油配方

| 精油 | 基底油 | 使用方式 |
|---|---|---|
| 羅馬洋甘菊3滴<br>真正薰衣草5滴<br>甜馬鬱蘭3滴 | 初榨橄欖油25ml | 按摩 |
| 絲柏4滴<br>黑胡椒2滴<br>迷迭香4滴 | 甜杏仁油25ml | 按摩 |
| 迷迭香2滴<br>真正薰衣草2滴<br>德國洋甘菊1滴 | 聖約翰草油25ml | 按摩 |

| 精油 | 基底油 | 使用方式 |
|---|---|---|
| 岩蘭草2滴<br>德國洋甘菊4滴<br>葡萄柚2滴<br>芫荽籽油2滴 | 甜杏仁油25ml | 按摩 |
| 樟腦迷迭香1滴<br>胡椒薄荷1滴<br>真正薰衣草1滴 | 荷荷芭油10ml | 按摩 |

# (五) 上呼吸道感染

## 漢方療法

　　治療感冒的漢方選擇要考慮疾病的進程（陰陽）、虛實和症狀的順序。在感冒的急性期稱爲太陽病，此時會有頸部僵硬、頭痛、發燒、畏寒等症狀，持續2到3天。急性的症狀消失後，便會進入少陽病時期，此時可能會有發燒畏寒交替出現，口苦、胃部或腹部抵抗壓痛等情況。需注意老年人太陽病時期可能不明顯，而直接進入少陽病。

　　太陽病時期的治療目標是出汗。如果沒有自然出汗，可以使用麻黃湯、葛根湯等含有麻黃的漢方處方；如果有自然出汗，則可以用桂枝湯、小青龍湯、香蘇散。這些漢方處方具有升高體溫、增強免疫功能作用，並從體內清除病毒，服用時應將漢方處方與溫水一起服下。

　　少陽病時期的治療目標是控制慢性發炎。如果是呼吸道發炎伴隨有咳嗽症狀，可以用具有消炎鎮咳作用的麥門冬湯；有喘鳴時可使用擴張支氣管的麻杏甘石湯；發燒、發炎擴散到全身時，用小柴胡湯或柴胡桂枝湯。

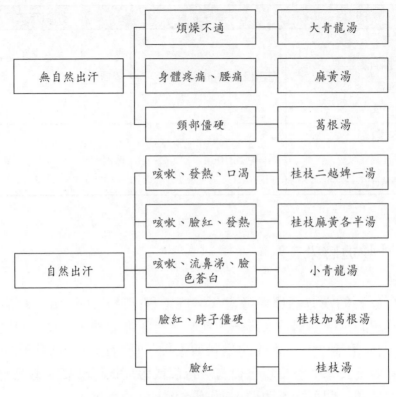

**圖八　太陽病時期感冒的漢方處方**

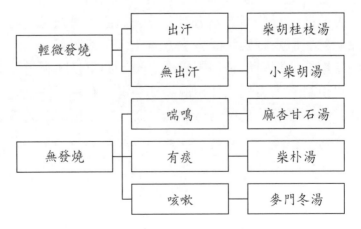

**圖九　少陽病時期感冒的漢方處方**

### 芳香精油療法

芳香精油療法常被應用在呼吸道感染的輔助治療，尤其是流行性感冒等上呼吸道感染，可以透過精油泡澡、直接吸入法，或是將精油塗抹於前胸處等方法來達到療效。

(1) 喉嚨痛：對於上呼吸道感染引發的喉嚨痛症狀，可將茶樹、胡椒薄荷或澳洲尤加利精油，塗抹於頭部或肩膀附近吸入，對於緩解喉嚨痛有很好的效果。

(2) 咳嗽：苦橙葉和絲柏精油具有很好的鎮咳功效。

(3) 支氣管痙攣和痰液黏稠：羅勒精油有袪痰作用，使用上可加綠花白千層精油增強其效果。

表十三　上呼吸道感染的精油配方

| 疾病／用途 | 精油 | 說明 |
|---|---|---|
| 流行性感冒 | 綠花白千層、茶樹、尤加利、樟腦 | 將綠花白千層或澳洲尤加利精油直接吸入或以精油按摩，對於流行感冒病毒有阻礙的效果，可預防二次感冒。另外茶樹、尤加利精油和樟腦也都具有抗菌作用。 |
| 支氣管炎 | 乳香、歐洲赤松 | |
| 結核病 | 藍膠尤加利、綠花白千層、馬鬱蘭、杜松果 | 藍膠尤加利可增強抗結核藥物在體內的活性，作為結核病的輔助療法。 |

# (六) 消化道疾病

### 1. 食慾不振

食慾不振不僅可以由消化道疾病所導致，老化也會導致味覺與嗅覺的敏感度，以及胃排空的能力下降，也可能是其他非消化道疾病的症狀，如惡性腫瘤、內分泌疾病、感染等，同時也需要考慮精神疾病和社會心理的因素。有部分藥物也可能有食慾不振的副作用，藥師需要綜合性去評估藥物，將不良反應的風險減到最低。食慾不振的治療著重在調整病因，若情況嚴重可考慮化學藥品，如低劑量的抗憂鬱藥與黃體素等。

### 漢方療法

在漢方醫學的概念中，食慾不振是由於進食的能量，也就是「氣」的功能低下或受到阻滯。如果是氣的功能低下，可以使用含有人參、黃耆、蒼朮等漢方生藥；如果是氣的阻滯，可以使用含有柴胡、黃連、黃芩等漢方生藥。依據病人本身的症狀來決定漢方的選擇：

(1) 腹痛：安中散適用於有胃痛、胃灼熱和腹脹時；柴胡桂枝湯可用於胃痛、噁心、上腹痛不適者。

(2) 腹脹：對於有腹脹、腸鳴、腹瀉者，可使用平胃散和半夏瀉心湯，其中若有胃灼熱或有不安等神經症狀，則選用半夏瀉心湯；若有腹脹、胃灼熱、噁心等症狀，可使用茯苓飲和六君子湯。尤其六君子湯適用於有發冷或疲倦的情況，對於腹部手術後的病人可以改善食慾、促進腸胃蠕動。

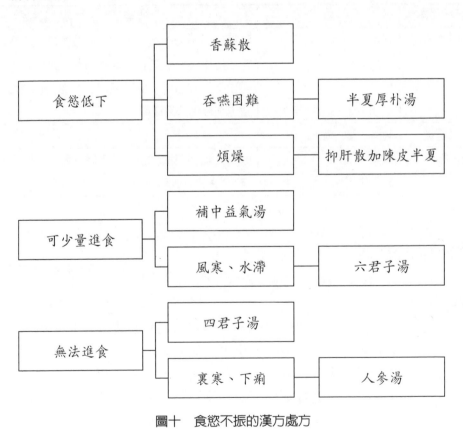

圖十　食慾不振的漢方處方

(3) 腹瀉：人參湯可用於有腹漲、腹瀉、唾液稀薄時，而啟脾湯則適用於慢性腹瀉、噁心的情況。

(4) 其他：若為因慢性疾病而致的體虛，使用補中益氣湯；相反的，對於體格強壯者且有腹脹、便秘、肩頸僵硬者則可使用大柴胡湯。

## 2.便秘

便秘是因為水分缺乏，導致糞便嵌塞在大腸中而不易排出，依其病理機轉又可分為鬆弛性、痙攣性、機械性和直腸性便秘。便秘也可能有其他續發性的原因，如慢性疾病、心理因素、甚至是藥物所引起的。常見引發的藥物包含具有抗膽鹼作用的藥品、鴉片類藥品、降血壓藥中的鈣離子阻斷劑等。便秘的治療以生活型態調整為主，像是增加纖維素的攝取，無效後才考慮用藥。可用來治療便秘的化學藥品，包含滲透性或刺激性瀉下劑，促進腸胃蠕動的藥物。

### 漢方療法

便秘的漢方治療大多會使用大黃，服用大黃及番瀉苷製劑會讓尿液呈鹼性的紅色，長期服用此類漢方會使大腸黑色素沉澱。另外大黃用到一定的量後會產生耐受性，並使單寧酸產生收斂作用反而導致便秘。

便秘的漢方治療在處方決定之際，對於虛實的判定是重要的。常常被提出的，雖然判斷錯誤而給實證的人虛證的藥不太會出什麼問題，但給虛證的人實證的藥的話，則會消耗體力，導致衰弱症狀，會產生許多問題。

(1) **相較之下體力較好、結實、燥熱型的實證患者**

含有大黃的漢方適用於實證型患者，其可能的表現有：①有食慾；②口乾舌燥，有確實喝水；③腹脹感，腹部診療時腹部堅硬；④肩膀僵硬、精神不穩定、月經不順等，有這些症狀的大多為直腸型便秘。可以使用大黃的情況又可以分成可以接受強烈腹瀉作用，以及太弱無法治癒產生不好狀況兩種，前者大多都有胸悶呼吸不順的症狀。

(2) **體力不佳、瘦型、臉色較蒼白的虛證患者**

若為體力不佳、瘦型，臉色較蒼白的虛證患者則不適用加入大黃的漢方處方。虛證患者大多有以下的狀況：①沒有食慾；②口乾但不想喝水；③因為脹氣而導致的腹脹，觸診腹部柔軟；④手術導致沾黏及寒性狀況導致腸胃蠕動緩慢；⑤大便呈軟狀，排放不乾淨；⑥脈搏微弱，腹診時可感受到腹部的脈搏，有以上症狀者的便秘通常為鬆弛型。

　　伴隨肩膀僵硬、高血壓、抑鬱等的症狀，使用大柴胡湯或柴胡加龍骨牡蠣湯等柴胡劑。伴隨強烈腹脹、妄想、不安等較強烈精神症狀的病人，較適合用大承氣湯。燥熱與焦慮、失眠、頭重腳輕的話，用三黃瀉心湯。女性經前造成的錯亂症狀，而出現對周圍事物感到煩躁的狀況，使用核桃承氣湯較合適。呈現胖而結實的大肚者的便秘，適合用防風通聖散。

　　另一方面，作用為較弱的處方首選為大黃甘草湯。這個處方不管是結實、燥熱的人或是一般人皆可使用。也可先使用這個處方後，判斷個人對於大黃的感受，再確定劑量的多寡。

　　有痔瘡的便秘則使用乙字湯。伴隨腹脹、腹痛的話，使用桂枝加芍藥大黃湯。反覆便秘及腹瀉的腸燥症的便秘也可以使用。

　　憂鬱狀態或有殘便感可使用調胃承氣湯或是小承氣湯等；黃疸或浮腫的人適合茵陳蒿湯；消化性潰瘍與神經性胃炎併發可服柴胡桂枝湯。歇斯底里傾向所造成的消化器官、泌尿系統疼痛則用四逆散；同樣有歇斯底里傾向，多有慢性疲勞症候群的更年期女性則使用加味逍遙散。若使用同處方中的山梔子，則不使用大黃也能有自然排便的效果。

　　以寒氣為主的則是適用五積散，適合這個處方的患者，多患有畏寒為主的慢性疲勞症候群。同樣有畏寒情形以及新陳代謝低下傾向的患者，適合使用附子理中湯及四逆湯。伴隨腹脹及浮腫症狀者也適合用三和散。

　　術後癒合，適合用神效湯。這個處方不只針對便秘，對術後的淋巴管腫脹也有用。術後容易有腸道阻塞、嘔吐、便秘者，首選為大建中湯。在日本此處方在外科領域，已經是頻繁在標準治療法之中。手術後已有一段時間、接受多次手術的患者，則可以使用混和小建中湯跟大建中湯的中建中湯。因大手術及大病後，造成腸管失去滋潤的狀況則可用十全大補湯。

　　高齡者及虛弱者有盜汗所造成的虛脫症狀，多為失去體液滋潤的便秘，含有少量大黃的處方的話，使用以治療糞便不溼潤跟皮膚黏膜乾枯為目標的潤腸湯，以及同樣是以治療糞便不溼潤跟夜間頻尿為目標的麻子仁丸。潤腸湯的構成生藥包含了補氣的成分，對伴隨便秘的初老期憂鬱症狀也有效。不含大黃的處方則為八味丸。以下半身的衰退與口渴、頻尿、腰痛等為標的者使用八味丸。若八味丸中的地黃造成胃部不適症狀，也可跟六君子湯合併使用。

表十四　便秘的漢方處方(一)：依便秘類型

| 便秘類型 | 漢方 |
|---|---|
| 鬆弛型 | 瘦：人參湯、六君子湯、補中益氣湯<br>肥胖：防風通聖散、大柴胡湯、防己黃耆湯 |
| 痙攣型 | 一般：桂枝加芍藥湯、桂枝加芍藥大黃湯<br>過度緊張：加味逍遙散、四逆散、柴胡桂枝湯 |
| 直腸型 | 年輕：大黃甘草湯、調味承氣湯（大、小承氣湯）<br>過度緊張：麻子仁丸、潤腸湯、八味丸 |

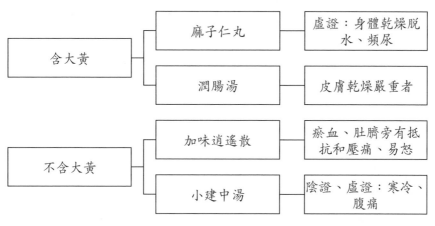

圖十一　便秘的漢方處方(二)：處方選擇

除了漢方外，日本針灸的打鍼法，對於便秘也有不錯的療效（如下圖所示），另臺灣在打鍼法也發展出改良式之打鍼組件（證書號數：I577369）。

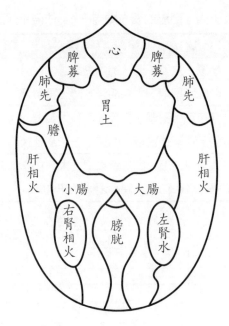

圖十二　夢分流腹部打鍼法

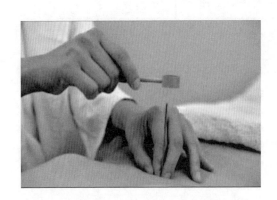

圖十三　腹部打鍼法

## 芳香精油療法

表十五　用於便秘的精油

| 疾病／用途 | 精油 |
| --- | --- |
| 便秘 | 樟腦、迷迭香、胡椒薄荷、黑胡椒、薑 |

表十六　便秘的精油配方

| 精油 | 基底油 | 使用方式 |
|---|---|---|
| 樟腦迷迭香2滴<br>羅勒2滴<br>胡椒薄荷1滴 | 荷荷芭油10ml | 手掌放在腹部，從右下腹開始沿著腸子的方向順時針按摩，洗澡後按摩效果尤佳。 |
| 樟腦迷迭香2滴<br>胡椒薄荷1滴<br>薑1滴 | | |
| 樟腦迷迭香2滴<br>胡椒薄荷1滴<br>黑胡椒1滴 | | |

# (七) 老年人的精神疾病

## 1.睡眠障礙

　　睡眠障礙指的是睡眠的時數或是質量不足，成因很多種，尤其常見於憂鬱症等精神疾病。尤其在許多失智症老人的生理時鐘紊亂，晚上不睡覺而白天嗜睡。睡眠障礙又可分為：入睡障礙、睡眠維持障礙（清晨易醒）和熟睡障礙。若是經由其他生活方式調整無效的睡眠障礙，可使用化學藥品中的鎮靜安眠劑或抗憂鬱劑來助眠，然而常有依賴性或耐受性的問題。

### 漢方療法

　　對於腸胃功能異常或代謝功能下降的老年人，安眠藥的劑量調整不易，此時漢方是很好的替代治療。化學藥品與漢方在給藥時間上有很大的不同：化學藥品通常在睡前給予一次，而漢方則是一天服用兩到三次；另外失眠不是漢方的主要治療目標，且效果通常不是立即性的。漢方的治療可以依據睡眠障礙的種類來做選擇：

(1) 入睡障礙：潮熱、焦躁不安、腹脹者，使用黃連解毒湯或三黃瀉心湯；神經過於敏感、易怒者可使用抑肝散。

(2) 睡眠維持障礙：如併有更年期障礙者可使用加味逍遙散；老年人有腰痛、排尿困難情況可使用八味地黃丸或六味丸；早晨醒來時有頭重感

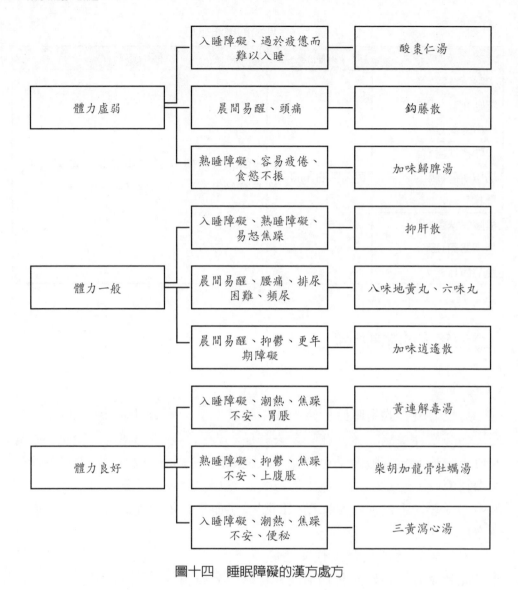

圖十四　睡眠障礙的漢方處方

的話則使用鉤藤散。

(3) 熟睡障礙：有焦躁不安或抑鬱傾向者，可使用柴胡加龍骨牡蠣湯或加味歸脾湯；同時有入睡障礙者可選用抑肝散。

### 芳香精油療法

　　一般建議使用眞正薰衣草精油，許多研究顯示眞正薰衣草精油可以興奮副交感神經，進一步改善睡眠障礙。以眞正薰衣草精油爲基礎，加入其它精油後可以直接吸入方式或精油泡澡使用（如下表所示）。

表十七　用於睡眠障礙的精油

| 疾病／用途 | 精油 |
|---|---|
| 睡眠障礙 | 真正薰衣草、檀香、雪松、天竺葵、甜橙、橘、橙、甜馬鬱蘭、玫瑰、羅馬洋甘菊、快樂鼠尾草、岩蘭草、纈草 |

表十八　睡眠障礙的精油配方

| 精油 | 基底油 | 使用方式 |
|---|---|---|
| 真正薰衣草2滴<br>羅馬洋甘菊1滴 | | 精油泡澡 |
| 快樂鼠尾草1滴 | 甜杏仁油 | 按摩 |
| 真正薰衣草2滴<br>大西洋雪松1滴 | | 滴在薄紙上吸入 |
| 真正薰衣草2滴 | | 滴在薄紙上吸入 |
| 羅馬洋甘菊1滴 | 沐浴油 | 沐浴 |
| 羅馬洋甘菊1滴 | | 滴在薄紙上吸入 |
| 大西洋雪松2滴 | 沐浴油 | 沐浴 |

## 2. 失智症

### 芳香精油療法

　　部分研究指出使用精油芳香療法，可以有助於改善失智症病人的記憶力和語言能力，如胡椒薄荷、薰衣草、松、尤加利等。曾有研究發現使用真正薰衣草的病人對於延緩記憶力低下、專注與反應力惡化有顯著的效果。另一研究顯示對高齡者白天使用迷迭香與檸檬精油擴香，晚上用真正薰衣草與橘精油，對於失智症也有不錯的療效。

表十九　用於失智症的精油

| 疾病／用途 | 精油 |
|---|---|
| 失智症 | 胡椒薄荷、真正薰衣草、天竺葵、檀香、檜木、松、竹、尤加利 |

# (八) 皮膚照護與環境

## 1.皮膚清潔擦拭

### 芳香精油療法

在照護病人中，精油也可以用於身體的清潔擦拭，將具有抗菌作用的精油，像是真正薰衣草、檸檬香茅等加入熱水中擦拭身體，可助於減少表皮的細菌。過去京都府立大學對50名病人進行研究，利用茶樹、玫瑰草和真正薰衣草三種精油加入熱水中，從手腕開始往身體單方向地擦拭，研究結果發現病人對於香味的接受度很高，且擦拭之後表皮葡萄球菌數有顯著地減少，同時也可以減少毛巾上具抗藥性金黃色葡萄球菌（methicillin-resistant *Staphylococcus aureus*, MRSA）的數量，防止院內感染。

表二十　用於皮膚清潔擦拭的精油

| 疾病／用途 | 精油 |
| --- | --- |
| 清潔擦拭 | 真正薰衣草、檸檬香茅、茶樹、玫瑰草 |

## 2.壓瘡

### 漢方療法

漢方療法的要點是改善壓瘡病人的營養狀況。多數的壓瘡病人有許多潛在疾病，導致身體機能的下降，其中指的不僅是體力的下降，還包含漢方療法中「氣虛」和「血虛」的概念。漢方中的「脾」為消化系統中，負責吸收外來能量的重要部位，若有異常會導致「氣虛」，使食慾下降及營養不良，進一步惡化病情。因此漢方療法的第一步是改善「脾虛」的失調狀態，其中代表的漢方為補中益氣湯和黃耆建中湯。另外壓瘡病人中營養不良會導致貧血、皮膚異常、循環不良等，也就是「血虛」，在「氣虛」合併「血虛」時可用十全大補湯和歸耆建中湯。

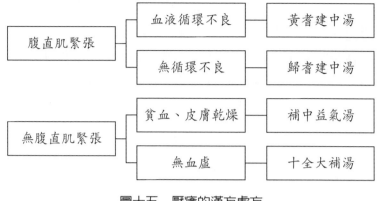

圖十五　壓瘡的漢方處方

## 芳香精油療法

　　芳香精油療法也可以用於壓瘡的輔助治療，使用綠花白千層、茶樹、德國洋甘菊等的純露來清洗壓瘡的傷口；聖約翰草、金盞菊、月見草等精油則可以用於擦拭患部，也可以將茶樹精油2滴加入20克蜂蜜中，塗抹於患部。

表二十一　用於壓瘡的精油

| 疾病／用途 | 精油 |
| --- | --- |
| 壓瘡 | 綠花白千層、茶樹、德國洋甘菊、葡萄柚、聖約翰草、金盞菊、月見草 |

## 3.照護現場除臭

## 芳香精油療法

　　在照護的現場，像是居家照護或是長照機構時，使用柑橘類精油如檸檬、葡萄柚等有助於改善異味，這類精油建議在白天使用，晚上則可以使用具有鎮靜安眠效果的真正薰衣草精油。

表二十二　用於除臭的精油

| 疾病／用途 | 精油 |
| --- | --- |
| 除臭 | 檸檬、葡萄柚、真正薰衣草 |

## 4. 抗老化

### 芳香精油療法

老化為隨著時間，身體發生結構性或功能性變化的過程。目前尚無治療可以成功逆轉老化，但或許可以延緩其發生。精油療法可以透過直接塗擦或吸入的方式調整賀爾蒙分泌，進一步達到抗老化的效果。

表二十三　用於抗老化的精油

| 疾病／用途 | 精油 |
| --- | --- |
| 抗老化 | 多元不飽和脂肪酸、百里香、丁香 |

## (九) 癌症

輔助治療在癌症有一定的角色，雖然無法取代正規治療，但是在正規治療外，對於協助病人緩解癌症本身的症狀或治療相關的副作用有一定的效果。

### 芳香精油療法

表二十四　用於癌症的精油

| 疾病／用途 | 精油 |
| --- | --- |
| 癌症 | 棕櫚油、玫瑰果油、蘆薈、椰子油、葛縷子、檸檬香茅、藏茴香、胡椒薄荷、薑、小豆蔻、積雪草油、月見草油、西番蓮 |

針對放射線治療後的皮膚，使用棕櫚油、玫瑰果油、蘆薈、椰子油等可以防止脫水並達到預防效果；皮膚灼傷則可以用真正薰衣草、德國洋甘菊和羅馬洋甘菊來緩解；淋巴按摩建議用積雪草油、月見草油、西番蓮等；皮膚的潰瘍創傷則可以用真正薰衣草、乳香、甜馬鬱蘭等。

必須注意有些精油使用在癌症病人身上應特別小心：

(1) 含有雌激素作用成分的精油：乳癌病人因體內雌激素調控失衡，應避免使用，如含有茴香腦的茴香和西洋茴香，含有香紫蘇醇（sclareol）的鼠尾草、快樂鼠尾草的天竺葵、含有綠花白千層醇（viridiflorol）的綠花白千層。

(2) 含有草蒿腦（estragole）的精油：龍蒿、羅勒、茴香。
(3) D-檸檬烯：過去曾有研究認為檸檬、萊姆、葡萄柚等柑橘類精油，含 D-檸檬烯成分精油會導致癌症的誤解，而事實是此成分的氧化物才是會致癌的成分。

# 參考資料

1. National Center for Complementary and Alternative Medicine, NIH: Complementary, Alternative, or Integrative Health: What's In a Name? https://www.nccih.nih.gov/health/complementary-alternative-or-integrative-health-whats-in-a-name (Access on 03/30/2020)
2. 丁宗鐵等人（2004）。漢方相談ガイド。南山堂
3. 寺澤捷年（2005）。高齢者のための和漢診療。医学書院
4. 桑木崇秀（2012）。漢方診療ハンドブック（増補改訂版）。創元社
5. 今西二郎（2015）。補完・代替医療メディカル・アロマセラピー（三版）。金芳堂

# 第九章　輔具需求與評估及現行輔具補助申請

陳世銘

## 一、輔具的需求與評估

　　輔具，並「不是用疾病名稱」來選擇，而是用輔具的「功能性」來選擇。一般沒有經驗、沒有受過專業訓練的家屬，對於個案的行動上的細節功能很難有精確的描述。

　　藥師在居家服務時，往往是站在第一線面對民眾，因此更能直接發現民眾對輔具的需求並提供服務。但從事提供輔具服務時，仍需專業評估及謹慎選擇，因此需與輔具評估人員密切配合，藉由跨專業領域攜手合作，選擇適當的輔具，並抱持著不斷學習的態度，才能提供社區民眾最佳的服務及照護。

　　粗大動作分級系統（GMFCS）是用來快速了解個案的動作失能狀況，並可提供行動障礙的個案選擇適用的輔具。目前這套系統也已納入長照2.0的評估中，被廣泛應用。此系統主要將個案的粗大動作能力分為五級，並依這五級的分類有其建議使用之輔具。

### 粗大動作功能分級系統（GMFCS）

| 等級 | 說明 | 輔具說明 |
|---|---|---|
| LEVEL 1 | 可以在平坦地面跑跳，雙腳可同時離地，上下樓梯不需扶欄杆，狀況可以說是幾乎接近正常，可能有些失智症狀**→可能需要預防走失** | 可能需要衛星定位器等預防走失的輔具。 |

| 等級 | 說明 | 輔具說明 |
|---|---|---|
| LEVEL 2 | 能放手行走，但不能跑跳，上下樓梯需扶欄杆**→需預防跌倒** | 可能需要**拐杖**的協助，戶外遠距離可能需要**輪椅**，家中相對危險處安裝**扶手**，沐浴時建議坐姿使用**洗澡椅**等。 |
| LEVEL 3 | 需扶持穩定物才能行走**→享受自立，避免加速退化** | **輪椅**可以說是必須要的輔具，但別忘了！只要提供適當的**四腳拐、助行器或助步車**並配合旁人安全協助，長輩還是可以安全走路的**→**這時長輩要多鼓勵起來行走，切勿整天坐輪椅，避免因為過度的保護而造成長輩現有功能加速退化。 |
| LEVEL 4 | 無法行走，能在無頭靠支撐下維持坐姿（4a能站，4b不能站）**→活動促進** | • 重度失能，即使有旁人協助也無法跨步，所以生活中上下床到輪椅的轉移位都需要人和**轉移位輔具**的幫忙。<br>• 長輩可能長時間躺在床上、坐在輪椅上，坐姿耐力差的長輩，輪椅可能需要**高椅背可仰躺／傾倒功能**；如廁、沐浴也需要**有輪子的便盆椅**推送。<br>• 第四級的長輩復健訓練時需要**站立架、步態訓練器**等較特殊的訓練器材，方能安全輕鬆的進行。<br>• 為預防壓瘡可能需建議使用**氣墊床**（4b）、**輪椅坐墊**。 |
| LEVEL 5 | 無頭靠支撐下無法維持坐姿**→發揮潛能，降低負擔** | • 極重度失能，連頭頸部都無法控制，坐在一般輪椅上容易下滑、左右歪斜，因此必須使用**高椅背可仰躺／傾倒功能的輪椅**。<br>• 此狀況的長輩長期臥床，為提供姿勢轉換，建議使用**電動床**，為預防壓瘡可能需使用**氣墊床**。<br>• 長輩完全依賴下，照顧者協助轉移位非常吃力，建議使用**移位滑墊、懸吊式移位機**等移位類輔具。 |

根據GMFCS，新北市輔具中心發展出一套「肢障，平衡障相關輔具快篩督導表」，依據個案狀況及其對應相關輔具，供新北市的輔具評估人員作爲評估時的輔具的參考。

## 肢障‧平衡障相關輔具快篩 督導 表

新北市輔具資源中心　10801 製表

| 個案姓名 | | 身分證號 | | 評估日期 | |

標記符號：　O：此次評估建議　　§：已使用中　　◎：建議使用，個案考慮

### 行走能力

| □能在不平坦的地面放手行走 (分級-1) | □平坦地面可放手行走(分級-2)□a 獨立，□b 介護<br>□扶持穩定物能行走(分級-3)□a 獨立，□b 介護 | □無法跨步行走(分級-4a,4b,5) |

壓瘡：□是，□否
翻身：□可，□否

### 站/坐 能力

□扶持穩定物能自力站起(分級-4a)　　□無法站但可坐一般椅(分級-4b)
□無法坐一般椅需高椅背(分級-5)

| 步行輔具 | 輪椅、便盆椅相關輔具 | 轉移位/訓練輔具 | 仰躺姿勢相關輔具 |
|---|---|---|---|
| （　）一般手杖 2 | （　）輪椅 A,B,C 款 345 | （　）輪椅移位功能 45 | （　）輪椅仰躺功能 4b5 |
| （　）四腳手杖 234a | （　）推車 A,B 款 45 | （　）移位腰帶 2b3b45 | （　）輪椅傾倒功能 4b5 |
| （　）前臂拐 23 | （　）電動輪椅 345 | （　）移位滑墊 45 | （　）擺位系統 4b5 |
| （　）腋下拐 23 | （　）電動代步車 3 | （　）移位轉盤 4a | （　）居家用照顧床 45 |
| （　）助行器 234a | （　）沐浴椅凳 23 | （　）移位機 45 | （　）氣墊床 4b5 |
| （　）輪管 | （　）便盆椅(無輪) 3 | （　）輪椅座墊 4b5 | （　）傾斜床 45 |
| （　）助步車 234a | （　）便盆椅(有輪) 345 | （　）軀幹前臂支撐型步態訓練器 45 | |
| （　）姿勢控制型助行器 34a | （　）爬梯機 345 | （　）前趴站立架 4 | |
| | （　）移位腰帶 2b3b45 | （　）其他：_____ | |
| 操作：□雙手，□單手，□無 | （　）支架/矯/義具：____ | （　）其他：_____ | |
| | （　）直立站立架 4 | | |

認知：□可，□否
視覺：□可，□否

No-Lift 轉移位建議/協助方式選擇流程圖
新北市立八里愛心教養院、新北市輔具資源中心 10410研制(第四版)

是否能經由自己雙手抓握扶持下維持坐姿平衡且可抗外力干擾？

是 → 個案下肢構造、坐姿站起能力？
　手腳並用可站起，讓身部離開座面 → 坐姿站立法
　手腳並用無法站起 → 站立式移位機
　下肢構造不適合承重

否 → 仰躺/傾倒 平面路徑是否可淨空、高度可接近？
　坐姿平面路徑是否可淨空、高度可接近？
　是 / 否
　是 → 坐姿平移法
　否 → 懸吊帶式移位機 / 仰躺平移法

（略）

轉移位方式建議：
（∨勾選，可複選）
□坐姿站起後轉身方式
□坐姿平移方式
□仰躺平移方式
□建議使用移位機
□其他：_____

| □通過 | 督導意見： | 評估員回應： |
| □建議修正 | | |
| □已修正 | | 評估員： |

## 二、現行輔具服務補助申請

輔具服務補助資源的給付請領可分為以下兩種：長照2.0補助及身心障礙者補助，而依個人需求可選擇購置或是租賃（目前租賃制度僅長照2.0有補助，身心障礙補助暫無）。若同時符合兩種資格給付，同一品項可擇優申請，但不得重複申請。

1. 長照2.0補助：長照需要個案失能等級第2級（含）以上（CMS2），且含以下四種類別之一（CMS評估詳見「我國長照制度」章節）**→住宿式機構者無法申請。**
   - 65歲以上老人
   - 55歲以上原住民
   - 50歲以上失智者
   - 領有身心障礙手冊的失能者

   以下所討論之補助內容為長照2.0四錢包中，「輔具及居家無障礙環境改善服務」之內容。

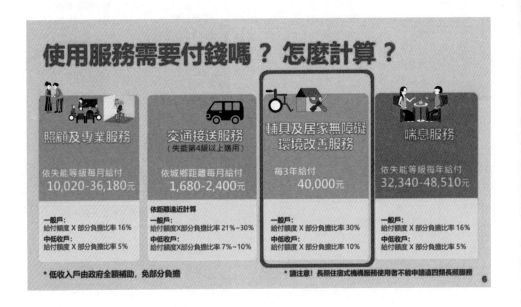

若民眾或家人出現了輔具的需求，可撥打1966長照專線，由長照專員或個案管理師至家中評估需求，若所需之輔具為免輔具評估人員評估之項目，則可直接申請補助，若其需求的輔具需專業人員評估，長照專員

或個案管理師會再轉介各地輔具中心，由輔具評估人員做進一步評估及建議，以達到最佳的輔具適用性。

　　若個案是在醫院，則會由各醫院轉介至各長照中心，並派員進一步評估，以上內容可詳見「我國長照制度」章節。

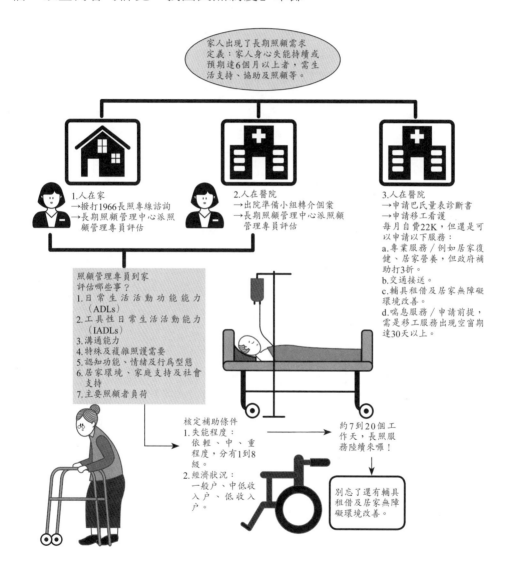

　　下圖以臺北市長照輔具申請流程為例，其申請細節仍可能依照各縣市政府作業流程上的不同而不同。

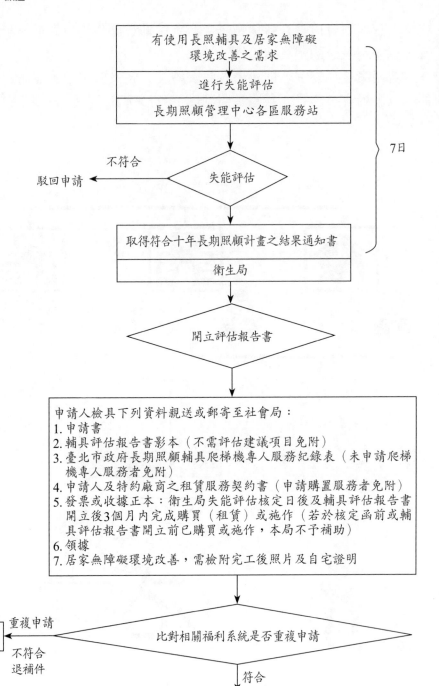

臺北市政府長期照顧輔具服務補助申請（流程圖）

## 下圖則爲輔具中心輔具評估服務流程圖（以新北市爲例）

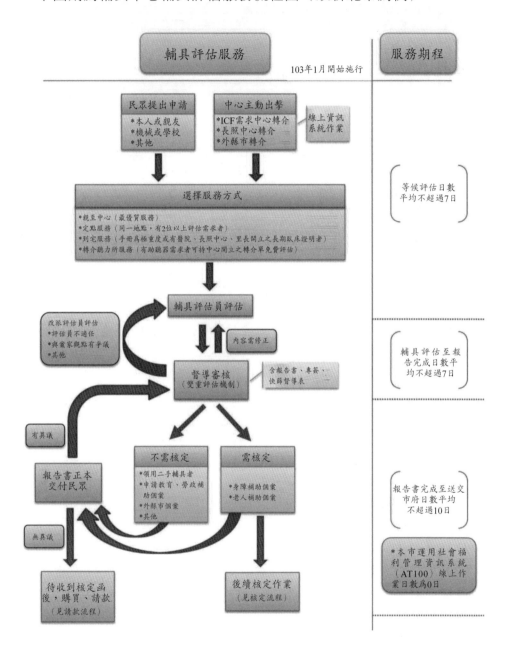

|  | 失能老人 | 身心障礙者 |
|---|---|---|
| 資格 | **符合長照十年計畫者**<br>1. 65歲以上老人<br>2. 領有身心障礙證明（手冊）者<br>3. 55-64歲原住民<br>4. 50歲以上失智症者 | **領有身心障礙手冊者** |
| 補助方式 | 每3年新臺幣四萬元整 | 2年補貼4項輔具 |
| 補助金額 | 低收：全額補助<br>中低收：90%<br>一般戶：70% | 低收：全額補助<br>中低收：75%<br>一般戶：50%<br>部分項目可全額補助<br>*詳見「補助基準表」 |
| 申請窗口 | 各縣市長照管理中心 | 戶籍所在地之區公所／社會局／輔具中心 |

2. 可請領身障補助：領有身心障礙手冊或證明者，可依障礙別申請其對應
   之輔具→有16項目限居家使用

## 補充：身心障礙手冊申請

- 單位：戶籍地所在直轄市區公所或鄉（鎮、市、區）公所
- 攜帶文件
  1. 戶口名簿或身分證
  2. 1吋半身照片3張
  3. 印章
  4. 身心障礙手冊或身心障礙證明（初次鑑定者免持）
  5. 受委託之法定代理人或他人需檢附個人身分證明文件，受委託之他人
     另應檢附委託授權書

申請流程：

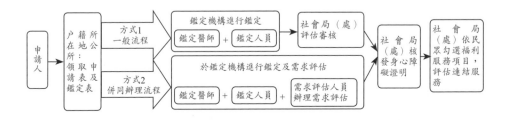

## 輔具代償墊付制度

　　不論長期照護2.0補助或是身心障礙者補助，近期為方便民眾購買輔具，各縣市政府配合中央政策，推出「輔具代償墊付」簡化申請補助流程。民眾在購買輔具前，可先聯絡相關單位，經過評估後取得核定，就可以帶著核定函到特約廠商，以自付額購買輔具，輔具補助額則由輔具廠商代墊並向各縣市政府請款。

# 三、常見的輔具申請

　　目前長照2.0輔具補助（含居家無障礙設施）共有68項（購置64項、租賃15項，僅生活輔具，無醫療輔具），身障輔具補助項目共有180項及17項醫療輔具（僅購置，無租賃），接下來則以居家生活輔具補助最常見的項目（輔具四寶：輪椅、輪椅坐墊、居家用照護床、氣墊床）做簡單介紹。

## (一) 輪椅

　　對於行走功能受限的個案來說，輪椅可提供短距離或長距離的移行輔具，包含具有自己推行與他人推行之各式「人力驅動輪椅」類型。因此，分級2、3、4、5之個案皆可能有輪椅的需求。其中，對於分級2、3之民眾來說，可協助不平坦地面與無法長距離步行時代步使用，但對於無行走能力分級4、5的個案來說，就是不可或缺的必備輔具項目。除移行外，輪椅也常作為個案日常操作學習之主要擺位輔具，使個案擺放於較具功能性之姿勢，參與相關的活動，與其他人互動的重要輔具項目。因此除了輪椅主體之外，可視需求再搭配輪椅擺位系統與其他配件，像是分級4b、5之個案，因其坐姿控制能力的受限，會需要透過擺位系統、仰躺、空中傾倒等功能，進一步協助維持良好的坐姿。

　　功能分級3級的個案，雖可藉由手持式步行輔具步行，或分級2級的個案，雖然可以不需扶持物體的在平坦地面上安全行走，但在長距離以及戶外環境移動時，因安全上的顧慮或是步行效率不佳，因而建議使用輪椅做為替代性的移行方式。且對於雙手具有操作能力之個案，建議選用具有手推圈的自推型輪椅，以利自行操作，讓個案也能夠具有中長距離獨立移

動的能力。

---

**小知識**

　　一般而言，輪椅座椅的寬度可以比臀部寬度多一些，但不建議超過5公分。若太寬會離輪椅兩側扶手較遠，上半身不易支撐，坐姿容易東倒西歪，同時乘坐者也因雙手離輪子太遠，而造成推行時不好施力。

---

　　分級4與分級5的個案，由於跨步行走有困難且站起移轉位能力不佳，建議需透過有移轉位設計的輪椅，採取水平轉移位之方式來變換位置。常見的輪椅轉移位功能包含扶手可拆掀，及腳靠可拆掀兩種（附加功能A），透過此附加功能，使床面和輪椅座面沒有阻礙，再配合移位板、移位滑墊等轉移位輔具，採用「坐姿側向平移」或「仰躺平移」來完成轉移位，降低照顧者徒手攜抱及個案變換位置時的受傷風險及負擔。

---

**小知識**

　　先進國家的照護體系中，對失能者的照護提出零抬舉照護政策（No-lift policy）的觀念，旨在減少照顧過程中人力的抬、抱等動作，減少徒手搬運，以照護輔具提升照顧者與被照顧者安全的政策思維，其內容有三大原則：

1. 個案功能最大發揮原則

　　轉移位方式的選擇應儘量鼓勵個案活動，以維持其獨立性為最大原則。

2. 以水平移動取代垂直移動

　　平移的方式可以減少升降、抬舉的動作，但需要周圍環境的兩點配合：

(1)水平路徑可淨空（如扶手、腳靠可拆掀的輪椅）。

(2)平面路徑高度可接近（如床面可升降以配合輪椅高度）。

3. 以機械取代人力抬舉

　　被照顧者無法站起，且環境無法水平移動時，必須使用垂直升降的方式來轉移位，此時以機械來取代人力抬舉（如移位機）。

---

　　若個案坐姿無法維持或耐力不足，坐在輪椅上容易東倒西歪、頭部無法支撐（Level 4b、5），此時就需使用高椅背，具有頭靠、可仰躺（附

加功能B）／傾倒（附加功能C）的輪椅。這樣的輪椅可以將上半身重量，利用傾斜角度有效的從座墊分散部分至背墊，對於接觸面身體組織的壓力舒緩有一定程度的效果，而仰躺功能更進一步改變坐姿屈曲的角度，舒緩長期維持同一姿勢的不適感。但需注意仰躺時輪椅的轉動軸心與人體不同，因此會造成背墊與人體背部錯位，造成摩擦剪力，相關擺位配件與人體相關位置亦會發生改變，而傾倒功能則無此問題。

　　要決定個案比較適合仰躺或是傾倒，需要考慮多方面的因素，建議尋求輔具評估人員或相關專業人員評估。兼具仰躺與傾倒兩種功能的輪椅較高，但也兼具兩者的優點，更能適應不同狀況需求，舒適度當然也更好。下圖為新北市輔具中心根據仰躺及傾倒型輪椅之優缺點比較。

| | 仰躺型輪椅 | 傾倒型輪椅 | 仰躺+傾倒輪椅 |
|---|---|---|---|
| 擺位效果 | 易下滑改變位置 | 穩定效果佳 | 效果佳+自由 |
| 舒適程度 | 更舒適 | 舒適 | 最舒適+自由 |
| 價格 | 平易近人 | 略高 | 較高 |
| 補助金額 | 仰躺多補助2000 | 傾倒多補助4000 | 仰躺+傾倒<br>多補助6000 |
| 適用狀況 | 伸直僵直 | 屈曲攣縮 | 範圍度大 |
| 仰躺平移<br>移位效果 | 較容易<br>（能接近躺平下） | 略困難 | 較容易<br>（能接近躺平下） |

---

**小知識**

　　輪椅仰躺／傾倒功能不適用分級4a，因4a已具備自行站起能力，應鼓勵自立活動轉換姿勢，以發揮個案最大能力為原則，避免失用性退化。

---

　　輪椅的補助基準則依照長照或是身心障礙申請的經費不同，而有不同的對照表，其詳細情形請見「長照輔具照顧組合表」及「身心障礙者輔具費用補助基準表」。

- 長照-照顧組合表：項次EC01〜EC06
- 身障-補助基準表：項次3〜8

| 補助項目 | | 說明 | 備註 |
|---|---|---|---|
| 輪椅 | A款 | 非輕量化量產型（鐵製輪椅） | 不需評估 |
| | B款 | 輕量化量產型（鋁合金） | 不需評估 |
| | C款 | 量身訂製型 | 需評估 |
| 附加功能 | A款 | 利於移位功能 | 需評估 |
| | B款 | 具仰躺功能 | 需評估 |
| | C款 | 具空中傾倒功能 | 需評估 |

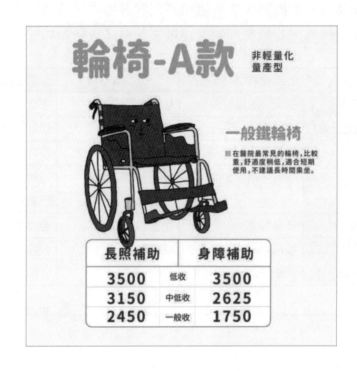

# 輪椅-B款 輕量化量產型

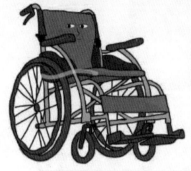

## 鋁合金輪椅

■ 比較輕，搬運方便，適合還可以走，但走不穩的使用者。

市面上較舒適的鋁輪椅，坐墊上會有S曲面的設計，平均分配臀部上的壓力。

| 長照補助 | | 身障補助 |
|---|---|---|
| 4000 | 低收 | 4000 |
| 3600 | 中低收 | 3000 |
| 2800 | 一般收 | 2000 |

# 輪椅-B款 附加功能+A 輕量化量產型+利於移位功能

## 移位輪椅

■ 適合手腳比較不靈活，需要別人幫忙才能上下輪椅的使用者。

扶手跟撥腳可以旋開或拆掉，減少輪椅的阻擋，讓移位更安全！

| 長照補助 | | 身障補助 |
|---|---|---|
| 9000 | 低收 | 9000 |
| 8600 | 中低收 | 8000 |
| 7800 | 一般收 | 7000 |

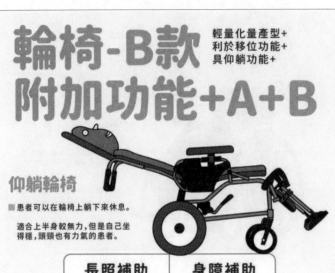

# 輪椅-B款
## 附加功能+A+B

輕量化量產型+
利於移位功能+
具仰躺功能+

### 仰躺輪椅

▓ 患者可以在輪椅上躺下來休息。

適合上半身較無力,但是自己坐
得穩,頭頸也有力氣的患者。

| 長照補助 | | 身障補助 |
|---|---|---|
| 11000 | 低收 | 11000 |
| 10600 | 中低收 | 10000 |
| 9800 | 一般收 | 9000 |

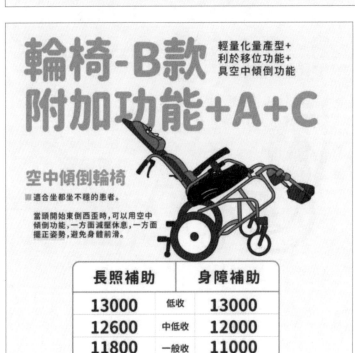

# 輪椅-B款
## 附加功能+A+C

輕量化量產型+
利於移位功能+
具空中傾倒功能

### 空中傾倒輪椅

▓ 適合坐都坐不穩的患者。

當頭開始東倒西歪時,可以用空中
傾倒功能,一方面減壓休息,一方面
擺正姿勢,避免身體前滑。

| 長照補助 | | 身障補助 |
|---|---|---|
| 13000 | 低收 | 13000 |
| 12600 | 中低收 | 12000 |
| 11800 | 一般收 | 11000 |

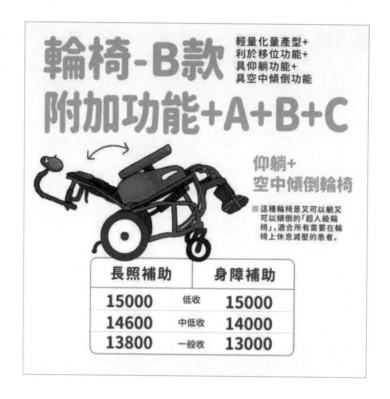

## (二) 輪椅座墊

　　防壓瘡坐墊主要是利用各種泡棉、凝膠、氣囊等不同材質，藉由讓臀部沉入提供最大包覆性，以達到均壓效果來預防壓瘡的產生。適合分級4a、4b、5等無法站起，需長時間維持坐姿的壓瘡高風險個案或是皮膚感覺異常，在坐姿相關受壓處已有壓瘡的個案。

　　輪椅座墊的補助基準則依照長照或是身心障礙申請的經費不同而有不同的對照表，其詳細情形請見政府公告之「長照輔具照顧組合表」及「身心障礙者輔具費用補助基準表」。

- 長照－照顧組合表：EG03～EG09
- 身障－補助基準表：項次96～102
- 輪椅座墊之補助，均需輔具評估人員評估

| 補助項目 | 說明 |
|---|---|
| 輪椅座墊A款 | 連通管型氣囊氣墊座-塑膠材質 |

| 補助項目 | 說明 |
|---|---|
| 輪椅座墊B款 | 連通管型氣囊氣墊座-橡膠材質 |
| 輪椅座墊C款 | 液態凝膠座墊 |
| 輪椅座墊D款 | 固態凝膠座墊 |
| 輪椅座墊E款 | 填充式氣囊氣墊座 |
| 輪椅座墊F款 | 交替充氣型座墊 |
| 輪椅座墊G款 | 量製型座墊 |

## 輪椅座墊A款（連通管型氣囊氣墊座：塑膠材質）

最高補助金額5000元，使用年限二年

## 輪椅座墊B款：氣墊座

輪椅座墊C款：液態凝膠

輪椅座墊D款：固態凝膠

輪椅座墊E款：填充式氣囊

穩定五區間設計

**左右分區　有效均壓**

左右區塊高度獨立調整，
維持坐姿，有效避免剪力
產生，造成皮膚摩擦。

輪椅座墊F款：交替充氣型

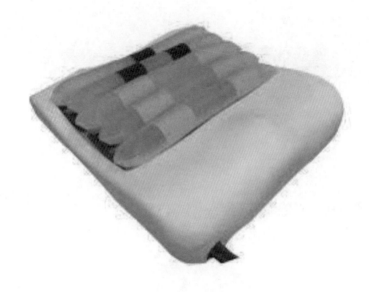

## (三) 居家用照護床

　　居家用照顧床是在整個居家照顧臥室空間裡的核心傢俱，包含手搖床或電動床（附加功能B）。居家用照顧床和個案的睡眠、翻身拍痰與減壓活動、換穿尿布與衣褲、動作轉換（躺姿變坐姿）、甚至是進食、看電視、閱讀與使用電腦等皆有相關。因此，步行功能顯著受限的分級4a、分級4b與分級5的民眾，對於床的使用需求會較其他分級的民眾來的高。

　　電動床又常依據獨立床片數量與連結的馬達數量，而分有單馬達、雙馬達及三馬達，單馬達為控制頭片升降、腳片升降功能；雙馬達是頭片升降及腳片升降可分別控制；而三馬達則是除頭腳可升降外，還具有水平高度升降（附加功能A）的功能，並可依據需求選擇不同的欄杆扶手類型。

　　而若考慮轉移位的方便性，因三馬達電動床具有整張床面高低可升降之功能，在水平移位時能配合輪椅調整高度，雖然價位相對較高，但對照護者來說更方便，對個案來說也更安全。

　　居家用照護床的補助基準，則依照長照或是身心障礙申請的經費不同而有不同的對照表，其詳細情形請見政府公告之「長照輔具照顧組合表」及「身心障礙者輔具費用補助基準表」。

- 長照-照顧組合表：EH01～EH03
- 身障-補助基準表：項次105～107
- 居家用照護床的補助，均需輔具評估人員評估
- 限居家使用

| 補助項目 | 說明 |
|---|---|
| 居家用照護床 | 床面需為三片以上之設計，至少需具備頭部及腿靠床片升降之功能。 |
| 附加功能A | 除上述功能外，床面具升降功能。 |
| 附加功能B | 具電動調整升降功能之產品。 |

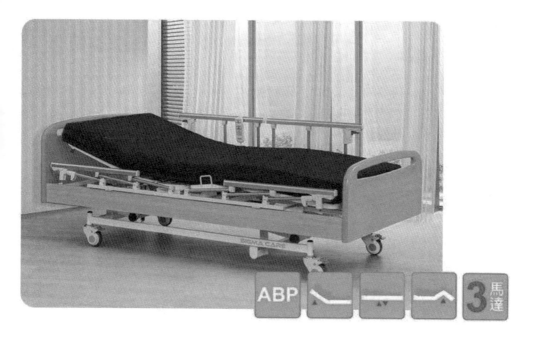

## 產品特色

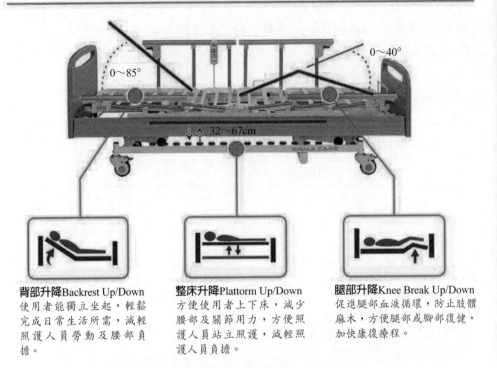

**背部升降**Backrest Up/Down
使用者能獨立坐起，輕鬆完成日常生活所需，減輕照護人員勞動及腰部負擔。

**整床升降**Plattorm Up/Down
方便使用者上下床，減少腰部及關節用力，方便照護人員站立照護，減輕照護人員負擔。

**腿部升降**Knee Break Up/Down
促進腿部血液循環，防止肢體麻木，方便腿部或腳部復健，加快康復療程。

### 氣墊床

　　防壓瘡床墊主要有利用馬達，讓各個床管交替充洩氣，使得接觸床面的皮膚能分區輪流達到零壓的氣墊床款式；也有以各種泡棉、凝膠、氣囊等不同材質，藉由讓身體沉入提供最大包覆性，以達到均壓效果的減壓床墊。適合分級4b、5等軀幹較無力或已無翻身能力分級3、4的壓瘡高風險個案，或是皮膚感覺異常、在臥姿相關受壓處已有壓瘡的個案。

　　氣墊床的補助基準，則依照長照或是身心障礙申請的經費不同而有不同的對照表，其詳細情形請見政府公告之「長照輔具照顧組合表」及「身心障礙者輔具費用補助基準表」。

- 長照－照顧組合表：EG01～EG02
- 身障－補助基準表：項次103～104
- 氣墊床之補助，均需輔具評估人員評估
- 限居家使用，若在住宿式機構則無補助

| 補助項目 | 說明 |
|---|---|
| 氣墊床A款 | 應含十八管以上，具可交替充氣功能之電動空氣幫浦及管狀氣囊組。 |
| 氣墊床B款 | 應含交替充氣功能之電動空氣幫浦及管狀氣囊組，且需提供保固三年，並需符合以下所有條件：<br>1. 交替式充氣之管狀氣囊組，氣囊之管徑四英吋以上，並含有異常壓力警示及可暫停交替之開關。<br>2. 氣管為三管交替式。<br>3. 單管材質：「PU聚氨酯（Polyurethane）」或「PU聚氨酯（Polyurethane）＋尼龍（Nylon）」。<br>4. 單管壓力流量每分鐘四公升（四L/Min）以上。<br>5. 配有C.P.R.快速洩氣閥。 |

# 補充：輔具租賃

目前輔具租賃僅有長期照護有補助，並非每種輔具都有提供租賃補助，若無租賃則該項次會註明「限購置」，詳情請見政府公告之「長照輔具照顧組合表」。

附表：長照給付支付輔具租賃項目

| 編號 | 代碼 | 輔具／居家無障礙環境改善項目 | 給付方式 | 租賃價格給付上限（元） |
|---|---|---|---|---|
| 1 | EB04 | 帶輪型助步車（助行椅） | 可租可購 | 300／月 |
| 2 | EC02 | 輪椅-B款（輕量化量產型） | 可租可購 | 450／月 |
| 3 | EC04 | 輪椅附加功能-A款<br>（具利於移位功能） | 可租可購 | 150／月 |
| 4 | EC05 | 輪椅附加功能-B款<br>（具仰躺功能） | 可租可購 | 150／月 |
| 5 | EC06 | 輪椅附加功能-C款<br>（具空中傾倒功能） | 可租可購 | 150／月 |
| 6 | EC11 | 電動輪椅 | 限租賃 | 2,500／月 |
| 7 | EC12 | 電動代步車 | 限租賃 | 1,200／月 |
| 8 | ED07 | 移位機 | 可租可購 | 2,000／月 |
| 9 | EG01 | 氣墊床-A款 | 可租可購 | 300／月 |
| 10 | EG02 | 氣墊床-B款 | 可租可購 | 500／月 |
| 11 | EH01 | 居家用照顧床 | 可租可購 | 1,000／月 |
| 12 | EH02 | 居家用照顧床-附加功能A款<br>（床面升降功能） | 可租可購 | 200／月 |
| 13 | EH03 | 居家用照顧床-附加功能B款<br>（電動升降功能） | 可租可購 | 500／月 |
| 14 | EH04 | 爬梯機 | 限租賃 | 700／趟 |
| 15 | EH05 | 爬梯機 | 限租賃 | 4,000／月 |

# 四、醫療輔具

為照顧身心障礙者，衛生福利部於101年7月11日訂定「身心障礙者醫療復健所需醫療費用及醫療輔具補助辦法」。

1. 對象
   (1) 領有身心障礙手冊或身心障礙證明。→僅限領有身心障礙手冊者可申請，長照2.0無。
   (2) 最近1年居住國內超過183日。
   (3) 尚未納入全民健康保險給付範圍，且經醫師診斷或醫事人員評估為醫療復健所需，具有促進恢復身體結構、生理功能或避免併發症之輔助器具。
2. 補助項目
   分為16項醫療輔具及3項醫療費用。
3. 申請單位：各縣市政府衛生局。
4. 限居家自我照護使用（住宿式安養機構無補助）。
5. 詳細情形請見「醫療費用及醫療輔具補助標準表」。

呼吸醫療輔具

| 項目 | 購置補助金 | 相關規定 |
|---|---|---|
| 電動拍痰機 | 1.5萬 / 11300 / 7500 | 1. 因身體功能損傷，造成呼吸功能不全，致**無法有效自行咳嗽以清除痰液**。<br>2. 需診斷證明書。 |
| 抽痰機 | 5000 / 3800 / 2500 | |
| 化痰機（噴霧器） | 5000 / 3800 / 2500 | |
| 雙相陽壓呼吸輔具器 | 12萬 / 9萬 / 6萬 | 1. **因肺部功能損傷或切除**，造成呼吸功能不全，致**無法自行有效換氣**。<br>2. 需診斷證明書和醫療輔具評估報告。 |
| 單相陽壓呼吸器 | 4萬 / 3萬 / 2萬 | 1. 因**重度睡眠呼吸障礙**。<br>2. 需診斷證明書和醫療輔具評估報告。 |
| 血氧偵測儀（血氧機） | 6000 / 4500 / 3000 | 1. 因重要器官失去功能致**呼吸障礙**。<br>2. 需診斷證明書。 |
| 氧氣製造機 | 2.5萬 / 18800 / 12500 | 1. 因重要器官失去功能致**呼吸障礙**。<br>2. 需診斷證明書和醫療輔具評估報告。 |

| 項目 | 購置補助金 | 相關規定 |
|---|---|---|
| UPS不斷電系統 | 2500 / 1900 / 1300 | 因使用醫療輔具，有**緊急供電之需求**，以維護呼吸道通暢者。 |

*低收入戶 / 中低收入戶 / 一般戶*

## 壓力治療輔具

| 項目 | 購置補助金 | 相關規定 |
|---|---|---|
| 壓力衣A款 頭頸 | 2500 / 1900 / 1300 | 1. 因**燒燙傷、皮膚損傷、身體腫瘤或循環障礙致**需壓力治療者。<br>2. 需診斷證明書和醫療輔具評估報告書。 |
| 壓力衣B款 肩胸腹背 | 4000 / 3000 / 2000 | |
| 壓力衣C款 右上肢 | 2700 / 2100 / 1400 | |
| 壓力衣D款 左上肢 | 2700 / 2100 / 1400 | |
| 壓力衣E款 腰臀大腿 | 3000 / 2300 / 1500 | |
| 壓力衣F款 右下肢 | 2700 / 2100 / 1400 | |
| 壓力衣G款 左下肢 | 2700 / 2100 / 1400 | |
| 矽膠片 | 9000 / 6800 / 4500 | 1. 因**燒燙傷、皮膚損傷**需重建者。<br>2. 需診斷證明書。 |

*低收入戶 / 中低收入戶 / 一般戶*

## 醫療費用

| 項目 | 購置補助金 | 相關規定 |
|---|---|---|
| 人工電子耳植入手術費用 | 12萬 / 9萬 / 6萬 | 1. 經身心障礙生活輔具補助辦法規範之評估方式。<br>2. 輔具評估報告書。 |
| 開具診斷證明書費用 | 200 / 200 / 100 | 申請本附表所列醫療輔具項目補助時，應同時提出該項申請。 |
| 開具醫療輔具評估報告費用 | 200 / 200 / 100 | |

*低收入戶 / 中低收入戶 / 一般戶*

# 參考資料

1. 發展肢體、平衡障礙者身體功能與輔具適用之指導方針。新北市政府105年度自行研究報告（新北市輔具資源中心）

2. http://yang5411ee.pixnet.net/blog/category/2809983，楊忠一陪你〔瞭〕輔具

3. 行動輔具怎麼選怎麼用，楊忠一著

4. https://1966.gov.tw/LTC/mp-201.html，衛服部長照專區

5. http://www.cspha.org.tw/，中華安全行動照護協會

6. https://atrc.aihsin.ntpc.net.tw/，新北市輔具資源中心

7. http://tpap.taipei/app 37，臺北市輔具資源整合資訊網

# 第十章　壓力管理

樊雪春

　　長期用藥者、長期照顧用藥的人以及醫事人員，無可避免地都有許多的壓力，這些壓力會讓人煩躁不安，也會讓人焦慮或是憂鬱，有時候會讓人透過大吃大喝來紓解，醫事人員、照顧者和用藥者的壓力需要適當地被自己了解，找到自己適合的方式去紓解，才能長期地在醫藥使用的壓力下，保持自己的健康。

## 一、用藥者和照顧者的壓力

　　用藥者的壓力在於自己用藥後，會不會一輩子都要繼續用藥？面對用藥的副作用，自己要如何處理？照顧者的壓力在於當事人的病症會不會好？需不需要長期用藥？要如何每天定期按照個案當事人的用藥需要？自己有病痛時，要如何處理？想到這些事，用藥者和照顧者都會非常焦慮。如果這些壓力沒有解除，常常演變成身體的症狀，像是睡不著、做事沒有精神、全身有一些不明的疼痛、整天擔心等，這些其實都可以稱之為「壓力反應」。醫事人員常常要面對用藥者和照顧者呈現出來的壓力，也會形成本身的壓力。

　　當感覺到壓力存在時，會在生理、心理、人際關係和工作表現產生不同的影響，生理上會有倦怠和睡不著，心理上會擔心，人際關係上可能會排斥或是疏離，工作表現會下降，因為內心有壓力，比較無法專心去應付工作。以上都是用藥者、照顧者和醫事人員會發生的事情，因為面對用藥和疾病的長期狀況，非常容易出現這些壓力狀況。

### 壓力發現圖

　　在面對自己的壓力時，首先可以畫出醫事人員、用藥者和照顧者壓力的比例圖，透過比例圖來了解自己面臨的相關壓力：

第一步：在這塊大餅內畫出各種壓力分別所占的比例。

　　例如：糖尿病患可以畫出每天打胰島素給自己的壓力，也可以畫出自己要禁止許多飲食的進食壓力、工作的壓力。

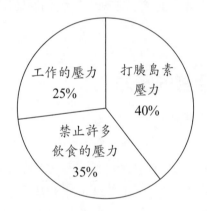

　　例如：照顧者可以畫出自己照顧病人的壓力，像是準備早餐、準備藥物、帶病患回診，都可以畫出自己的壓力圖。

第二步：請和自己周圍的人討論你最近的壓力。

　　這一個步驟就是可以和親近的人討論自己的這些壓力，在述說的過程會得到一些靈感，讓這些壓力的狀況更清楚，也就可以具體的面對這些壓力。

第三步：想一想自己用什麼方式因應這些壓力。

　　這時候可以用自己的方法，想一想自己是不是藉由運動，或是用逛街，還是音樂來紓解自己的壓力，可以自己檢視一下自己使用的方法。

# 二、當事人壓力的來源

外在壓力來源：

　　其實生活中很多壓力是來自於外在的，患病本身就是一個外在壓力源，因爲生病要住院，住院後要改變生活的節奏，改變生活的地點，面對陌生的情境都是非常有壓力的。除此之外，生病時家人的溝通也會變化，人際關係因爲生病無法有時間互動，工作因爲住院也會有所耽誤，還會間接造成經濟的問題，凡此種種都會形成壓力的來源。

內在壓力來源：

　　我們對壓力的評估是非常主觀的，主要是從內在而來。如果我們覺得生病剛好可以好好休息，或是能夠放下外在的擔心，好好配合醫生和就醫流程，那我們的心情就比較不會焦慮和擔心。如果我們認爲完蛋了，可能會無法工作、無法進食一般的食物，那就會比較焦慮，焦慮久了就容易合併有憂鬱的狀況。

有時候內在也會有不同的內在壓力。主要有三種壓力：

1. 雙驅衝突壓力：出現在兩樣都很吸引你，卻只能從中選擇其一時。
   例如：兩個醫院都很喜歡，要住哪一個，或是兩種藥物都反應很好，要選擇哪一種。
2. 雙避衝突壓力：出現在你對選擇都毫無興趣，卻得被迫選擇其一時。
   例如：兩種藥物都不喜歡，但是一定要吃，要吃哪一個。
3. 趨避衝突壓力：當每個選擇都有其吸引人或讓人不悅的因素時。
   例如：一個醫院冷氣太冷，一個醫院伙食不好，住院要選哪一個。

# 三、壓力的各種反應和疾病

## 1. 身體生理反應

　　有壓力時，一個人的心跳會加快，血壓也會升高。因爲肌肉緊張，容易造成便秘、腹瀉或頭痛，唾液分泌量因爲壓力而減少，容易出汗，呼吸也會變得急促。體內血糖升高，胃腸蠕動減慢，胃的分泌增加，尿量也會增加等等，這通常是人體的交感與副交感神經交互作用的結果。

　　如果是短期的反應，並不會造成身體的壓力和負擔，如果長期有這些生理反應，就會影響一個人的健康。

## 2. 內在心理反應

　　可以分為認知功能、情緒方面和心理行為的反應。

(1) 認知功能：降低或提高注意力應付狀況和工作，適當的壓力，可以增進專注能力，但是過高的壓力就會降低一個人的專注力，導致外在行為尚無法完成工作。

(2) 情緒反應：若長期處於壓力而無法放鬆，情緒上將容易呈現焦慮和不安，有一些病人面對相關檢查也會有恐懼、易怒、攻擊、無助的狀況，對自己有興趣的事也提不起興趣。

(3) 心理行為反應：因為注意力不集中造成的生產力降低，行為容易慌亂，常常因為慌亂而有意外事件，這在照顧者身上常常發生，因為照顧病人產生的壓力，造成行為慌亂，出門時容易發生車禍意外。

## 3. 外顯行為反應

　　吸菸和酗酒的人常常是因為內在有壓力，無法排除，就找到菸和酒來釋放自己的壓力。甚至有一些藥物濫用和暴力也是如此，長期壓力找不到出口，就容易用外顯行為來表現。除了以上的狀況，自殺和意外事故有時也是一種外顯反應。

　　除成人外，小孩也會有外顯行為，容易在壓力時出現躁動和退縮，另外一些小孩也會去攻擊、批評別人。尿床和依賴、失眠和食慾改變、哭泣、逃避和躺在床上不反應等，都是會發生的事。

　　病人因為病痛的壓力很容易造成以上的外顯反應，這時候要專注在個案的壓力源上，協助個案進行紓解，而不是專注在外顯行為上。外顯行為有時候會變成一種上癮的行為，因此，去努力戒除上癮行為常常沒有效果，而是要回到個案壓力的心理狀態，可能是缺乏愛，可能是孤單感，亦或是怕做不好，在這些心理狀態工作，才能有效除去外顯的不良行為。

# 四、長期壓力造成的疾病

　　目前各種系統都有一些疾病被發現是和壓力有關的：

1. 神經系統疾病：頭痛、關節炎、背痛、焦慮症、憂鬱症。

2. 內分泌系統疾病：月經不規律，或無月經狀況。

3. 消化系統疾病：胃潰瘍或腸道發炎狀況，基本上發炎和壓力有相關。

4. 呼吸系統疾病：氣喘病和花粉熱。

5. 心臟血管疾病：高血壓、中風、冠狀動脈心臟病，這些常常發生在工作上有壓力的人，容易造成猝死和癱瘓。

6. 生殖系統疾病：男性的性功能障礙，女性的性交疼痛，也常常是因為性方面的壓力造成。

7. 免疫系統疾病：癌症的研究發現，得癌症的人常常有兩年持續性的壓力，透過身體發炎，免疫力下降造成。溼疹、蕁麻疹、乾癬和過敏症，這些大都因為免疫力下降，造成病人長期的身體症狀。

　　無論是病人還是照顧者，長期處於壓力時，都會導致身體的發炎反應，或是免疫力下降的狀況，所以病人和照顧者的舒壓非常重要。而且每一個壓力事件帶來的壓力狀況也不同，基本上生理會影響心理，心理也會影響行為，環環相扣，從任何一個方向進入協助都可以。

# 五、壓力指數與生活

　　每個重大生活事件壓力指數的話，則配偶死亡的指數是100、結婚為50、搬家為20，指數愈高表示壓力愈大，半年內的指數總值若超過300，身體便可能產生巨大的病變，特別出現在心臟血管及腸胃等方面。生活事件與壓力指數的分述如下：

• 配偶死亡（100）

• 離婚（73）

• 夫妻分居（65）

• 入獄（63）

• 親近家屬死亡（63）

• 本人受傷或生病（53）

• 結婚（50）

• 失業（47）

• 夫妻復合（45）

• 退休（45）

- 家人的行爲或健康產生重大變化（44）
- 懷孕（40）
- 性行爲障礙（39）
- 家庭增加新成員（生產、收養、長輩遷入）（39）
- 好友死亡（37）
- 子女離家（29）婆媳問題
- 非凡成就（28）
- 與上司不合（23）
- 度假（13）

如果一個人最近有和配偶分居，又有親密朋友過世，再加上變換工作，因爲分居和配偶爭吵增加，又和上司不合，當事人的壓力指數如下：

- 分居（65）
- 親密的朋友去世（37）
- 變換工作（36）
- 與配偶爭執的次數產生變化（不管增加或減少）（35）
- 與上司不合（23）

這個指數相加就是196分，Thomas Holmes & Richard Rahe的相關研究指出，分數和未來兩年內得到壓力相關的疾病的機會如下：

- 0～149分：有10%的機會
- 150～199分：有40%的機會
- 200～299分：有50%的機會
- 大於300分：有80%的機會

因此，要儘量調控在149分以下，生活要變動時，都要考慮造成的壓力指數，一年當中不要有太多的變動，將壓力指數合理的調控在149分以下，才不會造成相關的疾病。

## 1.壓力的長短

一名醫生正在講課，他舉起一杯水400cc，問學生說：「你們想這杯水有多重？」

一位學生回答說：「大概300克到500克間。」

教授說：「你們當中有人會舉不起這杯水嗎？」台下的學生都笑了。

教授接著說：「沒錯，如果只握一分鐘，大概不會有什麼困難，要是

握了一個小時，手臂就會開始發痠，如果有人握了一整天，可能就叫救護車送到醫院了。」

「神奇的是，不論你握了多久，這杯水的重量都沒有改變，但是你握得越久，就會感到越沉重。重點不是多重，而是握多久！」

這就是壓力的概念，面對壓力時，我們需要尋求放下的時刻。如果一杯水可以放下，再拿起來，那就可以一直拿下去，因為壓力有放下，如果壓力沒有放下，那就容易崩潰了。

每個人每天都面對許多的壓力，所以最重要的是要可以放下，再提起來。

睡眠的時候，就是一個人可以放下所有壓力的時候，在白天的時候，再開始面對挑戰、面對壓力。如果睡眠的時候，還帶著壓力，那這個人一定很快就會被壓力擊垮，在身心上造成傷害。

## 2.壓力的策略與自我管理

我們可以透過修正自我對話來減少自己的壓力，例如：照顧者有一種想法：「花時間玩樂會有罪惡感」，那可以告訴自己透過休息，可以提供更好的照顧品質。照顧者「覺得時間緊迫，告訴自己應該做的更多更快」，這時候可以告訴自己慢一點。糖尿病病人告訴自己「什麼都不能吃」，可以換成，吃了可以去走路兩小時就好，用幽默的方式轉化壓力為力量。自我管理的策略可以學習以下的想法：

➤ **方法一：人生是一段旅程，不是一個目的地，一天想一步就好了。**

關心自己的病況也是一個旅程，不是一天的事情，不要期待一天就可以做好，每天只要做好一天的事就好了，不要想著未來十年後還要吃藥這樣的事情，每天只要想一天就好了。照顧者也是想照顧一天就好了，不用想太久，每天照顧完後，就告訴自己好好休息，明天又是新的一天。

➤ **方法二：把估計完成一件工作所需要的時間，加上百分之二十的彈性時間。**

人生常常有意外，所以要有彈性時間，不要訂下太緊的時間，讓自己充滿壓力，而是要有生命的B計畫。當事情不如想像順利時，可以有20%的彈性時間處理，如果事情順利完成，這個時間就是很好的休息時間。

➤ **方法三：學習說「不」。**

當你能夠說「不」的時候學習去說，你所拒絕的是「那種要求」，而

不是「那個人」。記得如果無法說不，最後壓力一定會讓人崩潰，因為無法休息，說「不」就是「放下」。

在壓力中如何說「不」：

(1) 你對這項要求有什麼感覺？例如思考自己想去做嗎？

(2) 問問題。例如一定要清楚對方要你做的是什麼事。

(3) 如果自己的決定是「不」，那就直說。

(4) 可以解釋原因，但不要找藉口。

(5) 必要時運用「唱片壞了」法，不斷告訴對方無法做到。

➤ 方法四：放慢人生的腳步。

當一個人生病的時候，成為病人的時候，或是成為一位照顧者的時候，人生都是走向一個和原先規劃不同的道路，所以這時候要重新適應生病的狀況。許多原先可以做的事，都可能無法做了。例如一個人得了癌症，做了化療，頭髮掉光，那就無法梳頭了，這樣的改變有時會令人傷心，但是換一方式，可以去選擇不同的頭巾幫助自己調適心情，這是生病者和照顧者都可以做的。

➤ 方法五：重新協商是重要的。

我們在壓力下答應一件事，後來發現我們無法做到，這時候重新提出協商是重要的，原本照顧者答應照顧五天，實際進行時，發現會太累，這時候就可以重新提出協商，也許可以照顧三天，用這樣的方式進行。千萬不要硬做，長期的疲憊很容易變成一種身體疲勞和壓力，最後身體生病或是情緒崩潰。

➤ 方法六：每天撥出一點時間整理自己想要的事和價值觀。

試著想像自己正躺在醫院的病床上，在臨終前數小時回顧自己的一生，清楚的去確認真正重要的事情，賈伯斯說過將每一天當作最後一天去過，我們就知道什麼事是我們重要的事情。

將這些事排出重要順序，然後按照順序去生活。

- 家庭
- 信仰
- 金錢
- 健康
- 關係
- 父母

- 子女
- 工作

如果第一重要是健康，晚上工作會影響健康，就不要答應晚上的工作。有很多人當計程車司機，是因為計程車司機可以照顧小孩，因為當事人把照顧家庭放在第一位，所以就找一個可以配合的工作。

➤方法七：完成自己的幸福筆記和夢想。

一個有夢想的人可以承擔許多壓力，而幸福筆記更可以帶來完成夢想的動力。

(1)找一本讓自己心情愉快的幸福筆記，每天記錄自己遇到的好事。

像是護士很漂亮，今天打針不痛等等。

(2)記錄自己每天的時間表。

先列下固定看病的時間，再將零碎時間、可以運用的時間列出。

(3)寫下想要完成的小夢想。

寫下一些生命中想要完成的小事，像是畫畫或是去一個地方玩。

(4)分析完成小夢想需要的時間和工具。

分析自己想要完成的小事，需要透過什麼方式和工具，過程中重新檢視自己的生活，運用時間去完成自己想做的小夢想。

(5)開始執行小夢想。

利用生活中的小時間完成自己的夢想，例如去參加畫畫課。

(6)給自己鼓勵與肯定。

完成自己的幸福筆記和夢想並不容易，常常計畫趕不上變化，我們不斷需要檢視與調整自己，這也是一種成長與改變。在完成一件小夢想時，給自己一個小果凍，鼓勵和肯定自己，這些都是最好的紓壓方法。

## 3. 正念減壓的紓壓

正念減壓（Mindfulness-Based Stress Reduction, MBSR）是由卡巴金（Jon Kabat-zinn）博士於1979年在麻省大學醫學院開創，經歷了40多年的發展，正念減壓目前已經是一種心理學界很盛行的減壓方式。卡巴金博士原本使用MBSR於罹癌病人的疼痛控制，結合禪修的觀念幫助病人面對生活中的疼痛和壓力。正念減壓後來被廣泛地應用到教育及企業，幫助有壓力的人紓解壓力，後來也持續的發展成對憂鬱症的治療，在憂鬱症的治療上，累積了很好的成效（2015，石世明譯）。

　　正念（mindfulness）的意思很容易讓人誤解爲正向的念頭，事實上，正念的意義是指觀照正在發生的念頭、情緒或是身體感受，透過觀照正在發生的這些，讓人們專注在此一狀態，帶著不批判、不評價的態度處於當下，進而達到減壓與放鬆的狀態。

　　透過觀照正在發生的念頭，可以讓我們保持清醒的覺察，並且可以和自己的想法、情緒和身體感受連結，如果這個情緒是憂鬱或壓力，透過正念就可以和自己的憂鬱及壓力同在，因爲帶著不批評、不評價的態度，我們可以觀看憂鬱和壓力，此時就會有一種內在空間，涵容這個憂鬱或是壓力，有時候也會在內在升起新的看法或是理解，有時會感受到憂鬱或是壓力正一點一滴消融中，這樣的過程常常會帶來對個人心靈療癒的效果（胡君梅、黃小萍譯，2013）。而練習正念時，可以有的態度如下（溫宗堃，2006、2014）：

(1) 單純的覺察：不帶評價的面對自己的情緒、想法、身體感受或是病痛。當發現自己在批判時，就回到當下的呼吸，專注自己的呼吸。

(2) 時時刻刻的專注：專注於此時此刻，並以有距離的觀照來觀察當下所有的經驗感受。

(3) 讓想法來來去去：把想法和情緒看成短暫的訊息，如同雲飄過一般，讓自己不陷入反覆思考當中，讓想法單純只是想法，不代表事實，也不代表自己。

(4) 放下目標和期待：放下對練習的目標與期待，沒有好或壞的結果，只需帶著好奇、開放的態度去觀察、接納自己的經驗，不逃避、不對抗。

(5) 信任自己：練習時相信自己是有能力和智慧的處在當下。

## MBSR八週進行方式

　　八週正念減壓課程是麻省大學正念中心的MBSR課程規範進行，包括持續八週，每週一個晚上2.5小時的課程，以及一次全天的週六正念日修習，共9次。課程採用團體形式，課程內容包括多種正念練習、基於練習經驗的詢問和對話、正念內容講授與探討、以及回家自行練習等等。系統化的正念練習是課程的基礎，包括正念靜坐、正念行走、正念瑜伽、身體掃描、正念進食、生活中的正念練習等，在八週一天的課程中，交錯學習各種正念練習。

　　八週課程需要成員在日常生活中練習的投入和承諾，除了參加課程時

間之外，也在週間儘可能投入時間跟隨當週的指導錄音，在家自行進行正念練習，這是課程學習非常重要的部分。

## 正念的練習

正念呼吸練習是最簡單的練習，讓自己自然的呼吸，把注意力放到呼吸的起伏上，感受空氣被吸進和吐出時，與鼻腔接觸時的感覺，空氣進入時，涼涼的氣溫經過鼻腔時，會在接觸的鼻腔肌膚中有一股涼意，專注在這一刻身體的知覺，也可以專注在氣息呼出時，鼻腔肌肉的放鬆。在家中或工作中躺著或坐著時的呼吸正念練習，可以將手輕輕放在腹部，感受呼吸時空氣進出時的腹部上下起伏。

日常生活的正念呼吸練習時，如果發現自己有很多的想法和思緒浮現，就只是覺察它，想像有雲飄過一般，把心放回自己的呼吸上。有些想法、情緒和感受出現時，不論是喜歡或是不喜歡，就只是單純的覺察和感受它們，感受它們帶給自己的當下，不判斷、不評價，並將注意力再度放回自己的呼吸上面。

行走的正念練習主要是覺察自己走路時的想法和感受，專注體會每一個步伐的提起、移動和放下，隨著專注在腳步上，感受腳步移動時的肌肉伸展和收縮，也可以覺知到內在的感受。

進食的正念練習是去體會自己吃飯的身心及思維過程，從看到食物，感受到唾液的分泌，將食物放進嘴裡，和舌頭牙齒互動的咀嚼到吞嚥。吞下去時，食物的味道和舌頭互動的時刻，甚至吃完後腹部的整體感受，都是練習的過程。

身體掃描的正念練習，主要是藉由躺下來的身體姿勢，從腳趾的部位，透過專心在腳趾，專心在小腿和大腿，感受身體每一個部位的感受和當下。透過這個練習，可以完完整整覺知到身體，當掃描的時候發現自己專注力移到思緒或想法時，就將注意力再次移動到身體的部位上。透過這個練習，可以充分覺知身體的感受，凡是身體部位的痠麻癢脹，都可以被自己的覺知細膩的體驗。

在日常生活做家事時練習正念，無論是掃地或洗碗，覺知自己手部的一舉一動，全心全意的投入那個片刻，如果心裡出現想法和回憶，可以覺察到自己正在思考。再把注意力回到當下正在做的事情，把心放回當下的身心感受上。覺察自己的身心當下正在發生什麼事，帶著初心一樣的好奇，專心地覺察此時此刻的自己。

　　面對壓力的正念練習也是一樣，不用逃離或消除它，而是可以專注在壓力事件或是肌肉的緊張上，帶著不評價、不論斷的心，觀看與觀照，慢慢就可以體會到，專注會讓壓力進入下一種狀態和感受，一樣不要評價，繼續體會和覺知感受。這樣的練習可以為身心帶來一種自由與放鬆，照顧自己壓力下的身心，療癒個人的內在。

　　正念減壓是一種個人體驗的課程，著重在用藥者、照顧者和醫事人員自己的練習和體會過程。主要是要培養一種生活態度的學習，生活經驗的體會，態度和經驗都需要在生活中累積，透過一次一次的練習，累積出一種生活的樣貌，這樣的學習和一般心理學的理論學習有所不同。

　　建議未來的用藥者、照顧者和醫事人員可以將這個方式融入生活當中，給壓力時刻帶來可能性，這樣的課程也適合對生命態度與自我照顧有興趣的人，因為有東方禪修的背景，正念減壓的課程非常適合在臺灣與華人中推廣。

## 4.樊氏壓力量表與紓壓

　　樊氏壓力量表是運用生理狀況與壓力的呈現方式，所發展出來的量表，透過這份量表可以知道每一個壓力的類型，並透過各類型的一些活動，發展出紓壓的方式。

## 樊氏壓力檢測量表

請試著回想自己**最近一個月**所感受到的狀況，依照此狀況來填寫下面的題目，將符合自己狀態的數值**填在答案紙上。**

| | 不符合 | 有一點符合 | 有一半符合 | 完全符合 |
|---|---|---|---|---|
| 1. 相較於過去，最近眼睛比以前更容易覺得酸、乾澀、疲勞。 | 0 | 1 | 2 | 3 |
| 2. 相較於過去，最近覺得自己皮膚膚質或髮質變差，像是痘痘變多、皮膚乾燥、白頭髮變多等。 | 0 | 1 | 2 | 3 |
| 3. 相較於過去，最近胸口會悶悶，好像被勒緊般發痛。 | 0 | 1 | 2 | 3 |
| 4. 相較於過去，最近有時會喘不過氣，有缺氧的感覺。 | 0 | 1 | 2 | 3 |
| 5. 相較於過去，最近常覺得手腳冰冷，有麻麻的感覺。 | 0 | 1 | 2 | 3 |
| 6. 相較於過去，最近站起來會頭暈，或是瞬間眼花站不穩。 | 0 | 1 | 2 | 3 |
| 7. 相較於過去，最近比以前更容易疲倦，而且疲倦好像不太能消除。 | 0 | 1 | 2 | 3 |
| 8. 相較於過去，最近稍微做點事就立刻感到疲憊。 | 0 | 1 | 2 | 3 |
| 9. 相較於過去，即便早上睡醒仍覺得前一天的疲勞沒有完全消除。 | 0 | 1 | 2 | 3 |
| 10. 相較於過去，最近對工作或課業提不起勁，也比較無法集中注意力。 | 0 | 1 | 2 | 3 |
| 11. 相較於過去，最近覺得自己的記憶力變差，容易忘記事情。 | 0 | 1 | 2 | 3 |
| 12. 相較於過去，最近自己容易做出錯誤的決定。 | 0 | 1 | 2 | 3 |
| 13. 相較於過去，最近自己在判斷事情上，比較難定下心來思考。 | 0 | 1 | 2 | 3 |
| 14. 相較於過去，最近對人有些不想靠近的感覺。 | 0 | 1 | 2 | 3 |
| 15. 相較於過去，最近容易為小事情感到煩躁、生氣。 | 0 | 1 | 2 | 3 |
| 16. 相較於過去，最近覺得有太多事情加在自己身上，感到力不從心。 | 0 | 1 | 2 | 3 |
| 17. 相較於過去，最近容易生氣，對事情沒有耐心、不耐煩、缺乏熱情。 | 0 | 1 | 2 | 3 |
| 18. 相較於過去，最近即便吃飽了，還是會不斷想吃東西 | 0 | 1 | 2 | 3 |
| 19. 相較於過去，最近睡眠品質變差，半夜1、2點會醒來，然後再也睡不著。 | 0 | 1 | 2 | 3 |
| 20. 相較於過去，最近經常做夢。 | 0 | 1 | 2 | 3 |
| 21. 相較於過去，最近在人際關係上比較退縮，和人接觸或是見面，覺得很麻煩。 | 0 | 1 | 2 | 3 |

記分方式：

Step1：每一題目未圈選或重複圈選的題項以〝0〞分計算

Step2：將1～6題題目之圈選數值加總，即得分量表A_____分。

Step3：將7～13題題目之圈選數值加總，即得分量表B_____分。

Step4：將14～17題題目之圈選數值加總，即得分量表C_____分。

Step5：將18～21題題目之圈選數值加總，即得分量表D_____分。

Step6：將T= A+ B+ C+D ＝_____，即得總量表分數。

## 樊氏壓力檢測量表百分等級常模側面圖

| | 生理特質 | 認知反應 | 情緒狀態 | 行為表現 | 總量表 | |
|---|---|---|---|---|---|---|
| 原始分數<br>百分等級 | A（　） | B（　） | C（　） | D（　） | T（　） | 原始分數<br>百分等級 |
| 99 | 15 | 21 | 12 | 9 | 57（以上） | 99 |
| 98 | 14 | 20 | | | 53 | 98 |
| 97 | 13 | 19 | 11 | | 51 | 97 |
| 95 | 12 | 17 | 10 | 8 | 42 | 95 |
| 90 | 11 | 15 | 9 | 7 | 38 | 90 |
| 85 | 10 | 14 | 8 | 6 | 35 | 85 |
| 80 | 9 | 13 | 7 | | 33 | 80 |
| 75 | **8** | **12** | | **5** | **30** | 75 |
| 70 | 7 | 11 | | | 27 | 70 |
| 65 | 6 | 10 | 6 | 4 | 26 | 65 |
| 60 | | | 5 | | 23 | 60 |
| 55 | 5 | 9 | | | 22 | 55 |
| 50 | | 8 | 4 | 3 | 20 | 50 |
| 45 | 4 | | | | 18 | 45 |
| 40 | 3 | 7 | 3 | | 16 | 40 |
| 35 | | 6 | | 2 | 15 | 35 |
| 30 | | 5 | | | 13 | 30 |
| 25 | **2** | **4** | **2** | **1** | **11** | 25 |
| 20 | | 3 | | | 10 | 20 |
| 15 | 1 | 2 | 1 | | 8 | 15 |
| 10 | | 1 | 0 | 0 | 5 | 10 |
| 5 | 0 | | | | 3 | 5 |
| 3 | | 0 | | | 2 | 3 |
| 2 | | | | | 1 | 2 |
| 1 | | | | | 0 | 1 |

A（**生理性質**）百分分數越高，表示面對壓力時「生理反應」越明顯。通常顯現在內分泌或是食慾等面向。建議藉由肢體活動，讓壓力有排解的去處，而不致於壓抑，影響體內健康。

B（**認知反應**）百分分數越高，表示面對壓力時「認知反應」越明顯。通常顯現在思考與對事物認知等面向。建議藉由改變思考方式與信念排解壓力，使思緒清晰、明快。

C（**情緒狀態**）百分分數越高，表示面對壓力時「情緒狀態」越明顯。通常顯現在心情與感受等面向。建議藉由音樂、冥想、放鬆情緒抒發排解壓力，使情緒平衡穩定。

D（**行為表現**）百分分數越高，表示面對壓力時「行為表現」越明顯。通常顯現在人際與決策等外顯行為面向。建議藉由覺察來了解、處理自己所承受的壓力，做些不同行動達到減壓效果。

　　透過側面圖可以看到一個百分等級最高的點，有些人是單峰，也有些人是雙峰，也就是兩個點都很高，依據自己的高峰點就可以辨認自己是哪一類型的人，A的百分等級最高，就是A型人；B的百分等級最高，就是B型人；C的百分等級最高，就是C型人；D的百分等級最高，就是D型人。如果AB的百分等級都高，就是AB型人，那表示可以進行AB型人的紓壓，都會有效。

　　以下就列出，四種類型的人可以進行的紓壓方式：

A型人可以做的紓壓方式

- 按摩
- 吃東西
- 流汗
- 運動
- 做瑜伽
- 環島
- 安全飆車

B型人可以做的紓壓方式

- 讀書
- 討論
- 思考
- 交換思想
- 啟發
- 小組討論
- 參加學會、讀書會

C型人可以做的紓壓方式

- 談心
- 完全接納
- 鼓勵
- 說話交流
- 哭泣
- 情緒發洩
- 冥想
- 放鬆訓練

- 靈修

D型人可以做的紓壓方式

- 拼圖
- 做娃娃、拼布
- 做樂高、做模型、做木工
- 逛街買東西
- 去植物園、動物園
- 完成工作、作業
- 做園藝、玩寵物

　　透過這些活動實際的操作，就可以達到壓力紓解的結果，這不僅僅是對生病的人，也是對照顧者和醫事人員很好的紓壓練習。生活中處處充滿了壓力，不是祈求沒有壓力，而是可以適當地放下壓力，讓自己有重新充電的感覺，再一次面對挑戰。

# 參考資料

1. 石世明（譯）（2015）：找回內心的寧靜_憂鬱症的正念認知療法。（原作者：Zindel V. Segal, J. Mark G. Williams, John D. Teasdale）臺北：心靈工坊。（原著出版年：2013）

2. 石世明（譯）（2016）：八週正念練習_走出憂鬱與情緒風暴。（原作者：J. Mark G. Williams, John D. Teasdale., Zindel V. Segal,）臺北：張老師。（原著出版年：2014）

3. 朱敬先（1995）。健康心理學。臺北：五南

4. 江麗美（譯）（2001）。G. Hargreaves著。有效壓力管理。（Stress management）。臺北：智庫

5. 胡君梅、黃小萍（譯）（2013）：正念療癒力：八週找回平靜、自信與智慧的自己。（原作者：Kabat-Zinn. J）。臺北：野人。（原著出版年：2013）

6. 黃珮書（譯）（2006）。W. Linden著。壓力調適與管理。（Stress manadement）。臺北：華騰文化

7. 溫宗堃（2006）。佛教禪修與身心醫學——正念修行的療癒力量。普門學報，33，1-25

8. 溫宗堃（2014）。正念幫助學生專注・平靜・放鬆。師友月刊，561，14-17

9. 雷淑雲（譯）（2008）：當下，繁花盛開。（原作者：Kabat-Zinn. J）。臺北：心靈工坊文化。（原著出版年：1994）

10. 蔡秀玲、楊智馨（1999）。情緒管理。臺北：揚智文化

11. 藍采風（2000）。壓力與適應。臺北：幼獅

12. 蘇東平（1982）。生活壓力與疾病。臨床醫學，9(4)，303-310

國家圖書館出版品預行編目資料

藥事照護一點通／李依甄，巫婷婷，李銘嘉，
吳璨宇，林家宇，林嘉恩，洪秀麗，陳泓翔，
陳世銘，張庭瑄，連嘉豪，楊尚恩，楊淑晴，
樊雪春，劉曉澤作. -- 初版. -- 臺北市：
五南圖書出版股份有限公司, 2022.10
　面；　公分
　ISBN 978-626-317-240-1（平裝）

1.CST:家庭醫學 2. CST:藥學 3. CST:手冊

429.026　　　　　　　　110015843

4L07

# 藥事照護一點通

總 校 閱 ─ 臺北市藥師公會

主　　編 ─ 陳世銘（262.7）

作　　者 ─ 李依甄、巫婷婷、李銘嘉、吳璨宇、林家宇、
　　　　　　林嘉恩、洪秀麗、陳泓翔、陳世銘、張庭瑄、
　　　　　　連嘉豪、楊尚恩、楊淑晴、樊雪春、劉曉澤
　　　　　　（依姓名筆畫排序）

發 行 人 ─ 楊榮川

總 經 理 ─ 楊士清

總 編 輯 ─ 楊秀麗

副總編輯 ─ 王俐文

責任編輯 ─ 金明芬

封面設計 ─ 王麗娟

出 版 者 ─ 五南圖書出版股份有限公司

地　　址：106臺北市大安區和平東路二段339號4樓

電　　話：(02)2705-5066　　傳　　真：(02)2706-6100

網　　址：https://www.wunan.com.tw

電子郵件：wunan@wunan.com.tw

劃撥帳號：01068953

戶　　名：五南圖書出版股份有限公司

法律顧問　陳逸帆律師（臺灣）、施敬揚律師（中國）

出版日期　2022年10月初版一刷

定　　價　新臺幣480元

※版權所有‧欲利用本書內容，必須徵求本公司同意※